国家自然科学基金重点项目
"我国快速城市化地区人居环境演变规律与调控机制研究"
（项目编号：41230632）资助出版

HUMAN SETTLEMENT AND SPATIAL BEHAVIOR OF RESIDENTS

人居环境与居民空间行为

张文忠 余建辉 李业锦 党云晓 等◎著

科学出版社
北京

内 容 简 介

当前，世界进入了城镇化快速发展阶段，改善人民生活水平、转变增长方式、提升城市品质成为国际社会普遍关注的问题。快速城市化有效地支撑了我国社会经济整体实力迅速抬升，但也加剧了人地关系的矛盾和冲突，危及人居环境的健康和有序发展。因此，加强人居环境科学的研究，探讨人居环境演变的规律和机制，营造美好的人居环境，是顺应社会发展的要求，也是学科发展的需求。

本书梳理了人居环境的研究脉络以及近年来关于人居环境演变的相关研究理论与方法，分析和评述了国内外学者关于人居环境的研究动向；并在2005年、2009年和2013年大规模宜居城市问卷调查等数据基础上，对城市的宜居性、居住环境、居住用地、职住分离以及居住和消费选择行为等进行了系统研究。

本书可供相关领域的研究学者、政府相关部门规划工作者及社会大众参考、阅读。

图书在版编目(CIP)数据

人居环境与居民空间行为/张文忠等著．—北京：科学出版社，2015.6

ISBN 978-7-03-044851-4

Ⅰ．①人…　Ⅱ．①张…　Ⅲ．①居民环境-研究-中国　Ⅳ．①X21

中国版本图书馆CIP数据核字（2015）第126903号

责任编辑：牛　玲　陈会迎／责任校对：张怡君

责任印制：徐晓晨／封面设计：众聚汇合

科学出版社出版

北京东黄城根北街16号

邮政编码：100717

http://www.sciencep.com

北京凌奇印刷有限责任公司 印刷

科学出版社发行　各地新华书店经销

*

2015年7月第　一　版　开本：720×1000　1/16

2021年3月第六次印刷　印张：17

字数：270 000

定价：98.00元

（如有印装质量问题，我社负责调换）

序 言

PREFACE

当前，世界进入了城镇化快速发展阶段，改善人民生活水平，转变增长方式、提升城市品质成为国际社会普遍关注的问题。快速城市化有效地支撑了我国社会经济整体实力迅速抬升，但也加剧了人地关系的矛盾和冲突，危及人居环境的健康和有序发展。因此，加强人居环境科学的研究，探讨人居环境演变的规律和机制，营造美好的人居环境，是顺应社会发展的要求，也是学科发展的需求。

快速工业化和城市化引发的人居环境问题不容忽视。1898 年霍华德提出的“田园城市”是对城市繁荣和发展带来昂贵代价的反思。一百多年后的今天，我国又面临着同样的难题。改革开放 30 多年来，我们取得了经济持续高速增长的辉煌成就，但也为快速的、大规模的工业化和城市化付出了巨大的资源、环境和生态代价，这些问题已经威胁到与我们生存最直接相关的人居环境。未来 20 年工业化和城市化仍将是我国的基本发展趋势，由此引起的环境、生态急剧变化，仍将集中体现在与我们关系最密切的人居环境方面，人居环境剧烈变化的严峻态势也将危及到我国可持续发展的基础。未来 20 年到 30 年以中国为首的发展中国家仍然是世界城镇化快速发展的引擎，但城镇化发展的国际和国内背景及环境条件发生了巨大变化，届时面临的资源环境约束和压力更加显现化，加之居民追求更高生活质量的愿望提升，迫切要求发展中国家转变传统的城镇化发展模式，探寻一条与资源、环境相协调的可持续发展道路。

人居环境的研究对区域可持续发展具有重要的支撑作用。生态安全和环境质量越来越成为政府和社会共同关注的重大问题，区域性人居环境质量下降对全国可持续发展战略实施构成了巨大威胁。在资源相对不足、环境承载能力弱、地区发展差异大这一基本国情条件下，经济发展方式必须转变，城镇规划和城乡建设发展科学水平亟待提高，需要走一条创新驱动、绿色智能、持续发展的城镇化道路。在此背景下，迫切需要进行科学的、总体的人居环境研究，探索和总结我国人居环境变迁轨迹及其调控机制，揭示城市化和工业化进程与人居环境的相互关系，从区域发展的不平衡规律和人们对人居环境需求视角出发，研究不同发展阶段、不同空间尺度区域的经济发展与人居环境的协调途径和发展模式，回答人居环境的变化对区域可持续发展的重大理论问题和实际问题，以科学理论指导我国经济社会的发展实践。

人居环境研究可促进交叉科学理论和方法发展。人居环境研究的现实性和紧迫性促使学者愈加重视相关研究，作为以人类环境、人地关系和空间相互作用为主要研究对象的地理学，在科学和社会中的作用愈加突出。人类对生态系统的影响及自然对人类社会的影响、环境质量、社会-经济-环境变化与区域发展、可持续性等方面已成为国际地理学的重点研究领域及 2020 年中国地理科学与技术发展研究的核心，而人居环境演变与调控机制的研究亦是这些研究领域的体现。人居环境科学属于交叉学科，涉及地理科学、环境科学、生态科学、城市科学和社会科学等，研究内容和方法体系具有人文科学与自然科学交叉的特点，需要建立开放的、系统的研究理念，综合集成各学科的优势，解决城市化和工业化过程中面临的各种人居环境问题。因此，探索我国人居环境演变轨迹、影响机制和调控路径可以促进各学科在理论和方法上的融合，促进交叉学科的发展。

人居环境研究可丰富地理学的研究内容。地理学以研究人地关系为出发点，深入研究人地关系中人类活动和地理环境的相互作用，认为人居环境是人类生产和生活的主要场所，是人地关系矛盾最集中和突出的地方，是人地关系最基本的联结点。地理学在人居环境研究中的作用主要包括：地理学本身所涉及的研究领域可直接为人居环境研究服务，发挥地理学区域性研究的优势。人居环境中无论是自然因子还是社会人文因子，甚至是建筑风格都无不体现出这种地域差异性。地理学提出和确定了人居环境的基本研究关系，从而推动了人居环境研究。城市地理学对人居环境的理解出于人地关系系统理念，强调人与自然的和谐。城市地理学的研究方法是把人居环境作为一个系统科学，按照自然和人文两大系统来分析人类聚集的空间，并按照不同的地理空间尺度，对不同规模的区域进行分析。地理学的性质和研究对象决定了从地理学角度研究人居环境大有可为。从地理学的空间、差异、地域、景观等视角探讨城市人居环境基本问题，分析人居活动的地理环境、城市人居环境与社会经济发展、城市居住空间扩展、不同地域尺度的城市人居环境质量评价、城市人居环境可持续发展及人居环境生态安全等，可极大地丰富地理学的内涵，促进地理学研究的发展。

人居环境研究由理论走向实践。在人居环境概念正式提出之前，早期的城市规划思想已经体现出人居环境的理念。19 世纪末至 20 世纪 40 年代，欧洲工业革命后大量农村人口流入城市，有限的城市居住容量带来了一系列的环境问题和社会问题。诞生了一批以自然生态观为核心的人居环境理论，希望通过城市自然环境的优化改善城市人居环境。代表者有霍华德的“田园城市”的理论、盖迪斯倡导的人居环境区域观念等。20 世纪 50 年代，道萨迪亚斯提出“人类聚居学”理论，标志着以城市规划学科为核心的人居环境科学在西方的形成。20 世纪 70 年代，城市发展开始强调提高居民生活质量，定量化方法开始应用在城市人居环境的指标体系中，学者们认识到适宜的人居环境必须包括健康的自然生态和人文生态。20 世纪 80 年代以来，可持续发展成为人居环境发展的重要内容。2000 年以来，人居环境规划开始关注公平性，温哥华在《大温哥华地区 100 年远景规划》明确将“公平”作为宜居城市关键原则之一。2005 年初，由联合国交流合作与协调委员会等创立全球人居环境论坛。这一期间，城市人居环境建设开始了从理论走向实践的道路。

在上述背景下，2012 年中国科学院地理科学与资源研究所宜居城市研究小组获得了国家自然科学基金重点项目“我国快速城市化地区人居环境演变规律与调控机制研究”（项目编号：41230632）的支持，开展了人居环境相关内容的系列调查和研究，取得了一定研究成果，在此基础上，完成了本书的撰写。

本书梳理了人居环境的研究脉络以及近年来关于人居环境演变的相关研究理论与方法，分析和评述了国内外学者关于人居环境的研究动向，并在 2005 年、2009 年和 2013 年大规模宜居城市问卷调查等数据基础上，对城市的宜居性、居住环境、居住用地和职住分离、居住和消费选择行为等进行了系统研究，全书由 6 篇 15 章构成。

第一篇人居环境的理论与方法。在辨析人居环境的基本概念、相关研究的异同、发展历程脉络基础上，从人居环境自然适宜性研究、综合评价研究、影响因素分析、演变机制和集成模拟等方面梳理了人居环境研究的前沿领域，评述了国内外相关研究动向。我们认为：人居环境科学是一个开放的学科体系，涉及地理科学、环境科学、生态科学、规划科学和建筑科学等，其研究范畴具有多层次和广泛性的特点，但在人居环境体系中人应该是核心，人居环境是指人类生存聚居的环境的总和，是自然环境与人工建造环境的总和；从学科发展来看，人居环境研究呈现出多学科交叉、集成研究的特点，研究方法呈现多样性、包容性、系统性和层次性等特征，在数据获取、演变过程研究上更多地采用了现代化技术和模拟分析方法。

第二篇宜居性与人居环境。从城市尺度而言，宜居性是人居环境研究的重点之一。宜居城市是适宜于人类居住和生活的城市，是宜人的自然生态环境与和谐的社会和人文环境的完整统一体，是城市发展的方向和目标。根据这一基本理念，课题组选取了居住安全性、环境健康性、生活便利性、环境舒适性和出行便捷性等宜居性评价指标，采集了北京 2005 年、2009 年、2013 年共三次大样本调研和大连市 2006 年大样本调查数据，对北京和大连市的宜居性进行了研究。发现环境健康性是制约北京宜居水平提升的关键问题，另外，文化、娱乐设施，尤其是儿童娱乐设施建设也相对滞后，城市应对各种灾害的能力和相应的宣传教育尚需提升。影响居民对城市宜居性评价的因素是多方面，如绿地率、农地保护面积、绿色空间可接近程度等自然环境因素，也包括就业机会、收入和房价等经济因素，同时与居民个人属性如个人价值观、生命周期、社会地位、文化背景等因素有关。另外，制度、政策、规划等因素也影响着居民对城市宜居性的评价。

第三篇居住与人居环境。居住环境是指围绕居住和生活空间的各种环境的总和，包括自然条件、各种设施条件和地区社会环境等，居住环境的优劣是反映城市人居环境的关键。自然环境条件、人文环境状况、环境的安全性和健康性直接影响着居住环境的质量。城市公共服务设施是居住环境的重要组成部分，也是体现城市居民生活质量的重要方面。我们对北京市各类公共服务设施的空间分布特征进行了分析，并探讨城市公共服务设施可达性对居民福利的影响。发现影响居民服务设施可达性满意度的缓冲区半径主要是 1000 米，建议城市规划重点建立 1000 米半径的居民生活圈，在此范围内配备各种服务设施。公共设施配置应根据各类社区所承载的社会群体构成及其需求的不同，以人口密度、年龄构成、社会经济地位等社会特征作为配套标准的修正性参数，共同构成体现差异化的设施配置标准。

第四篇用地与人居环境。人居环境的改善最终要落实到空间上，居住用地、绿色空间、公共服务设施用地和交通用地等的合理匹配对人居环境改善具有重要的意义。我们主要利用北京市居住用地出让数据和 GIS 空间分析方法，分析了转型期居住土地的空间变化规律；利用投标租金理论，分析了北京居住用地投标租金曲线形态和变化特征。我们发现北京居住用地出让价格基本符合单中心城市模式下的土地投标租金曲线理论预期，居住用地价格梯度总体呈现扁平化趋势，但在特定时段表现出多种曲线形态并存的空间特征。居住用地价格存在显著的空间依赖效应，轨道交通和公园便利性能够显著提高居住用地价格。周边商业办公用对居住用地价格有明显的溢出效应，合理的土地混合利用有利于提升居住用地价格。

第五篇职住空间与人居环境。合理的职住空间关系对减少居民通勤成本、提高城市宜居性和优化城市空间结构等具有十分重要的意义。我们发现居民居住与就业空间分布密度均呈现出内高外低的特征，但就业空间分布明显要更为集中，同时各街道的居住与就业功能相对强度存在差异性，导致居住与就业空间错位现象产生，并对居民通勤行为产生深刻影响。制度性因素改革为凸显住房、企业区位选择的市场化力量创造了有利条件，一定程度上提高了北京城市土地资源配置效率，刺激了职住分离现象的产生。结构性因素通过宏观的住房和就业供给配置方式和数量影响着居民职住分离强度，同时城市交通发展对居民职住分离具有双重影响即缓解与刺激作用并存。

第六篇居民行为与人居环境。居民行为空间偏好受到与居民个体的社会属性有关外，也受到自然和人文环境、交通条件、公共服务设施等等的影响，而这些要素是构成人居环境的重要因素。本篇主要从居民的居住行为和消费行为角度，探讨了转型期居民对人居环境的满意度、居住空间的偏好、购物和居住消费行为特征和空间偏好等。

本书是在国家自然科学基金重点项目（项目编号：41230632）支持下，由中国科学院地理科学与资源研究所宜居城市研究小组完成。本书总体框架设计、章节内容安排等工作由张文忠负责完成。具体各章的撰写分工和完成人如下：前言：张文忠，第一章：张文忠、马仁锋，第二章：张文忠、谌丽、马仁锋，第三章：张文忠、马仁锋、刘建国，第四章：谌丽、党云晓，第五章：谌丽、党云晓，第六章：党云晓、李业锦、谌丽，第七章：李业锦，第八章：谌丽，第九章：余建辉、武文杰、张文忠，第十章：余建辉、武文杰、张文忠，第十一章：湛东升、张文忠，第十二章：湛东升、张文忠，第十三章：湛东升、张文忠，第十四章：党云晓、张文忠、湛东升，第十五章：党云晓、李业锦、张文忠。张文忠和余建辉负责全书的统稿工作。本书所采用的问卷调查数据是由北京联合大学应用文理学院城市科学系和中国科学院地理科学与资源研究所宜居城市研究小组共同调查完成。

本书的许多研究成果得到了相关大学和研究所学界同仁的支持和指导，

尤其是多年来持续参加“空间行为与规划”的研究学者，如北京大学的柴彦威教授，同济大学的王德教授，香港浸会大学的王冬根教授，南京大学的甄峰教授，中山大学的周素红和刘云刚教授，北京联合大学张宝秀、张景秋和孟斌教授，首都师范大学的王茂军教授，清华大学的郑思齐教授和刘志林副教授等，在每次学术交流中都给予本人和研究小组智慧的启迪与思想的升华，在此由衷的感谢各位。本书的完成也得到了中国科学院地理科学与资源研究所人文—经济地理部同事的长期支持，另外，对支持和关心本研究工作的所有领导、学界同仁一并感谢！本书能够顺利出版得到了科学出版社科学人文分社侯俊琳社长和牛玲编辑的大力帮助，在此表示感谢。

张文忠

中国科学院地理科学与资源研究所

目 录
CONTENTS

第三篇 居住与人居环境

第四篇 用地与人居环境

第五篇 职住空间与人居环境

第六篇 居民行为与人居环境

第一篇

人居环境的理论与方法

人居环境是人类聚居生活的地方，是与人类生存活动密切相关的地表空间……

——吴良镛（2001）

人居环境（human settlement）也称人类住区（habitat）。20 世纪 50 年代至 60 年代，希腊城市规划学者道萨迪亚斯（C. A. Doxiadis）创建了人类聚居学（science of human settlements），在此基础上，吴良镛院士于 20 世纪 90 年代初提出了人居环境科学。近年来，随着工业化和城市化快速发展，人居环境问题越来越突出，人居环境成为地理学、城市规划学、环境学、社会学等领域关注的热点。不同的学科对人居环境理解和解释不同，理论体系和研究方法也存在一定的差异。

第一章
人居环境的理论基础

过去数十年，包括中国在内的发展中国家的现代化进程为全球发展注入了新的活力与动力。在人口快速城市化的同时，人居环境也在发生剧烈变化，体现在3个方面：一是资源能源约束和生态环境压力不断加大，能源和资源消耗迅猛增长，世界能源消费的碳排放量由1980年的185.03亿吨增加到2013年的361亿吨；二是各种自然和人为引发的灾害事件频发，如印度洋海啸、汶川地震、美国暴风雪等；三是全球气候变化显著，传统和非传统的安全挑战形势严峻。未来20年以中国为首的发展中国家仍然是世界现代化快速发展的引擎，由此引起的环境、生态的急剧变化，仍将集中体现在与我们关系最密切的人居环境方面，人居环境剧烈变化的严峻态势也将危及世界可持续发展的基础。随着居民追求更高生活质量愿景的提升，人居环境越来越成为学术界、政府和社会共同关注的重大问题。

第一节　人居环境概念解析

伴随各种生态环境问题的产生，联合国《温哥华宣言》（UN，1976）首先提出人居环境的概念，认为人居环境是人类社会的集合体，包括所有社会、物质、组织、精神和文化要素，涵盖城市、乡镇或农村。它由物理要素以及为其提供支撑的服务组成。物理要素包括住房（shelter），为人类提供安全、隐私和独立性；基础设施（facility），即递送商品、能源或信息的复杂网络。服务（service）则涵盖了社区作为社会主体，完成其职能所需的所有内容。当前，人居环境被认为是社会经济活动的空间维度和物质体现（UN，2011）。所有创造性行为都离不开人居环境条件的影响，因此，建设良好的人居环境无疑是社会经济发展的重要目标和衡量指标，同时也是发展的先决条件。

在中国，人居环境这一概念由吴良镛院士提出的人居环境科学而得到了深入诠释。吴良镛院士受到希腊城市规划学者道萨迪亚斯创建的人类聚居学的启示，于20世纪90年代初提出了人居环境科学。他提出采用分系统、分层次的研究方法，从社会、经济、生态、文化艺术、技术等方面综合考察人类居住环境，由此创建了立足于中国实际的人居环境科学理论体系的基本框架（吴良镛，2001）。

道萨迪亚斯常用网格来说明他各种观点之间的关联，他认为构成人类聚居的五大要素，即自然、人、社会、遮蔽物、网络和聚居环境；人居类型单元由人、房屋、住宅群、小型社区、社区、小型城市、城市、小型都市、大都市、小型大都市区、大都市区、小型城市带、城市带、世界城市构成。吴良镛院士认为："人居环境是人类聚居生活的地方，是与人类生存活动密切相关的地表空间……人居环境可分为生态绿地系统与人工建筑系统两部分。"进一步来说，人居环境包括自然系统、人类系统、社会系统、居住系统和支撑系统5个子系统，应该从全球、区域、城市、社区（村镇）、建筑等5个层次进行研究。总之，他强调人居环境是一个广义的概念，具有综合性、系统性和开放性的特点；在研究中，应该把人类居住作为一个整体来综合研究，并强调人与环境的相互关系的研究。

人居环境科学是一个开放的学科体系，涉及建筑学、规划学、地理学、生态学等学科。由于其研究范畴具有多层次性和广泛性，每个学科对人居环境内涵的诠释和评价方法存在一定的差异。吴良镛院士认为：就物质规划而言，建筑、园林、城市规划三位一体，通过城市设计整合起来，构成人居环境科学体系的核心，同时，外围多学科群的融入和发展使它们构成了一个开放的学科体系。多种相关学科的交叉和融合将从不同的途径，解决现实的问题，创造宜人的聚居环境（人居环境）。所谓宜人，不仅要求物质环境舒适，还应注意生态健全，即回归自然秩序，与自然协调发展。但从建筑学角度，研究人居环境概念偏重于小尺度的分析，如对具体住区人居环境的规划和分析；而城市规划的概念尺度相对较大，与地理学具有一定的相似性。

城市地理学侧重于从地理系统观的角度来把握城市人居环境的概念，具体表现为对城市空间结构以及各组成要素之间关系的研究。李王鸣（1997）认为，人居环境是指人类在一定的地理系统背景下，进行着居住、工作、文化、教育、卫生、娱乐等活动，从而在城市立体式推进过程中创造的环境。城市人居环境发展的非线性和多因素性决定了它既非居住区的放大，也非区域地理系统的缩影，而应是一个综合型概念，是兼容建筑学中人的尺度和地理学中社会经济空间尺度的新概念。宁越敏（1999）将人居环境分为人居硬环境和人居软环境。所谓人居硬环境是指服务于城市居民并为居民所利用，以居民行为活动为载体的各种物质设施的总和，包括居住条件、生态环境质量、基础设施和公共服务设施等；人居软环境是指居民在利用和发挥硬环境系统功能的过程中形成的一切非物质形态事物的总和，包括生活方便和舒适程度、信息交流、社会秩序、安全和归属感等。由此可见，城市地理学对人居环境的理解出于人地关系系统理念，强调人与自然的和谐。城市地理学的研究方法是将人居环境作为一个系统科学，按照自然和人文两大系统来分析人类聚集的空间，并按照不同的地理空间尺度，对不同规模的区域进行分析。这一思想与吴良镛院士的思想高度一致，只是侧重点有所不同而已。

综上所述，我们认为人居环境概念可分为广义和狭义，广义的人居环境就是指人类生存聚居环境的总和，即与人类各种活动密切相关的地表空间。在人居环境体系中，人是核心，所以，实现人与自然、人与人之间的协调与和谐，促进不同空间尺度的人居环境可持续发展是人居环境建设的目标。狭义的人居环境是指人类聚居活动的空间，它是自然环境与人工建造环境的总和，是与人类生存活动密切相关的地理空间。因为城市是人居环境一个有机的组成部分，所以宜居城市是人居环境建设的重要目标之一。因此，人居环境科学中关于城市、社区（邻里）层次的研究方法和研究内容与宜居城市是相通的。

与人居环境内涵相似，或者具有交叉或从属关系的相关概念有很多，如居住环境、宜居城市、生态城市、园林城市、健康城市、绿色城市、环保模范城市、可持续城市等。其中，有的属于学术性概念，有的则是不同部门或组织从城市发展和建设角度提出的理念或目标性概念。这里，仅以人居环境与宜居城市、居住环境之间的关系为例进行剖析：人居环境与宜居城市、居住环境之间具有许多相似性或共同的特点（表 1-1），三者都强调以“人”为核心，不论是自然系统的保护、恢复与重建，还是人工系统的建设都是围绕人生活的环境，以建设一个环境优美、人与自然和谐的人类居住区为目标。它们都把人类居住区作为一个系统来研究，不仅分析围绕人类居住区的自然环境系统的功能、结构和协调等问题，同时也研究人文和社会系统内部间的关系，以及自然与人文两大系统间的关系，特别是与人类日常行为紧密相关的自然和人文系统间的关系。它们都将研究的主体按照不同的空间层次来把握，即从宏观、中观和微观等研究视角研究各自的主体。它们都属于交叉科学，它们与城市规划科学、地理科学、社会学、生态学、环境科学等相关学科具有密切的关系，这些学科的发展对它们都具有重要的促进作用。

表 1-1　人居环境、居住环境和宜居城市的比较

项目	研究空间尺度					研究内容		研究方法	
	全球	区域	城市	社区	建筑	自然环境	人文环境	系统论	综合法
人居环境	√	√	√	√	√	√	√	√	√
居住环境			√	√	√	√	√	√	√
宜居城市			√	√		√	√	√	√

尽管人居环境、宜居城市与居住环境都围绕人类周围的环境开展研究，但它们在研究范围、内容的侧重点方面存在着一些差异性，其中比较明显的差异表现在以下两个方面：①在研究范围上，人居环境的研究范围最广，从全球到国家、区域、城市、社区（邻里），一直到微观的建筑。作者认为，城市层面的人居环境研究与生态城市、宜居城市和居住环境的研究范围相似。生态城市的研究范围应当从对单个城市的研究转向更大尺度的空间，即把城市置于一个大的空间范畴来把握，但重点仍然要以城市为核心。从这个角度而言，生态城市的研究范围与人居环境区域层次的研究存在很大差异，生态城市只是在研究城市主体时，从更广阔的空间视角来分析问题，而在人居环境的区域层次研究中，城市和相关区域本身就是研究的核心。就一个城市而研究，宜居城市和居住环境的研究范围是一个独立城市，也包括城市内部不同地区的环境研究。因此，宜居城市和居住环境的研究范围与人居环境的城市层次和地区层次的研究范围相同。②在研究内容方面，人居环境的内容也相对宽泛，涉及各个方面，体现了多学科的融合和交叉。全球、国家与区域层面的人居环境研究内容与地理学、区域科学和环境科学等具有相似性。但城市和社区层次的人居环境的研究内容与居住环境的研究内容具有相似性，换言之，居住环境是人居环境在城市层次研究上的核心。居住环境的优劣是反映城市人居环境如何的关键，尤其是社区层次的研究更应以居住环境为主体来刻画人居环境。宜居城市与生态城市在研究内容上既有重复也有交叉。而宜居城市关于自然与人工生态系统的研究主要侧重于两大生态系统对人类居住与生活的影响。宜居城市与居住环境在研究内容上基本相似或相同，都侧重于城市的安全性、健康性、生活的方便性、居住的舒适性和出行的便捷性等方面。人居环境科学是由涉及人居环境的学科相互交叉而形成的学科群组，可以将它理解为统领其他相关学科的一门综合性科学。宜居城市、居住环境都是人居环境科学的组成部分，而宜居城市是人居环境和居住环境建设的目标之一。

第二节　人居环境理论的发展历程

一、西方人居环境理论的起源与发展

文艺复兴时期，西方社会开始反思城市，讨论城市生活和城市理想模型，提出城镇景观及其园林建设应重视几何、数学为基础的理性精神，注重秩序、结构和逻辑。这是西方社会由重视神转向重视人，并孕育了西方社会人居环境

的思想启蒙。进入 19 世纪，城市成为人类集聚与生活的中心，由于人口的大量集聚，缺乏有效规划的城市暴露出各种弊病，成为规划学与社会学等学科针砭时弊的焦点，奠定了西方人居环境思想的萌芽。围绕城市结构的理想模式，形成了较多的学说，例如，埃比尼泽·霍华德（Ebenezer Howard）的《明日的田园城市》（*Garden Cities of Tomorrow*）提出“社会城市”的空间结构模式，以期调整城乡分离的状态；帕特里克·盖迪斯（Patrick Geddes）从人类生态学视角研究人与环境的关系，指出城市发展除物质环境建设以外，更应重视多样性与公众参与等社会问题；刘易斯·芒福德（Lewis Mumford）集成人类聚居的人文社会观、自然生态观与区域整体观，提出要以人为尺度从事城市规划，提倡振兴家庭、邻里、小城镇、农业地区和中小城市。这三位学者针对人类聚居的集中、分散、折中模式的论争，构成了现代人居环境思想的萌芽。当然，同期的“芝加哥城市社会学派”致力于人类聚居社会空间与物质空间的交叉研究，重视人际关系与生活方式及其空间模式，诠释了人类聚居的生活方式。该时期的各种探讨，涵盖了城市与区域视角的人类聚居的作用与功能、建筑与空间角度的人类聚居的形态及其技术实现、社会学派的人类聚居的生活方式成因等，相互交织构成了现代人居环境理论探索的三角校验学术框架。

20 世纪 50 年代至 70 年代初期，伴随西方城市的快速重建，形成了较多的城市与区域发展理论。其中，以系统与理性为主的物质空间规划及其设计体系是重建工作的中心。然而，面对日益冷漠的城市物质空间规划，社会与学界开始反思城市发展与社会发展的价值，寻求人类规划与建设的本质目标，即诞生了人类聚居学。例如，Team 10 于 1954 年提出“族群城市”的核心便是“人际结合”，以便于日常生活，并认为城市规划或发展的终极关怀是人的行为及整体社会；罗伯特·文丘里（Robert Venturi）于 20 世纪 60 年代提出建筑应创造日常生活的多样化以及适应普通人的交往需求，并传承城市真正的“文脉”。20 世纪 70 年代以来，人居环境建设成为人类生存与发展的基本问题与全球焦点之一，学界出现了多学科、多层次与多视角的综合研究，成为人居环境理论的发展期（表 1-2）。

表 1-2　全球性会议与事件中的“人居环境”主题

时间	会议或事件	地点
1963 年	世界人居环境学会（World Society of Ekistics）成立	雅典
1972 年	联合国“人类环境大会”讨论环境对人类和地球的影响，发表《人类环境宣言》	斯德哥尔摩
1976 年	联合国“人类住区”（人居一）大会接受“human settlements”的学术概念，并随后于内罗毕成立联合国人居中心（United Nations Center for Human Settlements，UNCHS）	温哥华

续表

时间	会议或事件	地点
1986 年	联合国自 1986 年开始将每年 10 月的第一个周一设立为“世界人居日”	纽约
1989 年	UNCHS 改名为联合国人类住区规划署（The United Nations Human Settlements Programme，UN-HABITAT），并设立“联合国人居奖”，用于表彰那些为改善人居环境做出杰出贡献的政府、组织、个人以及工程项目，成为全球范围内人居环境领域最高奖项	纽约
1992 年	联合国“世界环境与发展”大会，首次明确可持续发展行动纲领，发表《21 世纪宣言》	里约热内卢
1995 年	1995 年 11 月 19 至 22 日在迪拜召开的联合国国际会议期间设立迪拜国际最佳范例奖（DIABP），这个奖项反映了政策的持续性以及迪拜政府和阿拉伯联合酋长国在双方合作的基础上，共同致力于人类住区的可持续发展。UN-HBABITAT 参与了该奖项的管理	迪拜
1996 年	联合国“城市高峰会议”（人居二）发表《人居议程：目标和原则、承诺和全球行动计划》	伊斯坦布尔
2001 年	“伊斯坦布尔＋5”特别联大检阅“人居二”的执行情况，讨论未来优先考虑的问题	纽约
2005 年	由联合国国际交流合作与协调委员会（CCC/UN）、国际建筑设计师社会责任协会（ADPSR）、全球生态恢复与发展基金会（GERDF）、中国城市发展研究会与中国城市建设开发博览会组委会（CCDE）共同主办首届全球人居环境论坛在深圳开幕。主题是“可持续的人类住区”。论坛运用可持续发展的观点，就全球人居环境问题展开讨论交流，探索全球人居环境以及社区建设的发展方向，推广这方面的成功经验和先进模式，为各国政府和企业提供借鉴参考，为改善世界人居环境做出贡献	深圳
2006 年	由联合国经济和社会事务部（UNDESA）、中国城市发展研究会、CCDE、深圳市政协经济科技委员会、深港产学研基地、深圳市绿色人居协会等联合举办第二届全球人居环境论坛，主题交流总结城乡建设中所面临的环境问题的可持续解决方案，探讨设计行业、民间组织、私营部门和政府在这一领域的角色并分享他们的经验和知识，发表《深圳宣言》	深圳
2007 年	由联合国友好理事会（FOUN）、中国城市发展研究会、CCDE、中国绿色画报社、深圳市政协人口资源环境委员会等联合主办第三届全球人居环境论坛，主题为和谐的人居环境，交流总结国内外城市、社区建设和管理中所面临的热点、难点问题的可持续解决方案，分享各地区、各行业的经验和知识，探讨政府、专业企业和非政府组织在营造和谐的人居环境这一领域的作用	深圳
2008 年	全球人居环境论坛（GFHS）正式在美国纽约注册成立，其宗旨为“建设可持续的人居环境，促进联合国人居议程”，致力于建设世界可持续城市化对话平台，以应对城市化的挑战。作为一个非营利的国际组织，GFHS 获得了美国 501（C）（3）资质，并加入了联合国公共信息部非政府联盟组织、联合国环境规划署（United Nations Environment Programme，UNEP）可持续建筑与气候倡议组织和联合国全球契约组织。GFHS 也是 UNDESA 与（UN-HABITAT）的合作伙伴。总部设在美国纽约，在中国北京、深圳设有办公室和联络处	纽约

续表

时间	会议或事件	地点
2008 年	由 GFHS、全球最佳范例杂志、CCDE 联合主办第四届全球人居环境论坛，主题为生态城市——可持续的人居环境新机遇，沟通、分享中国及世界各地人居环境建设的先进经验和理念科技，交流探讨生态城市建设理念和实践，以应对全球气候变化，推动联合国人居议程和千年发展目标的实现	深圳
2009 年	由全国政协、国家环保部、江苏省、GFHS、UNEP、国际水协会、UNEP 政府管委会、国际生态城市建设者协会、住房和城乡建设部等主办的第五届全球人居环境论坛，主题为 21 世纪的水与人居环境，发表了《21 世纪的水与人居环境无锡宣言》	无锡
2010 年	UN-HABITAT 第五届世界城市论坛（World Urban Forum 5）提出“城市权利——促进城市平等”	里约热内卢
2010 年	上海世界博览会，提出“城市让生活更美好”	上海
2011 年	由 GFHS 理事会和 UNEP、UN-HABITAT、联合国全球契约城市项目、世界银行等联袂组织第六届全球人居环境论坛，论坛交流分享了相关国家建设低碳城市的先进理念、创新技术和最佳范例，发布了联合国和世界银行“测定城市温室气体的国际标准”和“可持续建筑指数”等标准体系的最新成果，并发布了由 GFHS 和 UNEP 等合作开发的《国际人居环境范例新城》倡议，旨在探索以人为本的低碳城镇化模式。论坛还发表了《建设低碳城市、应对气候变化纽约宣言》，推动国际社会切实提高认识，采取行动	纽约
2012 年	由 UNDESA、GFHS、UNEP、UN-HABITAT 和巴西有关机构共同组织第七届全球人居环境论坛，主题为绿色出行与可持续的人居环境，讨论电动出行的最新趋势、电动车和电池技术、城市交通和电动出行的相关政策等，同与会各国代表及公众分享最新成果和范例，以推动电动出行产业的快速健康发展；探讨绿色出行和可持续人居环境面临的挑战和契机，以更好地支持低碳城市建设，实现我们所期待的未来。会议形成了一系列前瞻性共识和行动倡议，丰富和完善了“里约＋20”	里约热内卢
2013 年	UNDESA、UN-HABITAT、UNEP、GFHS、德国联邦环境署（UBA）、国际地方环境行动委员会（ICLEI）与柏林交通改革与城市出行研究中心（InnoZ）共同主办 2013 联合国可持续城市与交通（柏林）高层对话暨第八届全球人居环境论坛，主题为践行“里约＋20”决议，推动可持续城市与交通发展	柏林
2016 年	第三次联合国住房和城市可持续发展会议（人居三）将举行。会议的主题是“城市可持续发展：城市化的未来”。联合国要求各国编写“人居三”国家报告	纽约

资料来源：根据“全球人居环境论坛网”（http://www.gfhsforum.org/index.html）材料整理（2013-11-18）

20 世纪 80 年代以来，西方人居环境理论探索涌现出诸多学说或假说，总体可以分为社会学派、建筑规划学派、政治经济与管理学派。①社会学派包括：一是法兰克福学派的公共领域、交往理性和社会公正为理论基础支持“公众参与”“沟通式规划”等人居环境建设新思潮；二是新马克思学派将“芝加哥城市社会学派”古典人文生态学范式抛弃，列斐伏尔、哈维等将城市革命、资本循环与“人造环境”进行交叉分析，阐释了人居环境的历史本质与时代含义。②建筑规划学派将传统“邻里社区”理论发展为“新城市主义”“精明增长理论”，并提出网络城市、全球/世界城市假说，认为全球不同层级的城市拥有的人居环境质量也存在差异，而地方性建筑、民族性建筑与规划、生态建筑与绿色、节能建筑仍是建筑规划学派技术理性的追求目标。③政治经济与管理学派则以“管治”（governce）与“非政府组织”（NGO）为管理的核心架构，提出“新区域主义”，推动人居环境建设规划的区域协调规划实践浪潮，如大巴黎地区规划、大伦敦战略规划、哥本哈根发展规划等，都强调深层的生态学理论和区际协调发展对可持续发展理念的落实，促进了“生态城市、低碳城市、智慧城市”等理论的日趋完善。

西方人居环境理论探索与实践的历程，显示出人居环境理论探索历经了三个阶段：①针对城市空间结构的理想模式，渴望与探索理想城市，涌现规划设计的经典思想阶段，如田园城市、集中城市、邻里单位、雅典宣章、广亩城市、有机疏散理论、需求层次理论等；②第二次世界大战后至20世纪80年代前后，面对资源环境挑战与发展极限、工业化城市再生等，提出以人的需求为核心并针对城市和区域发展问题探索综合解决方法的人居环境实践，涌现了《人类聚居学》、世界卫生组织（World Health Organization，WHO）关于城市居住的四要素、《马丘比丘宪章》、人类环境大会等学说著作或全球性会议宣言；③20世纪80年代末期以来，人类面临信息化、全球化和全球变暖等，可持续发展思想日益完善，人居环境成为联合国与西方各国的重点工作，形成了人居环境的科学体系与全球行动纲领，如《人居议程》《21世纪议程》和2001年建立的联合国人居环境署，1986年至今的世界人居日、国际宜居城市论坛（IMCL）、全球人居环境论坛（GFHS）等。

二、中国人居环境研究的兴起与发展

国内人居环境研究起源于1939年《地理学报》刊发《西康居住地理》，然而历经“20世纪40年代之前‘天人合一’传统人居观、20世纪40年代至80年代的‘单位制’自给自足型社区建设思想”，直到1993年前后在吴良镛院士的倡导下中国现代人居环境科学才受到重视并得以发展。例如，1993年吴良镛在中国科学院技术科学学部大会第一次正式提出“人居环境科学”倡议，将建筑学发展为广义建筑，形成现今的建筑学、城乡规划学、风景园林学3个一级学科共同研究人居环境的局面；1995年清华大学成立“人居环境研究中心”；2001年吴良镛出版《人居环境科学导论》；等等。

20世纪末期至2014年年末，国家自然科学基金委员会相继批准了“我国快速城市化地区人居环境演变规律与调控机制研究”“中国传统民间聚落环境空间结构理论与实践研究”“可持续发展的中国人居环境的基本理论与典型范例”“可持续发展的中国人居环境的评估体系及模式研究”“人居活动的生态影响机制及评价方法研究”“黄土高原人居环境景观生态规划安全模式规划理论与方法研究”“黄土高原小流域人居环境规划设计方法研究”“中国传统城市的‘人居环境’思想与建设实践”“严寒地区乡村人居环境与建筑的生态策略研究”“西南地区流域开发与人居环境建设研究”“长江三角洲地区湿地类型基本人居生态单元适宜性模式及其评价体系研究”“江汉平原乡村住区系统演变与人居环境优化研究”等几十项重点、面上与青年项目。此外，教育部和科技部相继审批了重庆大学、同济大学、北京大学深圳研究生院的 3 个人居环境实验室，分别为山地城镇建设与新技术教育部重点实验室、高密度人居环境生态与节能教育部重点实验、城市人居环境科学与技术国家重点实验室，以及中国科学院区域可持续发展与模拟重点实验室。在此，仅统计地学相关机构与学者近年来的人居环境研究文献（表 1-3）。

表 1-3　中国地理学界的人居环境研究

研究议题	文献	研究区域
人居环境的自然适宜性评价	①昆明人居环境气候适宜度分析	昆明
	②基于 GIS 的南疆地区人居环境适宜性评价	新疆南部
	③基于 GIS 技术的万州区人居环境自然适宜性	重庆万州区
	④基于 GIS 的中国人居环境指数模型的建立与应用	中国
	⑤基于 GIS 的山地人居环境自然要素综合评价	浙江仙居县
	⑥基于 GIS 的内蒙古人居环境适宜性评价	内蒙古
	⑦基于栅格尺度的云南省人居环境自然适宜性评价研究	云南省
	⑧怒江峡谷人居环境适宜性评价及容量分析	云南怒江州
	⑨基于 GIS 的关中-天水经济区地形起伏度与人口分布研究	陕西关中-甘肃天水
	⑩基于人居自然适宜性的黄土高原地区人口空间分布格局	山西、陕西、甘肃、内蒙古
城市内部人居环境评价	①城市人居环境舒适度评价指标体系的建立及人居环境评	山东泰安城区
	②城市内部居住环境评价的指标体系和方法	
	③基于 DPSIRM 模型的社区人居环境安全空间分异	辽宁大连城四区
	④大连城市社区宜居性分异特征	辽宁大连城四区
	⑤大连城市居住环境评价构造与空间分析	辽宁大连城四区
	⑥北京市区居住环境的区位优势度分析	北京城八区
	⑦城市人居环境评价：以杭州城市为例	浙江杭州主城
	⑧中等城市人居环境空间分异研究：以丹东市为例	辽宁丹东城区
	⑨滨水环境与城市发展的初步研究	广东广州
	⑩城市化过程中半城市化地区社区人居环境特征研究	福建厦门市集美区
	⑪呼和浩特市城市人居环境质量评价分析	内蒙古呼和浩特
	⑫基于 GIS 的衡阳人居适宜度评价	湖南衡阳主城四区
	⑬南京城市人居环境质量预警研究	江苏南京城区

GIS 即“geographic information systerm”的缩写，指地理信息系统

续表

研究议题	文献	研究区域
乡村人居环境评价	①中国乡村长寿现象与人居环境研究	湖北钟祥
	②京郊新农村建设人居环境质量综合评价	北京郊区
	③新农村建设以来京郊农村人居环境特征与影响因素分析	北京郊区
	④农民工对流出地农村人居环境改善的影响	四川省
	⑤循环经济型小城镇建设规划与发展的可持续性评价研究	江苏江阴市新桥镇
	⑥乡村人居环境的居民满意度评价及其优化策略研究	湖北石首市久合垸乡
城市化与人居环境关系研究	①城市化进程中的人居安全协调发展研究	辽宁大连市
	②城市边缘区人居环境与城市化关系研究	辽宁大连市甘井子区
	③城市化与城市人居环境关系的定量研究	辽宁大连市
	④基于热环境变化的城市化与人居环境协调发展分析	江苏南京市
	⑤城市化与北京增温的协整分析	北京城区
	⑥大型基础设施对地缘区人居环境的影响研究	上海郊区大型枢纽
	⑦近十年来我国优秀宜居城市城市化与城市人居环境协调发展评价	中国优秀宜居城市
人居环境-经济发展协调程度评价	①20 世纪 90 年代以来大连城市人居环境与经济协调发展定量分析	辽宁大连
	②县域经济与环境协调发展分析方法	西藏自治区
	③快速城市化地区人居环境与经济协调发展评价	广东深圳市
	④城市人居环境与经济发展协调度评价研究	新疆乌鲁木齐市
	⑤我国城市人居环境改善与能源消费关系研究	中国
	⑥城市人居环境与经济协调发展不确定性定量评价	湖南长沙市
	⑦西部城市水环境与经济发展协调模式研究	陕西西安市浐灞
	⑧城市人居环境与经济协调发展	陕西西安市
	⑨石家庄经济与人居环境耦合协调演化分析	河北石家庄
人居环境居民主观需求调查研究	①苏州人居环境建设中创业文化氛围的培育	江苏苏州
	②基于不同主体的城镇人居环境要素需求特征	广东广州市新塘镇
	③社区人居环境吸引力研究	辽宁大连市
	④北京城市人居环境健康性调查研究	北京
城/县/市/省际人居环境评价	①安徽省人居环境空间差异分	安徽 13 个城市
	②城市人居环境宜居度评价	北京、上海、天津、重庆
	③江苏城市人居环境空间差异定量评价研究	江苏 13 个省辖市
	④基于熵值法的江苏省农村人居环境质量评价研究	江苏 64 个县
	⑤中国适宜人居城市研究与评价	中国省会与副省城市
	⑥中国城市人居环境质量特征与时空差异分析	中国 286 个地级市
	⑦基于遗传算法改进的 BP 神经网络在我国主要城市人居环境质量评价中的应用	中国 35 个城市
	⑧基于体现人自我实现需要的中国主要城市人居环境评价分析	中国 35 个城市
人居环境演变	①城市尺度人居环境质量评价研究	江苏南京市
	②大城市边缘区人居环境系统演变的动力机制	广东广州市
	③大城市边缘区人居环境系统演变规律	广东广州市
	④转型期欠发达地区乡村人居环境演变特征及微观机制	湖北省红安县二程镇
	⑤辽宁城市人居环境竞争力的时空演变与综合评价	辽宁 14 个城市
	⑥长株潭城市群人居环境空间差异性演变研究	湖南长株潭
	⑦广州市人居环境可持续发展水平综合评价	广东广州
	⑧城市尺度人居环境的主客观综合评价	广东广州
	⑨城市人居环境可持续发展评价研究	辽宁大连
	⑩西安城市人居环境可持续发展趋势研究	陕西西安

表 1-3 表明，国内地理学界人居环境相关实证研究具有以下特点：首先，地级市及其以上大区域研究最受关注，如“中国省级单元”“中国东北地区”“中国优秀宜居城市”等；其次是辽宁大连和江苏南京及其周边地区；再次是北京、湖北江汉平原城市、广州等，北京主要关注中心城区，而湖北江汉平原城市则以县级市域为主；最后是长沙、乌鲁木齐、昆明、西安（或关中平原）、银川等省会城市的研究也较多。研究的焦点词汇多集中在人居环境评价、人居环境的自然适宜性、人口功能分区、城市人居环境优化等，这表明以重点城市为对象的定量实证研究已成为当前研究主流，但缺乏系统的理论探索，未能将规划实践、实证与人居环境演化规律及调控理论研究结合（张文忠等，2013），而这正是国内亟待强化的领域。同时，表 1-3 显示国内地理学界关于人居环境理论研究趋于增多，但相对实证研究或规划和策略研究仍然显薄弱。近年来，关注区域主体的人居环境要素需求与组合供给机制（吴箐等，2013；谌丽，2013）、城市公共安全与人居环境（李业锦等，2013）、人居环境的自然适宜性（封志明等，2008）的研究也在增加。但关于改革开放 30 多年的快速城镇化与工业化对人居环境的自然要素的破坏，人口过于密集诱发的社会文化、医疗和教育等社会性人居环境要素供给失衡，以及区域人居环境的差异等课题也应成为学界研究的核心。

相关理论探索与实证表明，国内地理学界关于人居环境研究大体存在 4 个学派——区域学派、区位学派、环境生态学派、行为学派（表 1-4）。这不仅彰显了地理学研究人居环境的悠久传统，也预示了国内人居环境理论探索需要传承相关理论主线，需要学界深度挖掘中国古代朴素的人居环境思想和借鉴西方经典理论（空间、行为、环境视角的居住区位选择及其变迁理论、中心地理论和系列城市发展新理念——新城市主义、精明增长、全球城市、创意城市、文化城市等），以推动中国人居环境理论探索的深度与广度，丰富不同地理空间尺度下的自然与人文要素对人类聚居及其演化的理论探索。

表 1-4　中国人居环境理论研究的主要学派

学派	研究人居环境的重点	主要观点	常用技术工具
区域学派	居住空间分异与扩散	认为居住空间的分异和扩散在一定程度上是人居环境问题的体现	利用 GIS 测度居住空间的分布体系与人居环境质量的区域差异
区位学派	居住区位评价及选择	认为对城市居住区位的研究能反映出城市人居环境的总体布局及自然因素和社会经济等因素的优劣势	利用微观区位选择意愿调查解释宏观层面的居住空间分异及扩散

续表

学派	研究人居环境的重点	主要观点	常用技术工具
环境生态学派	城市化、工业化与人居环境可持续发展	认为地理环境决定文明的形成和发展，或用进化思想解释社会发展与环境的关系，或认为人类社会发展与环境之间存在协调关系	定量分析城市化、工业化与人居环境质量的相关性，解释前者对后者的影响或作用机理
行为学派	社会阶层或个体的主观人居环境感知与评价，以及心理行为与人居环境关系	强调现实行为、行为空间是城市空间重构与拓展、居住空间分异及郊区化对居民日常生活与行为的约束与强化	利用时间地理学和行为地理学的居民移动-活动行为为大数据采集理论与分析基础，利用大规模案例调查或半结构访谈进行研究

资料来源：李雪铭等，2010（有修改）

第三节　相关理论的融合

国内外人居环境理论探索过程呈现出以下基本特征：一是人居环境理论探索过程是多学科交叉融合发展的过程，人居环境理论探索既有建筑规划学的主导，又有地理学与环境科学的渐进融合，催化了从以人为尺度的建筑环境营造转向面向不同阶层需求的城市规划设计思想探索与理想模式构建。二是跨学科融合背景下人居环境理论探索，在实践过程中产生种种认识上的差异和阐释误区，如基于建筑（群）环境营造的微观单元深入解析无法阐释城市整体的人居环境形成与规划、调控；研究方式伴随学科内部深入探究易陷入各独立学科分支的相对自我封闭与孤立，而综合协调的战略思维未现端倪。三是人居环境理论探索，虽然受吴良镛院士倡导的“综合”与“融贯”影响深远，但是面对如何更有效地“解决现实问题”，学界未能进行理论的总结、提高与归纳。因而，时至今日理论探索仍是百花争鸣，却无本源和“认识人居环境”过程的一套行之有效的理论研究与工作组织方法体系。为此，仅简述当前人居环境理论探索的主流思想或模型，阐释相关理论的学术脉络归属，澄清人居环境理论研究的流派及其思想渊源（表 1-5）。

表 1-5　人居环境研究的侧重方向

侧重点	代表理论与人物	主要研究内容	哲学基础与研究方法
居住环境	邻里单位（Arthur Perry）； 田园住宅区（Hampstead）； 居住环境因素论（Knox）； 马丘比丘宪章（国际建筑师协会）； 21 世纪议程（联合国人民环境署）	居住环境的概念、理念、指标、标准与评价，以及居住环境的营建规划与设计	唯物主义的居住结构解析、规范性规划实践、居民心理行为的空间需求调查

续表

侧重点	代表理论与人物	主要研究内容	哲学基础与研究方法
宜居性	田园城市（霍华德）； 城市社会生态学（芝加哥学派）； 现代形体技术提升城市人居环境质量（柯布西耶）； 雅典宪章（CIAM）； 广亩城市/空间分散规划理论（赖特）； 有机疏散理论（沙里宁）； 需求层次理论（马斯洛）； 舒适性与城市规划（David L Smith）； 健康城市（世界卫生组织）； 城市宜居性（IMCL）； 紧凑城市（Dantzig 与 Isaaty）； 新城市主义（Calthorpe）； 精明增长理论（美国规划协会）	城市人居环境的宜居性、适宜居住的城市空间结构、宜居城市的标准与评价体系、城市人居环境规划设计方法、宜居城市的发展阶段与主要模式（生态城市、创新城市、低碳城市、文化城市、智慧城市）	基于城市实体组成的唯物主义规划设计体系、基于居民主观感受的行为心理空间调查研究
地域人居	风水理论、单位制自给型社区（中国）； 人地关系地域系统理论（Gregory、吴传钧）； 文化景观理论（施吕特尔、索尔、怀特）； 格局-过程-机理（顾朝林）； 空间尺度-格局-过程（傅伯杰）	理想人居环境、居民点为核心的土地利用、居住区位与居住空间、传统人居环境研究，以及人居环境自然适宜性、综合评价与指标体系、演变过程、信息系统和管治研究	区域论、区位论、人地关系论和行为理论为主要思想基础的地域人居环境综合认知、评价、调控及管制

人居环境的研究内涵包括了居住环境、宜居城市等，宜居城市和居住环境是人居环境研的不同研究方面，宜居城市是城市人居环境发展的目标，良好的居住环境同样是人居环境建设的核心和重点。

一、居住环境

居住环境（residential environment）是指围绕居住和生活空间的各种环境的总和，包括自然条件、各种设施条件和地区社会环境等。狭义的居住环境是指居住的实体环境，广义的居住环境还包括社会、经济、文化和自然景观等综合环境。

1. 居住环境内涵

我们认为，居住环境一般由自然环境、空间格局、服务设施和人文环境等 4 个方面的内容构成：一是自然环境，包括居住区及其周边的绿化状况、绿地及公园面积的大小、周围的水域环境、环境污染状况及其与绿地、水域和污染源等的接近程度；二是空间格局，包括居住区的空间布局、社区规模、公共空间及布局状况、街区的清洁和美化程度；三是服务设施，其内容包括社区物业管理水平的高低，中小学和幼托机构、购物、娱乐、医疗、银行等配套设施的方便程度；四是人文环境，包括社区认同、社区的文化传统风貌、居民的生活方式、社会活动和交往方式等。

居住环境的内容多是指基于1961年WHO提出的人类基本生活要求的四个理念，即安全性、健康性、便利性和舒适性。这四个理念表现了在一定的场所能够享受怎样的环境的观点。安全性包含为了维持生命、规避风险等所必需的特性；健康性包含为了维持健康所必需的特性；便利性包含为了在日常生活中消除不便所具有的特性；舒适性包含为了生活的丰富和愉悦所具有的特性。以四个理念为基础进行的居住环境整治，确实提升了生活环境，改善了生活质量。比如关于安全性和保健性的要素，如果出现了问题就会威胁到人们的生命和健康，所以它们的整备具有极其重要的意义。但是，在我们追求宜人的生活环境的同时，还必须对将来可能出现的问题加以重视，明确现在的活动可能带来的问题；明确维持自身之外，特别是下一代人以后的生活环境所必须具备的特性，即可持续性的问题。因此，可持续性的思想，成为居住环境评价的一个重要的理念。

2. 居住环境研究重点

目前，学术界关于居住环境的研究主要集中在以下6个方面：一是关于居住客观环境指标体系的构建，以及单一指标和综合指标评价的分析，如对安全性、健康性、便利性、舒适性等每项内容包括的指标的分析、选取，以及评价和判断的方法等；二是关于客观环境评价指标的定量化和相关分析，如交通通达性、交通噪声和绿地空间等对居住环境的影响；三是城市内部不同空间居住环境的舒适度、安全性等差异性研究；四是以接近性为指标，对居住环境的生活关联设施进行空间评价和分析；五是对生活关联设施的满意度与距离、设施数量等的关联分析，特别是关注在居住环境评价过程中居民价值意识的空间差异；六是不同居民属性，如居民的性别、年龄、职业等对居住环境评价的影响和认同等。

关于居住环境的评价至少包括两大部分的评价内容：一是对居住环境的客观实体的评价。通过建立居住环境评价指标体系，定量评价居住环境的优劣程度。二是对居住环境的主观认知的评价。居住环境是城市居民日常生活高度关注的问题，从居民自身出发，分析居民对构成居住环境的设施、环境、文化、服务内容等的心理认知，对居住环境建设具有重要的指导意义。主观评价主要是分析和评价居民对构成居住环境的公共设施、安全、灾害、街区特色、绿地和绿化、空间的开敞性、人际关系等的满意程度。

居住环境的客观评价重点是对评价单元内居住环境的实体评判和分析，如交通线路、交通设施、绿地、商业设施、教育设施、医疗设施、娱乐设施、建筑密度、开敞空间、垃圾处理、街区整洁等进行数量和质量的客观评价。目的是确定城市内部不同空间居住环境的优劣程度，为城市环境建设和改善提供科学依据。居住环境的主观评价的重点是通过问卷调查，了解居民对城市内部不同空间的居住环境的满意程度，如对居住区及周边的安全程度、公共设施利用的方便程度、自然环境的舒适度、人文环境的认同等。居住环境的主观评价更能体现“以人为本”的城市发展理念。将居住环境的客观评价结果与主观评价结果经过一定的计量分析，获得的最终结果才是城市内部不同空间的居住环境总体评价值。

从研究层面来看，通过居住环境的分析可以科学地把握城市内部空间结构的形成和演化规律，特别是对构成居住环境的要素分析，可以掌握城市空间结构特征形成和演变的机制。

二、宜居城市

宜居城市（livable city）研究起源于对居住环境问题的研究。第二次世界大战后，随着城市规划的发展，对舒适和宜人的居住环境的追求，在城市规划中的地位得到确立。《雅典宪章》将居住与游憩、工作、交通并列为城市的四大功能。David L. Smith 出版了《宜人与城市规划》倡导宜居的重要性，进一步明确了其概念。20 世纪 70 年代，城市发展强调提高居民生活质量，人本主义理念主导下的城市规划被称作为解决这些问题的重要理论。90 年代，伴随着可持续发展理念发展，可持续发展成为宜居城市发展的重要内容。2000 年以来，宜居城市规划开始关注公平性，温哥华在《大温哥华地区 100 年远景规划》中明确将“公平”作为宜居城市关键原则之一。2005 年，《北京城市总体规划》首次提出将“宜居城市”作为北京城市发展目标，“宜居城市”的概念提出引发了社会的广泛关注。

1. 宜居城市的内涵

宜居城市，是指适宜于人类居住和生活的城市。我们认为，对“宜居城市”的理解不能拘泥于形式和概念，需要从以下角度来审视其内涵。

一是“宜居城市”是所有城市的发展方向，以及规划和建设的目标，因此，“宜居城市”并非某个城市的专有或代名词；二是“宜居城市”是一个相对的概念，或者说是一个动态的目标，即一个城市是“宜居城市”，那它是相对其他城市或相对于过去而言，因此，是否达到“宜居城市”的标准，要参照城市及其自身发展的历史；三是“宜居城市”是居民对城市的一种心理感受，这种感受与居民的个人属性，即年龄、性别、职业、收入和教育程度等密切相关，因此，对“宜居城市”的评价和宜居建设的重点要充分考虑居民的评价，而不能单纯出自政府的主观意愿；四是体现一个城市是否宜居，其内涵不仅要看城市发展的经济指标，更重要的是要看城市是否能够满足居民在不同层次上对居住和生活环境的要求。所以，“宜居城市”的建设目标具有层次性，较低层次的建设目标应该是满足居民对城市的最基本要求，如安全性、健康性、生活方便性和出行便利性等，较高层次的建设目标则是满足居民对城市的更高要求，如人文和自然环境的舒适性、个人的发展机会等。

总之，“宜居城市”是适宜于人类居住和生活的城市，是宜人的自然生态环境与和谐的社会和人文环境的完整统一体，是城市发展的方向和目标。

2. 宜居城市的研究尺度

关于“宜居城市”的评价结果不仅受到评价者或评价人群的背景、目标和评价重点等的影响，也会与评价的空间层次有关，是评价城市之间的宜居水平，还是评价城市自身或者城市内部不同地区的宜居水平。我们认为，对宜居城市的评价，主要应该从以下三个空间层面进行评价。

（1）宏观尺度。评价和研究的空间范围比较大，是一个大区域或者整个国家；评价单元为独立的城市，评价的内容和相应的评价指标相对宏观，包括环境、生态、经济和社会发展指标等，但核心仍然是围绕与居民生活和居住密切相关的内容。从宏观层次来看，城市的宜居水平关系到城市的整体发展理念、经济和社会发展水平、城市投资环境、城市的自然环境对人居的适宜性、城市的环境和生态建设状况等，因此，城市宜居水平的高低影响到城市发展的综合竞争力。宜居城市与城市内部各种设施的布局和建设水平、城市文化传承、街区特色塑造、环境保护、绿化和绿地建设、安全意识等有密切的关系，也就是说，城市的宜居水平体现了城市规划和建设的基本精髓。

（2）中观尺度。评价和研究城市内部不同区域的宜居水平，评价和研究空间范围为该城市的行政范围或建成区；以城市内部不同的空间，如街区或社区等为单元，或者按照不同的空间尺度把城市划分不同的地区，也可以按照评价需求把城市划分成一定格网，如以500米×500米的格网为评价单元；研究内容和评价指标选择相对具体，包括各评价单元的安全性、环境健康性、生活方便性、出行便利性、居住舒适性等，评价内容与居民的日常生活行为关系密切。

（3）微观尺度。评价和研究城市内不同居住区的宜居水平，评价单元是独立的住宅或居住区；评价指标要具体到各住宅或住宅区的建设面积、建设年代、质量、楼层高度、建筑风格、内部设计、日照、配套设施等，评价内容同样要具体。从微观层次来看，城市的宜居水平，直接影响着居民的生理、心理、观念和行为。换言之，城市宜居的水平直接或间接地影响着人们的生活质量。

因此，不论从微观尺度，还是中观尺度、或者从更加广阔的宏观尺度来看，加强城市的宜居水平建设，营造适宜于人类居住的环境对城市发展、居民生活和工作都具有十分重要的实际意义。

3. 宜居城市研究重点

推进城市的和谐、文明和健康发展已成为人们普遍关注热点，宜居城市建设就是确保城市的可持续发展，为居民提供一个安全、健康、便利和舒适的生活和工作空间。宜居城市研究重点内容：①影响城市宜居性的关键要素及影响程度，如环境、气候舒适度、城市景观、出行条件、城市治安条件、城市公共服务设施等如何影响城市的宜居性，影响水平和强度如何等。②宜居性评价的指标体系和方法，如何构建不同空间尺度的评价指标、评价模型，实现评价结果的科学化和实用化等。③不同空间尺度的宜居性的评价和影响机制，如不同城区、街区评价的侧重点又有何差异？影响不同尺度宜居性的因素是什么？④公共服务设施、社会空间分异、居住区位偏好等方面对城市宜居性空间分异的影响机制，如公共设施的可达性、不同社会群体等如何影响城市的宜居性等。

三、地域人居环境综合研究

当前人居环境研究与实践虽由广义建筑学等学科主导，但地理学界依托地理空间思想逐渐形成“地域人居环境综合研究”的范式，而且这一范式备受建筑规划学界的重视与借鉴（杨宇振，2005）。这一转向既有如美国国家研究地学、环境与资源委员会、地球科学与资源局重新发现地理学委员会共同编撰的《重新发现地理学——与科学和社会的新关联》所言“近 30 年来的地理学发展进行了综合评估，指出地理学的视角和工具是如何越来越多被教育家、商业界、研究人员以及决策者所利用，来处理广泛的科学问题和社会问题”，其中“经济健康、环境退化、民族矛盾、医疗卫生、全球气候变化、教育”等是地理学研究的关键问题，而这些问题事实上很大程度上左右着人居环境科学的发展方向。也即，地理学的理论和方法，在纷繁的学科研究前沿，如城乡规划、区域经济学、社会学、流行病学、人类学、生态学、环境科学和国际关系等领域得到广泛的重视和应用，相关研究领域都广泛地应用地理学的“空间、尺度、地理信息系统”视角。可见地理空间是人居环境的重要构成要素，人地关系地域系统理论、文化景观理论、尺度-格局-过程等理论是构成地域人居环境综合研究的理论基础。

1. 人居环境的区域综合研究

“区域”代表了一定的空间范围区位关系以及历史的过程，地方（区域）是研究过程与现象之间复杂关系的天然实验室，地方（区域）的综合研究试图了解不同过程和现象是如何在各区域和地点间相互作用的，包括了解这些相互作用是如何赋予地方以独特性质的（王恩涌等，1996）。

人居环境的区域综合研究，是地理学家在解决当前现实世界中各种纷繁复杂问题的独特研究视角与理论-方法-工具的集成，是针对“问题区域”的“区域问题”求解过程进行系统的综合分析产生的。例如，城市居住空间区位及其扩散、经济社会转型与城市产业结构调整、职住分离与城市内部通勤、城市群形成与发展、省域城乡统筹、国土开发秩序与均衡发展等问题，在地方与全国日趋显现出来，亟待通过科学探索求解。而相关选题一直是国家和地方重点资助项目，如吴良镛先生主持的“发达地区城市化进程中建筑环境的保护与发展”“滇西北人居环境可持续发展规划研究”是对于区域人居环境发展的研究和规划实践，胡序威、周一星、顾朝林等主持的“中国沿海城镇密集地区空间集聚与扩散研究”对珠江三角洲、长江三角洲、京津塘、辽中南地区的密集城镇空间结构及其人居环境进行了研究。

人居环境科学的深度研究与快速发展，区域视野的综合研究是必然的趋势。“区域综合”亟待围绕研究内容、研究方法、研究组织等方面进行全面的探索。第一，研究内容的深度、广度，需要围绕地方人地关系调控探索，奠定人居环境科学的理论基础与研究框架。第二，研究方法，既有区别于传统的静态研究的方法体系，又需要利用大数据获取的技术工具进行微观个体的时空行为分析，总结微观尺度研究对于城市整体，乃至区域人居环境调控的功效。第三，人居环境的区域综合研究对某一问题的多学科论证是“区域综合研究”中的必然现象，单一学科的视角通常较难于把握“事物和现象的出现与发展呈现一种复杂的非线性过程”这一复杂关系，由此可见，区域综合研究，仍是跨学科的交叉、融贯与综合，而非地理学科能完全胜任的工作。

2. 人居环境的研究尺度

尺度是物质运动和社会发展中一种客观存在的现象，也是一种将世界加以分类和条理化的思维工具（蔡运龙，2013）。无论是空间还是时间，都具有尺度属性，而且两者相互联系。一般而言，随着空间尺度的增加，时间尺度也会增加。不同尺度并非各自独立，而是联系在一起成为一个嵌套式的结构整体。从地理尺度看待人居环境，是将人居环境进行清晰的和可量度的单位，既可形成具有边界可辨性与空间要素的复合性（自然的、经济的、社会文化、政治体制的等），又可将人居环境研究过程分析的基本单元进行分割与合并，乃至尺度转换。从地理实体空间类型看，典型的人居环境尺度是流域、岛屿、盆地、（自然）村落（周晓芳等，2012），然而从建筑规划学家道萨迪亚斯《人类聚居学》中人类聚居系统可分为从最小单元的个人开始，到整个人类聚居系统直至“普世城”结束，共 15 个尺度，即个人、居室、住宅、住宅组团、小型邻里、集镇、城市、大城市、大都会、城市组团、大城市群区、大城市群、城市地区、城市洲、全球城市。吴良镛等（2001）在借鉴道氏理论的基础上，根据中国存在的实际问题和人居环境研究的实际情况，初步将人居环境科学范围简化为五个大层次。本书认为各个尺度的人居环境研究与实践的着眼点应各有侧重，如全球尺度人居环境研究重点关注气候变化、温室效应、能源与水资源保护、生态保育与环境污染等；国家或区域尺度重点关注区域人居环境配置与总体均衡、区内各地人居环境发展的差异性及其调控等；城市尺度重点研究以土地利用为媒介的城市生态环境保护、交通医疗教育基础设施可达性均衡、城市品质与人居形象提升等；而社区（邻里）研究重在居民环境意识及其参与社区环境管护、邻里关系协调等方面，以及作为最基本单元的建筑尺度人居环境研究则关注室内设计的实用、美观性、建筑物隔热-保温-通风-采光等。

当然，地理学家的人居环境区域综合研究，不仅关心各尺度的主客人居环境要素的分析与评价，更关心不同尺度人居环境的推绎与尺度效应等。

3. 人居环境的格局、过程和机理

中国地理学在国家自然科学基金委员会资助下设计了一系列围绕地球表层的研究项目，这些项目一般都具备以认识地表形态、格局的特点、静态结构的组成为主，研究尺度以区域尺度为主，探讨的要素相对单一，描述与刻画的方法以定性与 GIS 定量为主，初步形成了地理学研究地球表层揭示地球表层形态、

格局、地理过程研究主线，探讨地理空间环境要素相互作用机理的终极导向（冷疏影等，2001）。研究过程中始终注重对地球表层环境要素的时空关系及其相互作用过程在区域和城市发展中的作用研究，旨在揭示地理过程和机理的项目越来越多，围绕过程研究取得丰硕的成果（宋长青等，2005；冷疏影等，2013）。可见，“格局—过程—机理”既是地理学研究地球表层的思想主线，又是地理学家理解与认知地球表层的阶段目标与思维工具。

对于地域人居环境综合研究而言，理解人居环境的构成要素及其相互作用的“格局—过程—机理”，既是居住环境营造的规划设计的理论前提，又是宜居城市评价与规划的重要基础。具体而言，地域人居环境综合研究“格局—过程—机理”主线，首先要重视作为复杂系统的地域人居环境构成要素，以及其发展演变的地理过程，方能揭示各要素在人居环境形成与评判中的重要性；其次，地域人居环境发展的空间格局—过程，既是刻画与定量评价区域民生发展的综合性国际对比指标，又是推进我国区域均衡发展与基本公共服务均等化的有效途径；最后，理解地域人居环境综合研究的“格局—过程—机理”，是人类更好地调整自我的经济、社会、制度行为，促进地球可持续发展的现实需要与长远战略。

本章小结

20世纪50～60年代希腊学者道萨迪亚斯提出建立“人类聚居学”的设想，并编织了一个庞大的多学科交叉的体系；在中国，吴良镛教授倡导开展同类研究近20年了，但至今它还是一个为之奋斗的目标。尹稚（1999）将这种局面归结为二点成因：一是思维方式、研究方式、工作组织等存在过度解析等弊病；二是综合与融贯过程的背离，未能有效沟通“与‘认识世界’密切相关的过程”和“与‘改造世界’密切相关的过程”。他进一步指出，人居环境学建设的侧重点应囊括“描述性概念与有普遍参照性的模式”“解释性概念与可参照的模型”“规范性概念与规划准则”“专业技术规范或标准”，其中最后者是“改造世界”密切相关的过程，也是未来人居环境学建设的重点。

为此，从城乡人居环境的现实问题出发，在实际问题求解过程中实现多学科融贯研究与深度综合，其解析结论与所提供的技术支撑就越具体、越可靠。因此，人居环境研究必须从微观居住环境着手，探索居住环境营造理论与方法和居住区位选择与变迁，从而揭示城市居住（就业、消费）空间的格局、过程与机理，推动宜居城市/乡村建设和城乡人居环境的高效运行与调控（表1-6）。

表 1-6　相关学科对人居环境探究焦点

主要内容	重点领域	学科渊源
居住环境	居住环境标准 居住环境选择 居住行为模拟	建筑学、风景园林学 地理学与城市规划学 地理学与社会学
宜居城市	规模、密度、形态 分布、可达、匹配	城市规划技术与工程学 地理学、生态学、环境学
地域人居环境综合	因素与评判 尺度与格局 等级与体系 过程与调控 政策协调	地理学、公共管理学、社会学、经济学

第二章

人居环境的研究进展

人居环境作为人类栖息地，随着人类活动影响范围和强度的增加，人居环境问题越来越突出，成为学术界近年来关注的热点。本章梳理了人居环境研究的前沿领域，从人居环境自然适宜性研究、综合评价研究、影响因素分析、演变机制探析和集成模拟研究等方面评述了国内外的研究动向。总体而言，人居环境研究呈现出多学科交叉、集成研究的特点，在数据获取、演变过程的研究上更多地采用了现代化技术和模拟分析方法。

第一节　人居环境自然适宜性

一、人居环境自然适宜性及构成要素

人居环境自然适宜性，是包括气候、地形、水土资源、大气与地表覆被、自然灾害等在内的自然环境组合特征及其适宜人类集中居住的程度。自然适宜性是相对大规模的人类群居形成村落或城镇而言，对于群聚而成城镇内部而言，受现代人工技术对地表的高强度改造，自然环境均质化程度较高，多以基础设施网络、现代建筑等主导，因此人居环境自然适宜性研究在全球、国家或省级层面可指导城市或村镇选址以及人口集聚规模，具有重要理论与现实价值；而在城市内部，人居环境自然适宜性探索已然不是理论关注重点。

影响人居环境的自然因素众多，但最为根本且决定着其他自然因素、对人居环境自然适宜性起主导作用的，主要包括地形条件、水热气候条件和水文状况、区域土地利用/覆盖特征、自然灾害等（封志明等，2008；闵婕等，2012）。因此，人居环境自然适宜性构成要素主要由地形起伏度、土地利用/覆盖状况、水文条件、气候条件与自然灾害危险度等组成。

二、人居环境自然适宜性研究主要领域

自然环境是人居环境形成与发展的本底，近年国内外日益重视地形、土壤、气象气候、水环境、大气环境、声环境等要素对人居环境的影响与作用（封志明等，2007）。人居环境自然适宜性研究，主要是利用GIS空间分析工具系统分析区域自然地理单要素对人居环境自然适宜性的影响度，探求主导因素的过程。当前主要集中在三个方面：第一，气候对人居环境影响，气候作为人居环境系统中最为密切且直接的自然要素，是学界评判区域适宜居住性的重要因素之一。张剑光等（1991）、刘沛林（1999）、王金亮等（2002）、李雪铭等（2003）、唐焰等（2008）、何萍等（2008）分别针对贵州省、中国乡村、昆明、中国35个城市、中国、楚雄等城市或省或公里网格的实证研究，既印证了气候是区域人居环境的重要因素，又发现中国人居环境的气候适宜性整体呈由东南沿海向西北内陆，由高原、山地向丘陵、平原递减的趋势；且中国人居环境气候舒适期地域差异显著，最高值分布在东南丘陵和云贵高原东南部，而青藏高原和天山山地等高寒地区为全年气候不舒适区。第二，采用多个自然地理要素基于GIS栅格数据综合评判区域人居环境自然适宜性与限制性，如针对云南省、内蒙古、陕西、关中-天水、新疆南部、重庆万州、贵州遵义及全国的研究表明，我国人居环境自然适宜性受地形起伏度、温湿指数、水文指数和地被指数综合作用，而且在山区或丘陵地区海拔与坡度及其决定的水资源、耕地资源成为人居环境自然适宜性主导因素（沈兵明等，2006；张东海等，2012），而在平原地区或高原盆地则受水环境、气候条件主导（封志明等，2007；杨艳昭等，2009）。第三，人居环境自然适宜性评价成为人口分布及其优化的重要前提，国家人口和计划生育委员会于2006年资助了中国科学院地理研究所封志明团队进行该项研究，研究发现中国人口分布与人居环境自然适宜性指数呈高度正相关（刘睿文等，2010；Feng et al.，2010）。然而，在城市内部人居环境评价中，受人工改造影响，城市内人居环境自然适宜性主要考虑绿化、水文、大气等因素影响，但受数据限制，当前城市内部人居环境评价较少考虑自然要素影响。

三、人居环境自然适宜性研究方法体系构建

人居环境自然适宜性评价方法，多采用栅格数据，如基于30米×30米、100米×100米、1千米×1千米栅格综合加权叠加地形条件（海拔、相对高度）、气候条件（年均气温、相对湿度）、水文条件（年均降水、水域比重）、土地覆被（利用类型、NDVI）、自然灾害（地震、滑坡、泥石流等（封志明等，

2008；闵婕等，2012）。如图 2-1 所示，人居环境自然适宜性研究技术路线，主要包括确定主要影响因素并构建栅格数据库、遴选单要素的集成测度方法与数据源、构建人居环境自然适宜性指数模型、确定类型分区阈值及各类区提升模式等。

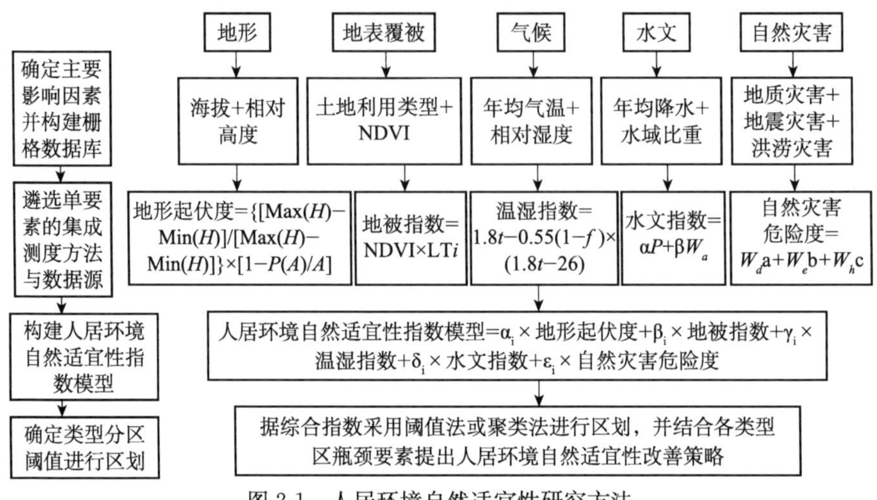

图 2-1 人居环境自然适宜性研究方法

资料来源：综合封志明等（2008）与闵婕等（2012）绘制，NDVI 表示中国归一化植被图；Max（H）和 Min（H）分别为该区域内最高和最低海拔（m）；P（A）为区域内平地面积（km²）；A 为区域总面积；LTi 为各土地利用类型的系数即权重；P 为归一化的多年平均降水量；Wa 为归一化的水域面积比重；α 和 β 分别为 P 和 Wa 的权重。

在人居环境自然适宜性指数测度中，合适栅格网单元选择、各主导因素赋权等成为构建模型过程的关键技术难题，当前研究通常采用因子分析、层次分析，以及专家评估等方法完成上述两重要环节，仍存在一些问题，如气候、水文等会因地带性而呈现显著地区域分异，如何统筹大区域参数阈值与小区域的相关阈值亟待解决等。

第二节 人居环境评价

一、人居环境评价及其范式

人居环境综合评价，是针对区域人居环境可持续发展或区域主体的人居环境需求等目标，部分综合或全面综合刻画区域人居环境的状态及其发展趋势。评价过程，因评价目的、评价内容和评价手段等差异存在 2 种范式（图 2-2）：①区域人居环境状态纵向综合刻画或测度，这种刻画或测度的主要目的是评判区域人居环境的可持续态势或当地居民人居环境需求演进态势，主要采用经济、社会、环境等统计数据以及大规模的问卷调查数据，进行综合量化评估（叶长盛等，2003；张文忠等，2006；张文忠等，2013）；②区域人居环境状态横向比较或主要问题揭示，该评价的主要目的是寻找地方在大区域内的人居环境竞争优劣势，探索区域人居环境快速提升的主要矛盾及破解之道，多采用经济社会与环境统计数据进行某 1 年或等距间隔 3 个年份的空间分异评估（刘钦普等，2005；杨俊等，2012；李伯华等，2011；李雪铭等，2012）。当然，少数地理学者尝试将时空二维综合评价某一区域人居环境时空演进与分异趋势。两种范式的主要数据源自行业统计数据、专题调查数据，以及少量的抽样微观行为数据等；综合评价方法多采用满意度/幸福指数、指标加权求和等量化方法。

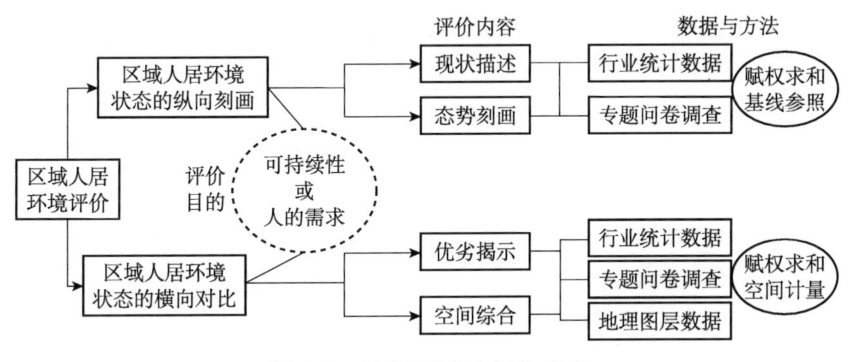

图 2-2　人居环境综合评价范式

二、人居环境评价的领域

在我国区域人居环境评价中，多选择城市或乡村这两类区域作为研究对象，对于城乡结合地区的人居环境评价研究较少（祁新华等，2008）。然而，地理学研究人居环境最密切的学科是聚落地理，而传统的聚落地理重点研究城市或乡村，因此城市人居环境与乡村人居环境的评价、发育度空间分异、规划建设便成为地理学关注的热点与焦点（李雪铭，2010；张文忠等，2013）。

城市人居环境评价，是指评价城市内部的人居环境发展水平、空间差异及其影响因素等。目前，国内研究的热点城市有大连、北京、广州、上海、杭州、南京、厦门、呼和浩特、西安、厦门等大城市（李雪铭等，2002；张文忠等，2005；李王鸣等，1999），以及个别中小城市，如丹东、衡阳等（李雪铭等，2008；胡最等，2011）。采用的评价指标体系主要包括人居硬环境的构成要素和人居软环境的构成要素各自所囊括的具体指标，当然指标可分为刻画状态、反映趋势、衡量导向三类（张文忠等，2013），数据源主要是遥感影像解译、政府或行业组织的统计资料、研究者的调查访谈资料，以及利用 GPS、Wi-Fi 等采集的微观行为数据等。指标数据的归一化和权重确定，通常采用层次分析法（analytic hierarchy process，AHP）、德尔菲法（Delph method）、综合比较及 DPSIR 等方法，指标项的集成则多运用线性加权求和、模糊层次聚类及 BP 等（周维等，2013）。多个大城市的实证研究表明，我国城市人居环境总体趋好，其中人居硬环境构成要远优于软环境构成，居民的人居环境需求日益多元和走高；同时，城市人居环境存在严重的空间失衡现象，如基础设施与公共服务供给中心城区远高于郊区，而地被与空气、社区文化与网络则郊区远优于城区（谌丽，2013）；而经济发达城市的人居环境与欠发达地区人居环境也存在较大差别（李雪铭等，2012）。

中国地理学界乡村人居环境评价，主要关注古村落人居环境特征和新农村建设视角乡村人居环境改善策略。前者如刘沛林（1998）对中国古村落文化空间研究，陆林等（2003，2004）对浙江乌镇、徽州古村落的景观特征研究，以及马婧婧等（2012）对钟祥长寿村人居环境特征和李伯华（2012）对欠发达地区转型村落人居环境满意度调查等；周侃等（2010，2011）研究北京新农村 29 个试点村人居环境特征及影响因素、发展水平，以及杨锦绣等（2010）对四川农民工对流出地人居环境的多维影响。总体而言，中国地理学视角乡村人居环境评价关注乡村人居环境的本质、农业与人居环境关系，以及农民需求等，评价方法与城市人居环境无显著差别，只是乡村人居环境的统计数据非常少，研究者只能通过问卷访谈获取第一手资料。

不同单元的人居环境对比研究是近年地理学界人居环境研究的重要趋向，主要关注重点城市间（省会城市、直辖市）、省域县际/地级/城际的人居环境对比研究。例如，周志田等（2004）认为中国适宜人居城市至少应在城市经济发展水平、经济发展潜力、社会安全保障条件、生态环境水平、市民生活质量水平和市民生活便捷程度 6 个方面来体现，并对我国 50 个城市的适宜人居水平进行测度和排序分析；而刘钦普等（2005）、温倩等（2007）分别针对江苏省、安徽省的地级城市采用主成分、聚类分析等方法对省域城际人居环境进行分类。王坤鹏（2010）综合运用熵权法和多目标线性加权函数法，选取我国四大直辖市为例，采用 2009 年统计数据定量评价显示北京在城市人居环境总宜居度、人文环境宜居度、自然环境宜居度及环境宜居度协调性上得分均最高，上海的经济人居环境宜居度最高，重庆、天津均不具有比较优势；而李明等（2007）、李雪铭等（2008）分别采用遗传算法-BP 神经网络、神经网络与聚类评价我国 35

个主要城市人居环境，研究表明我国主要城市人居环境存在差异，可分为四类，且经济发展、基础设施与公共服务、居民需求等成为类型差的主要成因。

对比城市人居环境评价与乡村人居环境评价，可知区域人居环境评价主要关注人居环境的特征、状态与趋势、城际/村际优劣势，以及对城乡规划的指导价值等。人居环境综合评价的难点在于微观数据的采集、要素的赋权、综合模型的构建，以及尺度嵌套问题造成的评价结果难以阐释清楚等。

三、人居环境评价的指标体系与数据源

人居环境评估体系一直是学者们关注的热点问题（吴良镛，2005；李雪铭等，2000；张文新，2007），它涉及目标集的制定、对人居环境内涵的把握、未来情景的设想等多个方面。面对人居环境剧烈变化的趋势，学者要解决的主要科学问题集中在：一是采用何种指标对人居环境的快速演变进行动态监测和预警？二是采用何种结构体系将多个指标组织起来？换言之，人居环境的评估应反映某一时刻各个方面的变化趋势及子系统的协调程度，即如何对多源多维多尺度的大量数据进行实时动态的监测与分析，建立人居环境动态评估体系。

目前，国际上主要采用的人居环境评价指标有以下三类：①状态型指标。捕获某一时间节点的发展状况，如空气污染指数刻画了某一时刻城市的大气污染状况、城市与农村居民的收入比描述了两种环境中居民生活条件的差距。②趋势型指标。描述随时间发生的变化，如城市人口的增长率。③目标导向型指标。用以衡量目标达成的程度，设定目标的过程就是把总目标分解为可量化的具体指标的过程，常用于人居环境有关的规划。例如，美国俄勒冈的“基准计划”（Benchmark Program）就是运用目标检验政府职能的著名案例。

人居环境评估指标的选取通常由所采用的评估体系结构来确定。大部分评估人居环境的文献都具有一套明晰的选择和运算指标的理念和方法。常见的指标结构有 3 种：第一种是按照领域、部门、问题来划分。领域描述构成人居环境的子系统，如环境、社会和经济等，和人居环境各组成部分紧密关联；部门通常是与政府职能有关的组成部分，如住房、交通、娱乐设施等，因此能够为政府机构评估绩效提供依据；问题通常是与地方长期发展目标有关的具体问题或争端，如空气污染、创造就业、犯罪和安全等，这样便于有效地与公众沟通。例如，西雅图的《可持续发展报告》（*Sustainable Seattle Report*）所采用的按照环境、人口与资源、经济、文化与社会的指标分类结构。第二种是目标导向型结构，目标刻画了城市期望达成的可量化状态。这种结构有助于识别直接连接指定目标的指标，并且能够评估城市完成目标的进展（表 2-1）。例如，英国

采用的地方政府管委会模式（the Local Government Management Board Model），将指标按照承载力、生活质量两大目标分为两类。第三种是具有逻辑关系的组织结构，通常建立在某个现象产生的原因、过程和影响的理论依据基础上，能够阐释不同指标之间的联系，并且预测政策可能产生的影响，如状态-压力-响应模型（PSR 模型）和驱动力-压力-状态-影响-响应模型（DPSIR 模型）。建立一套完整的模型是一个复杂的工程，因为众多可选指标之间既存在关联和重叠，也有不小的差异，具有一定的独立性，指标的单位也有诸多差异，难以区分，不便统一。

表 2-1　人居环境评估体系的结构

类型		理念	案例
系统型	根据领域划分	由构成人居环境的子系统组成，结构清晰，涵盖内容全面	西雅图的《可持续发展报告》（*Sustainable Seattle Report*）
	根据政府部门划分	部门通常是与政府职能有关的组成部分，如住房、交通、娱乐设施等，因此能够为政府机构评估绩效提供依据	大波特兰-温哥华指标（Greater Portland-Vancouver Indicators，GPVI）
	根据问题划分	问题通常是与地方长期发展目标有关的具体问题或争端，如空气污染、创造就业、犯罪和安全等，这样便于有效的与公众沟通	新加坡绿色规划（Singapore Green Plan）
目标导向型		目标刻画了城市期望达成的可量化状态。有助于识别直接连接指定目标的指标，并且能够评估城市完成目标的进展	英国地方政府管委会模式（the Local Government Management Board Model）；美国城市研究所的可持续社区指标体系（the STAR Community Index）
逻辑结构型		建立在某个现象产生的原因、过程和影响的理论依据基础上，能够阐释不同指标之间的联系，并且预测政策可能产生的影响	欧盟环境署的总体环境报告（EU State of the Environment Report）

资料来源：谌丽（2013）

用新技术方法和手段研究人居环境问题是目前研究的一个重要趋势，随着遥感技术、卫星网络通信技术、GIS 空间分析技术等的快速发展，研究数据的获取手段发生了根本性的改变，使不同尺度上的人居环境演变的综合研究成为可能。在宏观层面，区域人居环境综合评价数据包括区域自然环境、经济、社会、基础设施网络等方面的数据，区域自然环境数据既可通过多期多源遥感影像解译获取，又可利用国家地理信息国情普查数据；区域经济数据主要通过国家统计局或行业主管部门获取；区域社会属性数据则以人口普查、文化普查及 110 警情数据等为来源；基础设施网络数据可利用大比例尺专题地图集或数字城市（省）提取交通网、绿地与公园、各级各类教育与医疗机构等数据。这些数据，既有宏观层面的区域统计数据，又有国家专题普查的空间属性数据，但是仍缺乏对人居环境主体的各类群体行为记录及需求调查数据，因此，可以借助传统活动日志调查，基于GPS、LBS的移动数据采集，以及大样本的问卷调查获取人居环境的主观需求或行为主体的行为数据（张文忠等，2006；柴彦威等，2013）。

第三节 人居环境的影响因素分析

国内外研究一直关注哪些因素改变了人居环境。其中，大规模的人类活动无疑是最重要的方面，包括城市化导致的土地利用方式改变和工业化引发的污染问题等显著的影响着人居环境。同时，随着气候环境变化提出的挑战越来越严峻，其对人居环境的胁迫作用成为当前国际研究的热点。此外，经济不平等、社会分异等社会因素也越来越受到关注。

一、大规模人类活动对人居环境的影响

随着技术的飞速进步，人类活动的强度和范围都大幅度提高。越来越多的研究关注各种时空尺度下人类活动过程对人居环境的物质空间、社会空间的状态、结构的改变方式、强度和影响机制。其中，大规模城市化对人居环境演变的影响最为剧烈。研究指出，局部区域林地向城市的转变打破了地表能量平衡动态（Banta et al.，1998），在水、热、微量气体、气溶胶的交换，以及地表和大气层的动力被改变后，就会发生城市热岛效应（Arnfield，2003）。人类活动还能改变区域微气候，如城市扩张和城市污染导致降水量减少（Amanatidis et al.，1993）。城市扩张甚至能影响当地、区域乃至全球气候的昼夜、季节和长期变化（Zhou et al.，2004））。此外，森林砍伐、农业发展等土地利用方式还会导致土壤侵蚀的加速并对周边区域产生潜在的环境风险（Walter and Merrits，2008）。

我国学者也对城市化、工业化的环境影响进行了丰富的研究，包括：城市化与人居环境关系研究，主要有李雪铭等（2004，2008）均以大连市城4区运用主成分、协调度、模糊数学等方法定量评价大连市城区、甘井子区等的人居环境随着城市化的发展而变动的规律，研究表明人居环境与城市化呈显著正相关发展，而且两者间的协调程度也较高；随后又将大连与我国11个优秀宜居城市作为样本探索城市化与人居环境关系，发现11个城市中北京、上海、深圳、

厦门、威海5城市的人居环境与城市化的协调状况在不断改善、城市可持续发展能力强，而大连、青岛、杭州、天津、南京、贵阳随着时间的发展协调值整体下降明显，出现“协调走低”现象，有碍于城市的健康发展。也有学者探讨了由城市化引起的城市增温效应对城市人居环境状况变化的影响（赵海江等，2010）。②经济发展与人居环境关系研究，主要有李雪铭等（2005）利用主成分分析法和模糊数学法求出了1990年以来大连城市人居环境与经济系统的综合评价指数和系统间的协调度值，定量分析了13年来大连城市人居环境—经济协调发展程度；熊鹰等（2007）引入模糊数学方法提出了一套基于不确定性的综合模型，评价城市人居环境与经济发展的协调性；刘涛等（2010）构建了指标体系衡量城镇化与工业化、经济发展、社会发展及区域总体发展水平的相对协调关系；邬彬（2010）基于主成分分析法和协调发展度模型利用深圳1996～2007年的统计数据分析表明深圳城市人居环境不断改善，城市经济快速发展，城市人居环境与经济发展的协调度不断增强。在空间上，城市边缘区、半城市化地区快速剧烈的人居环境变化逐渐成为学者关注的焦点（祁新华等，2008；黄宁等，2012）。

总体而言，城市化与以工业化为主的经济发展和人居环境演变关系呈现出复杂的相关性：一是城市化与人居环境演变的关系呈现显著的正相关发展，且两者协调程度呈低—高—低—高等状态；二是经济发展与人居环境演变的关系仍模糊不清，当前少数实证研究初步发现两者之间存在一定的协调性与不确定性关联，但是作为人居环境演变的主要驱动力之一，经济发展若能减少环境污染和绿地占用无疑将直接提高人居环境质量。

二、气候与环境变化对人居环境的影响

目前研究的关注热点是全球气候环境变化对人居环境的影响，包括气温升高、热应力、海平面上升、风暴潮、城市洪水、排水和山体滑坡等剧烈的天气和气候事件对建筑群、能源和交通设施的威胁。而且根据极端事件的不同性质，它们有可能会降低水质和空气质量、威胁卫生状况和公共健康、强化城市热岛效应等。邻近河流和位于三角洲的城市将尤其受到洪水和山体滑坡的威胁。13%的世界城市人口居住在低纬度沿海区域，即超过海平面10米以内的区域（McGranahan et al.，2007），这些沿海地区将特别容易受到海平面上升和风暴潮的破坏。并且，根据人居环境的类型，相似的气候环境变化的影响也会有很大差异，如面对飓风，经过科学的土地利用规划过程的城市会拥有更密集的三角洲和实地缓冲区、更强大的堤岸和抽水系统，以及更健全的全部社区疏散计

划，那么受灾情况将会乐观得多（刘毅等，2011）。因此，世界银行在资助亚非洲城市的人居环境和基础设施建设时提出了保护和加强城市地区的环境健康性，保护水资源、土壤和空气质量，防止和减轻自然灾害和气候变化对城市的影响等要求（Bigio and Ahiya，2004）。

来自气候、环境、海洋和经济社会科学等领域的百余位专家和学者对我国气候与环境的演变及其对自然生态系统和社会经济部门的影响进行了评估，指出我国主要面临的气候问题包括干旱、洪涝、热带气旋、沙尘暴、寒潮与冻害等，可能导致粮食减产、土地荒漠化加剧、水土流失等众多环境问题，进一步影响我国的粮食安全、重大工程建设、经济发展和人民健康，并提出了适应和减缓气候变化的对策（秦大河，2005）。

三、社会因素对人居环境的影响

与以上两个因素不同，社会因素对人居环境的影响主要体现在软环境方面。UN-HABITAT认为，除了人口城市化、经济发展、气候变化的挑战以外，人居环境还受到社会空间不平等与决策进程日益民主化所带来的挑战（Cols，2011）。有学者在研究城市环境与市民福利时指出，大城市在发展过程中出现了隔离、社区退化、社会分异等社会问题，会引起市民对这些区域人居环境的评价降低（van Kamp，2000）。更为严重的是，不同社会群体之间缺乏积极的联系，使得弱势群体被主流社会抛弃，被其他社会群体排斥，并减少了他们工作和进步的机会，甚至导致社会骚乱。我国自20世纪90年代中后期以来，在经济体制转轨和市场竞争加剧的转型背景下，居民贫富分化呈现加速态势，相当数量的居民陷入贫困境况，随着城市传统的单位制居住模式被打破，以及快速的城市化进程，部分大城市居住隔离现象逐渐显现（谌丽等，2012）。与此同时，房价高涨、生活成本上升等城市问题日趋严重，成为困扰人们日常生活的心病，是阻碍人居环境建设的核心问题（陆大道，2006）。

此外，后工业社会人类需求也将驱动人居环境演变。我国多数大城市或城市群地区已经步入后工业社会，城市或乡村居民对人居环境有着更为多样性与多元化的需求，学界日益重视人居环境的居民感知、满意度及需求调查。因此，在一定程度上可以认为城市发展进入后工业社会时期，不同群体的需求将诱导人居环境演变。当前国内主要关注城市人居环境的塑造中的人文精神培育，如侯爱敏等（2004）探讨了苏州人居环境中优越的物质和自然环境与创业精神缺失的矛盾及其产生根源，并对新经济时代苏州人居环境建设中创业文化氛围培育的需求和具体的做法提出建议。吴箐等（2013）以广州为例讨论了城市人居环境的健康性需求、城镇人居环境不同主体的要素需求差异，研究发现：①只有健康才能让人们有机会享受宜居都市所带来的便捷性、舒适性和安全性等服务；②受访者对闲暇活动等10个要素的需求表现出差异性，对生活能源等22个要素的需求表现出共性；③居住时间和经济状况对不同主体人居环境要素需求的差异性影响最大。此外，李雪铭等（2012）提出人居环境吸引力和引力场的概念，构建了社区人居环境满意度指标体系，运用引力势能模型研究大连184个社区的人居环境引力势能发现：①大连市社区人居环境引力势能空间分异明显，大致呈东北西南向“带状”分布，在中心广场、西安路锦辉商场等值线由同心圆状向外逐渐递减；②社区人居环境供求关系与引力势能成正比，与社区与引力势能中心的距离呈反比。

综上，人居环境的主观需求调查既要考虑城市发展阶段性，如对苏州、广州的调查均将创业氛围纳入，又要考察城市人居环境的客观物质基础，如对大连调查则综合主客观因素构建满意度引力场进行城市人居环境空间分异测度。当然，在人居环境演变的不同群体需求驱动调查中，应将城乡一体化背景下常住居民与流动人口对区域设施环境可获性、城市社会日趋多样性等纳入人居环境演变主观需求调查，以期全面获取不同群体对人居环境演变的驱动作用。

第四节　人居环境的演变机制和集成分析

一、人居环境演变实证研究的领域及发展

人居环境演变过程研究，是人居环境状态评价、发展动力揭示和预警、调控的重要基础。目前，国内实证研究主要集中在：①同一城市不同阶段的人居环境状态或不同城市同一时刻人居环境演变状态的比较，如李华生等（2005）采用人居环境质量主客观评价结合模型对南京市区人居环境的客观建设水平和居民满意度进行评价；晋培育等（2011）通过建立城市人居环境竞争力综合评价指标体系运用主成分计算辽宁省14市在1994年、1999年、2004年和2009年4断面上城市人居环境竞争力的主成分得分和综合得分；李伯华等（2013）选择1991～2008年的数据对长株潭城市群8个城市的人居环境质量、变差指数和协调指数进行了分析测算，发现20年来长株潭城市群人居环境质量总体呈上升趋势，长株潭城市群各城市间人居环境质量差距逐渐扩大，教育科教系统、经济系统和居民生活系统是长株潭城市群内部人居环境质量差距扩大的主要原因。②对城市或其边缘区的演进阶段与驱动力体系的探索，如祁新华（2008，2010）

以广州市边缘城区人居环境演变为例，借助于GIS空间分析方法和Verhulst逻辑斯蒂方程与复合生态系统的动力学机制，构建了大城市边缘区人居环境演变的阶段性、生命周期与可持续发展模型，并且认为人居环境演变动力可分为宏观层面的动力（城市化、全球经济一体化、科学技术发展、市场体制的确立）、政府层面的驱动力（户籍制度改革、土地制度改革、住房制度改革、城镇发展政策、城市空间重构、产业结构调整、行政区划调整、大型项目投资）、城市内部不同地域相互作用力（核心区推力、乡村推力、边缘区自身吸引力）。

国内现有人居环境演变研究，集中在不同时刻的区域人居环境状态对比，抑或是不同城市间同一时刻的人居环境对比研究，实证区域主要集中在南京、大连、广州及长株潭等城市（群），缺乏对人居环境演变的系统探索，如人居环境演变的影响因素、动力、空间组织、过程机理等的探索，这既需要架构人居环境演变研究的理论逻辑，又需要发掘人居环境演变研究的数据源和综合集成方法（张文忠等，2013）。

二、人居环境的演变机制

目前，关于人居环境演变机制的研究还处于探索阶段，地理学的不同学术流派提供了解析人居环境空间组织及演化的研究视角；脱胎于城市规划科学的人类聚居学强调从生理学角度把人居环境当作有机的整体来研究。此外，许多研究基于可持续发展理论提出了分析人居环境构成要素相互作用的模型框架，为分析人居环境演变机制提供了思路。

1. 空间组织及演化的经典理论

地理学在解释乡镇、城市等人居环境的空间结构组织和演化时，因研究视角不同产生了不同的流派，包括古典经济学派、人文生态学派、行为学派、结构主义学派、新制度主义学派等，分别基于经济、社会、行为、政治、制度等不同角度阐释人居环境的空间演化规律。

古典经济学派从经济行为的角度研究城市环境的演变机理，杜能的农业区位论指出城市圈层土地利用结构的形成机理，而克里斯泰勒的中心地理论提出了城市和市场等体系等级序列的演变规律。人文生态学派在区位地租理论的基础上，基于社会学的人口迁移理论，并引用了生态学中侵蚀和演替的概念来解释城市内部的空间演替过程。行为学派认为，地理学家正在从事的人与环境的关系的研究应进一步转变为人的行为环境（感性过程）与现象环境（决策过程）之间关系的研究，其关注热点是住房与个人迁居行为决策。结构主义学派认为空间是资本作用的产物，城市建构环境的形成和发展是由工业资本利润无情驱动和支配的结果，是资本按照其自己的意愿创建了道路、住房、工厂、学校、商店等城市空间元素。新制度学派（neo-institutional school）是当代西方经济学的主要流派之一，他们强调社会因素、历史因素、政治因素、心理文化因素在人居环境演变中所起的巨大作用。这些理论仍然指导当前的人居环境研究。例如，UrbanSim模型正是从经济行为的角度出发模拟城市人居环境中土地利用与交通的动态关系。

2. 人类聚居学与人居环境的动态分析

人类聚居学脱胎于城市规划学，在道萨迪亚斯的推动下逐步发展成为独立的学科，其研究对象是包括乡村、城镇、城市在内的所有人类住区（祁新华，2007）。道萨迪亚斯认为，应当把人类聚居当作人、动物类似的有机体，由自然、人、社会、房屋、网络五大元素构成，并借用医学上的观点来解释人类聚居的运转和动态进化。他提出“聚居生理学”的概念来研究聚居的功能运转情况，并以密度为重点进行了研究，认为聚居密度是各种因素综合作用的结果，经济因素是向心力，人的生理因素则是离心力，而社会和美学因素使人与人、建筑与建筑之间处于最佳状态。同时，他认为人类聚居是一个动态系统，受到3种吸引力的作用，即主要聚居中心（即大城市）的吸引力、现代交通干线的吸引力、具有良好景观地区的吸引力。此外，他还提出“聚居病理学”的研究，认为人居环境中产生的问题是人居环境出现了病变，产生原因包括老化、异常的生长、功能和准则的变化及人们错误的行动，还强调文化差异会使聚居中的问题和疾病呈现不同的特点（吴良镛，2001）。

3. 基于可持续发展理论的研究框架

可持续发展研究从系统论的角度出发，提出理解和分析人居环境发展机理的研究框架。例如，经济合作与发展组织（Organization for Economic Co-operation and Development，OECD）和UNEP于20世纪80年代提出的“压力-状态-响应”模型（pressure-state-response frame，PSR），见图2-3。该框架通过“原因-效应-响应”这一逻辑结构来描述可持续发展的调控过程和机制，用以解释“发生了什么、为什么发生、如何应对”这三个环境演变的基本问题，并且充分体现了人类与环境之间的相互作用关系（OECD，1994）。PSR模型为评估人类活动对环境的影响，特别是环境政策的效果提供了有力的帮助，因此广泛应用于生态安全、土地利用、可持续发展等领域的研究中。荷兰公共健康与环境研究中心（NIPHE）提出了一套新的环境评估框架，即“驱动力-压力-状态-

影响-响应模型”（driving forces- pressures-states-impacts- responses，DPSIR），并被运用于欧盟环境署的综合环境报告之中。此外，还有联合国可持续发展委员会提出的“驱动力-状态-响应”模型（driving force-state-response，DSR）、生物多样性公约组织提出的“压力-状态-利用-响应-承载力”模型（pressure-state-use-response-capacity）等，均源自经济合作与发展组织的 PSR 模型（Levrel，2009）。

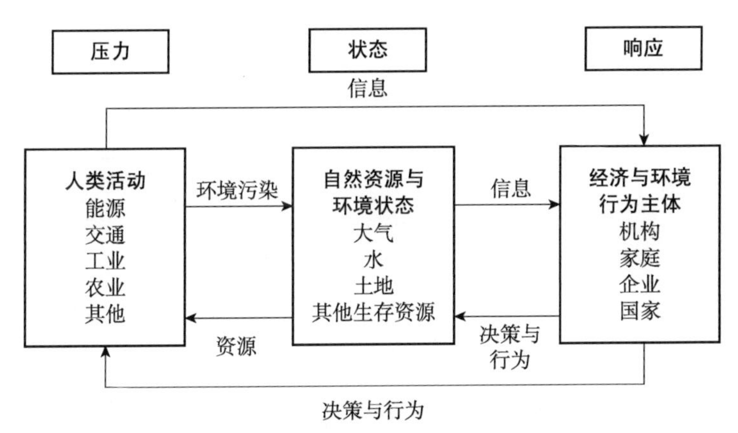

图 2-3　压力-状态-响应模型框架（OECD，1994）

三、人居环境的集成研究和模型模拟

1. 人居环境的综合集成

人居环境是社会、经济、自然、生态等多部门的综合集成，研究的难点在于如何将不同要素整合进行综合研究。它需要通过选择、组合、填补、完善、优化等途径，将跨学科知识体系、定量方法，按照人居环境发展的需要，构成方法论的整体，变分割研究为综合研究。人居环境的集成研究有 3 种途径（图 2-4）。一是通过机理研究综合阐述人居环境各组成部分之间的相互关系，如状态-压力-响应模型和驱动力-压力-状态-影响-响应模型。二是采用价值化的评价，包括：①经济学的方法；②实体指标与心理指标的综合化方法；③基于社会合意的评价方法（Asami，2001）。其中，经济学的方法是基于经济学对实体居住环境的价值和效益的定义，运用经济几何学的方法对它们加以推算，如假想市场评价法、直接费用法、消费者剩余法、旅行费用法、Hedonic 价格法、结合分析、一般均衡分析等，近年来在实践中受到很大重视。实体指标与心理指标的综合化方法是以居民对居住环境的心理反应（如满意度）为外在基准对各种环境属性的价值进行定量评价，反映了居民对人居环境的综合感知情况，缺点是居民评价通常具有主观性（Sakamoto et al.，2004），而且调查问卷获得的单项指标评价也需要通过特定方法整合获得综合评价。基于社会合意的评价方法是价值化评价方法的补充，当通过其他方法无法确定居住环境的价值时，只能通过民主化决策程序达成符合大多数人利益的社会合意。第三种方法是空间上的集成，即利用空间聚类结合定性分析的方法划分人居环境类型区，这样在不损失人居环境各组成要素的客观信息的情况下将不同部门进行了整合，能够依照各基础单元的相似和差异性而实现研究单元的归并，同时也能够直接指导区域人居环境政策的制定。

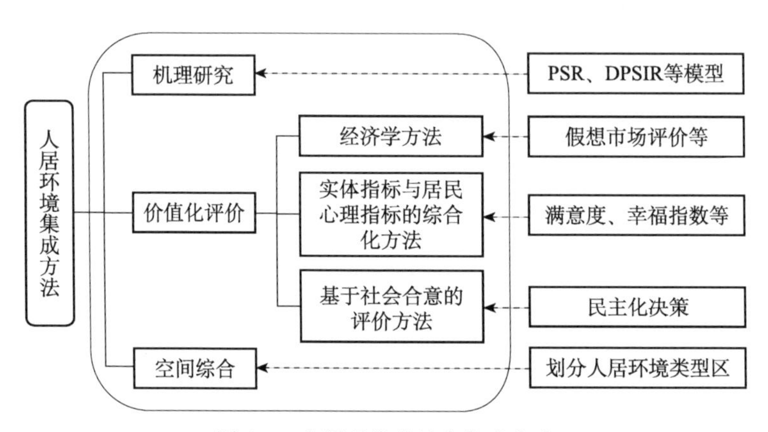

图 2-4　人居环境的综合集成方法

2. 人居环境演变的模拟和预测

虽然构成人居环境要素具有复杂性，很难像物理化学那样建立精密的实验室环境，开展绝对精确的定量化实验。但是随着现代技术手段的不断进步，建立数学模型，以过去和当前的发展趋势推测未来，为人居环境演变提供预警和决策支撑，也是重要的研究方向。地学模拟和精确的空间过程模型结合地理可视化等相关分析技术的进步已经能够模拟城市发展（Torrens，2006）、展示时间序列上不同尺度的空间联系（Kwan，2000）、提供预测数据的可视化模拟（Carr et al.，2005）。例如，元胞自动机模型能够洞察城市土地利用模式和动态，如果与代理人模型相结合还能够模拟决策制定和刻画利益相关者复杂的空间交互作用。城市扩张和土地利用变化的多尺度空间精确过程模型能够提供碳吸收、生境破碎度和生态多样性等环境指标。WaterSim 项目开发的模拟和预测工具能协助城市评估在限制用水环境下的适应政策[①]，并以一个沙漠城市的水资

① 参见：watersim. asu. edu.

源供给和需求为例进行了测试。而许多城市经济学者和交通经济学者特别关注城市空间中土地利用与交通的动态互动关系，并在此基础上开发了 UrbanSim、Tranus、Cubeland 等城市空间动态仿真模型，能够对未来城市空间增长趋势和特征进行情景预测，已在多个国家和地区得到应用。

本章小结

综上所述，人居环境研究是目前学术界的研究热点，一方面，学者们从人居环境自然适宜性研究、综合评价、影响因素分析、演变机制探析、综合集成与模型模拟等不同方面切入，进行了大量方法和理论机制上的探索，并在不同区域进行了实证研究；另一方面，尽管不同学科已经积累了很多研究经验，但是学术界对居住环境的概念和内涵的认识还存在较大分歧，关于人居环境演变机制存在多角度的理解，这表明人居环境演变理论还处于初步探索阶段。

总体来看，人居环境研究有以下三个发展动向。

(1) 多学科的交叉综合，并形成跨学科的集成研究。学科之间的横向交叉、渗透和综合已经成为现代新兴科学发展的基本特点之一，人居环境科学研究亦然，研究问题的系统性和综合性势必要求多学科、多层次、多兵种的合作，如地理学、环境学、生态学、城市规划学、社会学等，最终形成跨学科的集成研究，即人居环境科学发展逐渐形成具有特色的学科理论体系与研究方法论体系。

(2) 人居环境演变分析、模拟与预警系统建设。随着经验积累的逐步完善，数量化方法将得到普遍的应用，模拟实验研究领域不断深化，与计算机和空间分析技术相结合，构建具有专家系统水平的智能分析、决策支持平台，对不同尺度区域的人居环境演变进行模拟、分析与预警。

(3) 典型的快速城市化地区人居环境模式研究。人居环境演变的综合集成研究不仅需要大尺度的宏观研究，也需要微观尺度的典型案例研究，因为特定区域具有其特有的地理分布特征、自然资源与环境背景、人口规模与社会经济系统。通过对人居环境问题突出的快速城市化地区的研究，可归纳出不同类型区域的人居环境代表性发展模式，既为典型案例区的人居环境健康发展提供政策支持，也能为其他地区提供经验借鉴。

第三章

人居环境研究的方法

人居环境研究内容和主题是复杂的，因为人类聚居现象复杂多样而且跨越多种时空尺度。不仅如此，过去的近100年里，建筑规划学、地理学、社会学等领域的专家学者在其理解和解释人居环境时还采纳了多种不同的哲学立场、方法和研究设计。因此，人居环境研究的方法呈现多样性、包容性、系统性和层次性等特征。抛开人居环境研究的众多内容和主题，相关研究方法总体可以归为数据采集过程使用的方法、数据分析过程使用的方法和研究结果表达使用的方法，这些方法可归为定量方法与定性方法。

第一节　人居环境研究主题与方法

人居环境的国内外研究动态（张文忠等，2013；马仁锋等，2014；李雪铭等，2014）显示，人居环境研究议题拓展到城市内部人居环境评价、人居环境的自然适宜性、乡村人居环境评价、城市化和工业化与人居环境关系、人居环境与经济发展关系、人居环境的主观感知与不同主体需求、人居环境演变、人居环境的区际和城际比较、城市群地区人居环境调控、住区人居环境营造方法与规划技法、绿色住区、国际大都市人居环境研究、新兴阶层和产业的人居环境支撑、特殊地区人居环境等。受建筑规划学、地理学、人类社会学、生态学等学科的交叉融合研究，人居环境的研究议题不断深入和拓展，研究尺度也在全球、区域（国家）、地方三种尺度上不断地跨越或转换。人居环境研究议题如此纷繁复杂，每个议题所采用的方法也各具特色。如何抛开众多具体方法与技术手段提取人居环境研究的基本方法，需要围绕研究的方法论（哲学思想）与研究设计进行分类探索。

一、人居环境研究主题及其方法特征

人居环境的国内外研究动态表明，当前人居环境研究关注的主题相当广泛。无论是人居环境的自然适宜性、住区人居环境调查与规划设计，抑或是政治、文化、经济、心理等构建的居民人居环境满意度或幸福感，都被跨学科的融贯交叉研究纳入人居环境研究。而且，伴随技术进步与全球性思潮的跌宕起伏，人居环境的探究范围仍在持续扩展。现在，无论是人居环境的自然性要素或工程技术性要素的探索，还是不同主体的人居环境感知调查，涉及的范围都日益广阔。侧重自然性或工程技术性要素探索人居环境的研究，已经掌握了自然环境适宜性的空间综合集成方法和人居环境营造技术的规划规律，能够收集、分析和可视化海量数据。但是，侧重微观视角居民或不同阶层人居环境感知或幸福度的研究，尽管也在利用 GIS 和虚拟网络空间进行问卷调查，但是多数研究主题仍局限在传统心理学或文化人类学范畴的相关质性方法。

不同主题的研究设计，最独特、最显著的不同在于其途径是广延性的还是集中性的（表 3-1）（Sayer，1992），即我们的概括在何种程度上依赖观察，在何种程度上依赖于对事件、机制和结构的相关方式的解释。在人居环境研究众多议题中，较多的议题研究过程强调数据的结构与规律性，认为这能代表某些基本的、有因果关系的规则和过程的结果。通常情况下在很多议题中都进行大量的观测，以保证得到具有代表性的数据集，这类研究便是广延性研究设计；另一些研究议题重点是尽可能详尽地描述单个或少数几个案例，通常通过彻底认识一个自然或人文社会系统的要素及其运作，或专注与某个村落或城镇，探寻那些更加基本的、有因果性质的要素。通过揭示观测所反映的结构，经由对从详细例示中发现的各种联系加以可能的转换，而获得普适性解释，即为集中性研究设计。

表 3-1　人居环境研究主题的归类：广延性/集中性研究设计

	集中性的	广延性的
研究问题	某一场合或案例中的如何、什么、为什么	如何表征某群体的特征、格局或属性?
解释类型	通过集中细查或解释阐明因果关系	通过重复研究或大样本产生有代表性的概括
典型研究方法	案例研究、人类学研究、定性分析	问卷调查、大尺度调查、统计分析
局限	所揭示的关系不具代表性，或无平均/一般性	解释就是概括，这很难关照到个体观测。概括只适用于所研究的组团/种群

续表

	集中性的	广延性的
哲学方法论	方法与解释依赖于发现各事件、机制和因果性质之间的关联	解释基于各分类学组群之相似性和认同性的正式关系
代表性人居环境研究议题	小区域的人居环境评判及其影响因素分析的相关议题； 社区或城市人居环境的规划方法及其实践议题	城市或城际或全国人居环境的纵向/横向评价及其演变机理探索的相关议题； 大规模的人居环境主体需求调查研究相关议题

资料来源：Sayer（1992）

二、集中性或广延性研究设计及其方法

广延性或集中性研究设计，在实践中都可以采用定性与定量方式，所采用的技术并不一定有差异。然而，在其哲学基础上所涉及的实践需要和逻辑规定方面存在着较高程度的分道扬镳特征。广延性人居环境研究主题，所依赖的是资料类型必然反映某种隐伏的原因或过程，只不过测量误差或“噪声”使这种原因和过程模糊不清。广延性研究设计适用于大量数据已经公布，或可以从二手资料产生大量数据的情况，当然实验室类型的演示则是例外。集中性人居环境研究设计中，对“层级”有更加深刻的认识，它将观测与隐伏的（因果）实际区分开来，但研究中往往涉及谨慎、细致梳理那些可能揭示基本因果过程的方方面面。

梳理人居环境研究的相关议题及其归属领域，可以发现：①小区域的人居环境研究或者个体城市、村落的人居环境研究，多为集中性研究设计，但是相关议题研究过程都应用了定性、定量方法；而大尺度的区域或区际人居环境比较研究则经常运用定量方法或基于大样本问卷调查并辅以GIS技术进行分析，显然该类议题是广延性研究的典范。当然，前者多数议题属于居住、社区人居环境研究或宜居城市研究的领域范畴，而后者中的绝大多数议题可以归为地域人居环境研究的范畴。②尽管人居环境研究的思想、方法及实践都在不断演进，但是定量方法和定性方法都在人居环境研究中保持着重要地位。表面看来，广延性研究设计所涵盖的议题通常会采用定量方法进行，但是这并不是排斥定性方法的应用，反而在以某种科学的方式利用定性材料（如问卷调查或半结构访谈）等激发定量方法的发展与应用。由此可见，两类途径取向经常结合在一种称为混合方法过程的研究议题中。为此，本书在后续章节不区分广延性或集中性研究设计的所囊括人居环境研究议题，仅以当前非常重要的三个研究领域——城市内部居住环境、宜居城市、地域人居环境进行其研究方法的阐释。

三、大数据时代的数据获取与分析

2011年6月，美国麦卡锡咨询公司的研究报告《大数据：下一个竞争、创新和生产力的前沿领域》宣称了大数据时代的到来。大数据时代通过大量个体行为数据的积累和分析，将碎片化的个体行为信息还原成完整的个体过程，依靠云技术等信息处理手段可以实现低成本、大容量地收集整理个体行为数据，推动城市居住环境与宜居性评价对阶层幸福感、满意度和居住行为的研究，帮助学界找到合适的时机实现精准微观视角数据采集与实时跟踪调查。

大数据时代居住环境的居民微观时行为的数据采集主要包括以下三种方法：①基于问卷网站的居民调查。这种网络调查不仅使得调查成本大大下降，并且获得的数据准确性也有明显的提高。现在网络上有很多问卷为主题的网站，具有轻松设计、丰富的题型和逻辑、自定义主题、多渠道发布和精美报表化呈现等优点。同时，现代都市居民也乐于参与市场等相关行为调查，与调查企业积极互动，甚至直接参与产品研发，所谓“私人定制”，从而更好地满足市场需求。②基于社交平台的居民调研。国外的Facebook、Twitter、MSN，国内的QQ、微博、微信等社交平台已经成为年轻一代社交必备的工具，这些社交平台上充斥着各种各样的个体行为信息，并且这些信息都是居民个人主动提供的，因此有望通过筛选、挖掘有效的网络社区信息，进而分析到居民居住行为和空间过程。③基于移动终端的居民调查。随着4G网络的到来及智能手机普及，通过移动终端领域，如移动通信（GSM）、全球定位系统（GPS）、社会化网络（SNS）、无线宽带热点（Wi-Fi）、公交卡刷卡（smart card data）等来获取据日益重要。智能手机搭载的APP应用，不论是企业自主开发的移动商城（如淘宝、天猫），还是基于第三方的支付平台（如支付宝、微信支付），都为学界提供了海量的实时、动态的居民日常生活信息。这些信息包括日常生活行为、就业-居住-通勤行为、商务行为、偏好行为等，为学界精确评估微观视角人居环境的主观感知发挥不可估量的作用。

总之，居住环境评价与宜居城市评价都可分为城市实物客观评价和居民视角感知的主观评价，都涵盖了多方面、多维度的要素。市民对生活质量和城市宜居性的评价，不仅包括收入、住房、就业、安全、健康等基本层面的因素，还包括社区参与、城市活动、个人发展与自我实现等更高层面的因素。城市内部居住环境和宜居城市的研究，主要涉及数据源和数据标准化、数据综合定量等过程，其涉及的方法虽然日益多样，但仍以定量、定性方法及其二者融合发展为主。未来，宜居城市及其内部居住环境评价方法，将随着智慧城市建设和网络化信息采集与管理，变得日益快捷和低成本，但是研究对象——城市居民及其阶层却日益多元化和行为碎片化，这既是人居环境研究的新机遇，又是开拓人居环境研究新方法的挑战。

第二节　居住环境评价的基本方法

在欧美等西方发达国家，有关学者早在 19 世纪就开始关注城市发展中出现的问题，强调提高城市的发展质量。近年来，一些发展中国家政府也开始把可持续性等指标融入城市发展的政策制定中。城市内部居住环境的理论探索，便成为新时期政府城市发展规划与空间规划决策的科学依据和学界开展人居环境研究的热点领域。

一、居住环境评价的内容

根据居住环境的定义，关于居住环境的评价至少包括两大部分的评价内容（图 3-1），一是对居住环境的客观实体的评价。通过建立居住环境评价指标体系，定量评价居住环境的优劣程度。二是对居住环境的主观认知的评价。居住环境是城市居民日常生活高度关注问题，从居民自身出发，分析居民对构成居住环境的设施、环境、文化、服务内容等的心理认知，对居住环境建设具有重要的指导意义。主观评价主要是分析和评价居民对构成居住环境的公共设施、安全、灾害、街区特色、绿地和绿化、空间的开敞性、人际关系等的满意程度。

居住环境的客观评价重点是对评价单元内居住环境的实体评判和分析，如对交通线路、交通设施、绿地、商业设施、教育设施、医疗设施、娱乐设施、建筑密度、开敞空间、垃圾处理、街区整洁等进行数量和质量的客观评价。目的是确定城市内部不同空间居住环境的优劣程度，为城市环境建设和改善提供科学依据。居住环境的主观评价的重点是通过问卷调查，了解居民对城市内部不同空间的居住环境的满意程度，如对居住区及周边的安全程度、公共设施利用的方便程度、自然环境的舒适度、人文环境的认同等。居住环境的主观评价更能体现“以人为本”的城市发展理念。对居住环境的客观评价结果与主观评价结果进行一定的计量分析，获得的最终结果才是城市内部不同空间的居住环境总体评价值（图 3-1）。在这个过程中，同样可获得构成居住环境各项要素的评价值，如出行便捷度、安全性、舒适度、卫生和健康系数、设施利用方便度等。从研究层面来看，通过居住环境的分析可以科学地把握城市内部空间结构的形成和演化规律，特别是对构成居住环境的要素的分析，可以掌握城市空间结构特征形成和演变的机制。

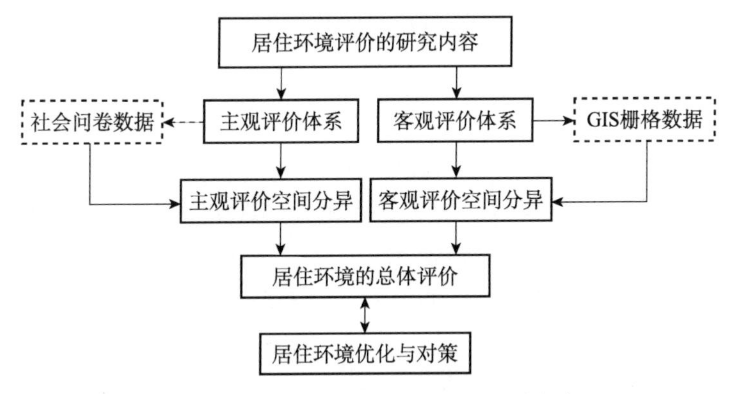

图 3-1　城市内部居住环境评价的基本框架

资料来源：张文忠（2007）

二、评价的指标体系

居住环境是一个复杂的系统，是由多种要素构成的。因此，对居住环境评价的指标应该选取能够反映对居住环境影响程度最大的指标项，如居住的安全性、环境的健康性、生活的方便性、出行的便捷度、居住的舒适度等 5 大指标体系。

居住环境的安全性和安全满意度评价还可以分为两类：一类是日常安全性，另一类是灾害安全性。前者包括对治安状况、交通安全等内容的评价；后者包括对地震、火灾、水灾等的安全性评价。安全性指标是衡量居住环境的最基本的条件，其中，所在地区的犯罪率、交通事故发生率、紧急避难场所数量和规模等数据可以作为评价居住环境安全性的重要客观指标。另外，居民对居住区及其周边的治安状况、交通出行安全程度等的满意程度，以及对紧急避难场所的了解和相应的宣传等的满意程度都是体现居住区安全性的个人行为评价指标。

居住区及其周边地区的环境不能对居民的健康造成危害，同时能够使居民享受健康的生活环境是居住环境最为重要的条件之一。居住环境的健康性和环境满意度评价指标是以居民健康可能受到的各种影响为核心，评价居住区及其周边地区的大气污染、水污染、垃圾堆弃、机动车尾气排放和噪声、工厂和生活噪声等环境问题对居民日常生活的影响程度，以及居民对环境问题的满意程度。

生活的方便性评价指标是衡量居民日常生活中利用各种设施的方便程度，包括居住区和周边地区各种设施的数量和质量，如学校的数量（密度）和质量、医疗设施的数量（密度）和等级、文化设施的数量（密度）和等级、商店的数量（密度）和档次等，同时也包括居民对居住区和周边各种服务设施利用的满意程度的评价内容。

出行的便捷性和出行满意度指标是反映居民日常生活中，与经常利用的设施和出行的目的地的可接近程度。指标包括利用交通工具的便利性，如公交（地铁）线路、道路的等级、到最近公共设施的距离、到最近交通中心的距离（如距离地铁的距离）、道路的通畅程度等，以及居民对出行条件的满意程度。

居住的舒适性指标主要从以下 4 个方面来评价：①反映居住环境的生活空间性能的指标，包括居住区的建筑密度、建筑物的高度及建筑物的布局等。②反映居住区和周边的自然景观的指标，如城市中保留下来的山、河、水面等自然景观，以及林荫道、绿地等绿色空间。③表现街区的历史、社会经济活动和地方生活的内容的指标，如居民的生活方式和文化、街道特色等。④居民对居住区或周边地区的认同等，如邻里关系、居民属性、对居住区的归属感等。

三、居住环境评价的方法

1. 居住环境的经济价值评价方法

居住环境的经济价值评价就是对居住环境改善或提高带来的效益进行估算，评价居住环境改善与否之间表现出效益的差异。关于居住环境改善的效益可用微观经济学中等价变量（equivalent variation，EV）和补偿变量（compensating variation，CV）的概念来说明。等价变量是指以居住环境改善以后的效用水准为前提，如果不进行居住环境的改善，选择经济补偿时，需要的最小经济补偿额。补偿变量是以居住环境未改善时的效用水准为前提，如果希望享受改善了的居住环境所需支付的最大代价。反之，分析居住环境恶化带来的后果时，等价变量是以居住环境发生恶化后的效用水准为前提，如果要避免恶化的影响必须支付的最大代价，而补偿变量是以居住环境没有恶化时的效用水准为前提，如果接受了环境恶化的影响所应得到的最小经济补偿。

按照上述定义，居住环境价值有以下几种测算方法，如直接运用上述定义的假想市场评价法推定效用函数的方法和采用应用一般均衡分析（computable general equilibrium，CGE）推定效用水准的方法等。上述方法评价居住环境的核心是分析居住环境改善或提升后，能够给居民或房地产带来的价值。像 Hedonic 价格法就是分析居住环境水平的单位变化，能够带来边际价值的变化。当 q 表示是居住环境水准，h 表示价格，MV_q 表示边际价值，Hedonic 价格法的核心是推算居住环境水准 q 的单位变化带来了多大的价格 h 变化，如居住区绿地的增加、容积率的下降、周边配套的完善等能够给房地产带来多大的增值。

$$MV_q = \frac{\partial h}{\partial q} \tag{3-1}$$

2. 基于 GIS 的居住环境评价方法

运用 GIS 对居住环境的评价是把构成居住环境的所有评价指标数据与空间结合起来，利用 GIS 的强大空间分析性能对城市内部不同空间尺度的居住环境进行定量评价，并将结果直观地表现在地图上（图 3-2）。如图 3-2 所示，根据遥感影像数据、专题地图和问卷调查等数据，建立在 ArcGIS 平台支持下的居住环境评价的空间、属性一体化数据库，这是居住环境评价的基础。在评价数据构建基础上，根据评价目标需求进行评价单元格网的划分，如 500 米×500 米的格网，或者按照社区的范围划分，目的是将居住环境的要素评价和最终评价结果能够与具体的空间范围或研究区域相结合，便于指导居民居住区位决策、房地产开发与控制、居住环境改善与调整等。然后，根据上述数据，利用多维标度法（multidimensional scaling，MDS）、因子分析方法（factor analysis）等多元统计方法对居住环境评价因子进行研究，目的是确定影响不同居住环境优劣的显著因子。

为了使空间数据和评价结果能够根据评价的目标需求，建立和确定不同空间尺度的数据支撑系统和空间评价结构，也可以构建 GIS 支持下的面源评估模型，充分发挥 GIS 的空间缓冲区功能，运用地图代数运算进行空间叠置等方法，分析居住环境评价的空间差异、空间结构及其变化。最后可以根据不同评价单元的评价指标体系，利用模糊聚类等方法对评价空间单元进行分类，并运用多

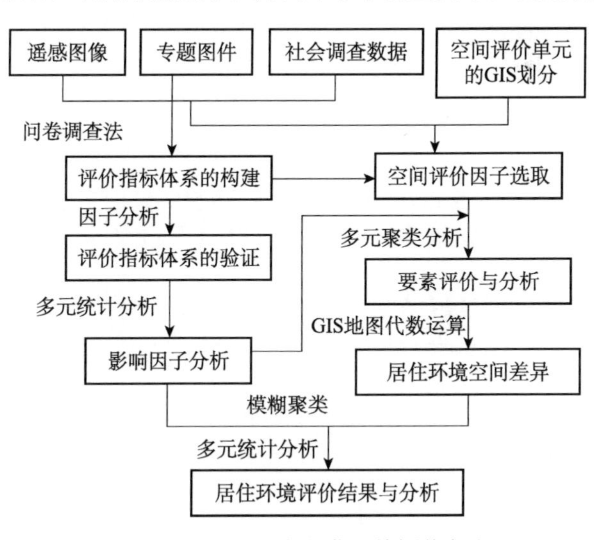

图 3-2　基于 GIS 的居住环境评价方法

资料来源：张文忠（2007）

元回归分析等方法研究居住环境空间结构形成的过程和机制，目标是为居住环境改善和相关政策制定提供科学理论依据。

第三节　宜居城市评价的基本方法

一、宜居城市评价的视角与内容

李业锦等（2007）梳理了国内外宜居城市研究文献（图 3-3），将宜居城市内涵界定为宜居城市（livable city，或 best places to live）一般是指适宜人类居住和生活的城市，也可以定义为在一座城市或者区域之内生活的居民所感受到的生活的质量。

国外的研究比较注重城市内居民对城市发展决策的参与能力，并认为这是宜居性的重要表现之一。而且，国外比较重视城市的可持续发展，并非目前城市居民生活质量高就是整个城市宜居了，而是有可持续发展潜力的城市，才有可能成为他们眼中的宜居城市。国内的研究比较重视经济因素对宜居的影响，重视生态环境与人文环境，将经济、自然、社会、人文环境作为宜居城市内涵的综合要素。可见体现一个城市是否宜居，其内涵不仅要看城市发展的经济指标，更重要的是看城市是否能够满足居民对居住和生活环境的需求。城市宜居性往往也用来替代宜居城市的表述，它们在内涵上具有一致性，只是强调的角度略有不同，宜居城市论述的是一个城市的整体情况，城市宜居性则表达一个城市或城市内部的宜居程度以及具备宜居条件的能力。

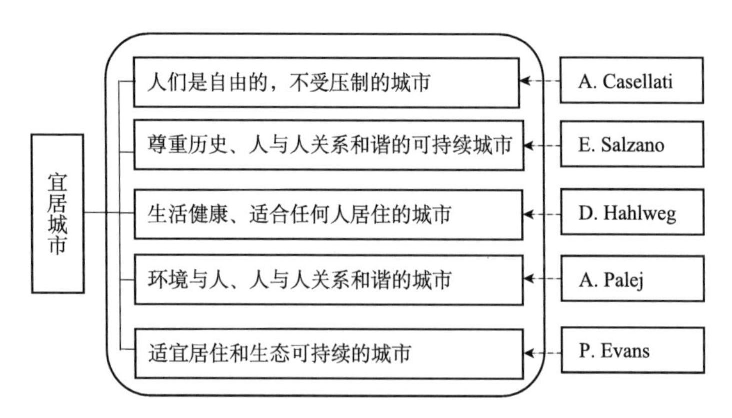

图 3-3　国内外学者的宜居城市概念论争

资料来源：李业锦等（2007）

二、宜居城市评价指标体系的国际案例

自宜居城市概念提出以来，不同学者从不同角度对宜居城市展开深入研究，各自构建了适用于不同研究尺度及地区的宜居城市构成系统，并基于此建立了不同的宜居城市评价指标。概括来说，对宜居城市指标构成的研究有两种视角：一是基于城市实体组成的视角；二是基于居民主观感受的视角。

1. 基于城市实体组成的宜居城市评价指标

基于城市实体组成的宜居城市评价指标是从城市的物质客观实体结构来看待宜居城市应该具备的条件，评价指标从城市实体构成角度出发，通过分解每个构成要素的具体内容形成指标体系，是目前国际宜居城市评价使用最多的方法。基于城市实体组成的宜居城市评价指标根据其要回答的问题又可以分为现状分析型指标和问题解决型指标。

现状分析型宜居城市评价指标，这类指标不是为评价某一个城市而建立的，经过指标评价可以得出城市实体组成的现状结果，从而可以对不同城市的宜居水平现状进行对比分析，其代表性指标体系是 EIU 的全球城市宜居性指标体系（表 3-2）、*MONEY* 的全美宜居城市评价指标（表 3-3）、联合国人居环境奖评价系统构成（表 3-4）、美世（Mercer）全球城市生活质量排名标准（表 3-5）、美国大都市区生活质量排名标准（表 3-6）、国际标准化组织（ISO）城市服务与生活质量指标等。

表 3-2　EIU 宜居城市 2013 年度评价指标体系

一级指标	二级指标
稳定性 stability（25%）	轻度犯罪 暴力犯罪 恐怖主义威胁 军事冲突威胁 民事冲突威胁
医疗保健 healthcare（20%）	私人医疗服务可获得性 私人医疗服务质量 公共医疗服务可获得性 公共医疗服务质量 非处方药的可获得性 大众医疗服务指标
文化与环境 culture & environment（25%）	湿度与气温等级 不适合旅行的天气 腐败层次 社会和宗教制约 体育设施使用情况 文化设施使用情况 餐饮服务设施使用情况 购物设施使用情况

续表

一级指标	二级指标
教育 education（10%）	私立学校 私立学校教育质量 公立教育指标
基础设施 infrastructure（20%）	路网质量 公共交通质量 国际联系质量 是否可以获取良好的住房 能源供给 水的供给 电信供给

表 3-3　*MONEY* 杂志 2013 年全美宜居城市评选指标

评价内容	评价指标
财务状况 financial	家庭年均收入中位数 家庭购买力 州营业税 州最高所得税税率 州最低所得税税率 汽车保险补贴均值 就业增长率
住房 housing	房价中位数 财产税均值
教育水平 education	学院、大学及职业学校数 阅读测试分数 数学测试分数 基础考试成绩 公立学校学生占比 私立学校学生占比
生活质量 quality of life	空气质量指数 人身犯罪事件 财产犯罪事件 通勤中位数 通勤时间超出 45 分钟以上人数占比 步行和骑车上班人数占比
文化娱乐设施 leisure and culture	电影院 酒吧、餐厅 公共高尔夫球课程 图书馆、博物馆 滑雪度假区 艺术资助

续表

评价内容	评价指标
气候状况 weather	年均降水量 晴天占比 年最高气温 年最低气温
邻里关系 meet the neighbors	社区人口年龄中位数 大学学历人数占比 已婚人数占比 离婚人数占比 种族多样性指数

表 3-4　联合国人居环境奖评价系统构成

联合国人居环境奖评价内容	联合国人居环境奖评价内容英语表达
住房	housing
基础设施	infrastructure
旧城改造	transformation of the old city
可持续人类住区发展	sustainable human settlements development
灾后重建	reconstruction
住房困难	housing difficult

表 3-5　美世全球城市生活质量排名标准

序号	评价标准
1	消费品（consumer goods）
2	经济发展环境（economic environment）
3	住房（housing）
4	医疗与健康（medical and health considerations）
5	自然环境（natural environment）
6	政治与社会环境（political and social environment）
7	公共服务与交通（public services and transport）
8	娱乐（recreation）
9	学校与教育（schools and education）
10	社会文化环境（socio-cultural environment）

表 3-6　美国大都市区生活质量排名标准

一级指标	二级指标
文化氛围（ambience）	艺术博物馆、剧院、芭蕾舞剧团、交响乐团、民族多样性、政治活动、历史街区、较好的餐厅
住房（housing）	2000 年以来的房价增幅、毛坯房价格、简单装修房价格、精装房价格、财产税、公共服务、抵押贷款、典型税款金额
就业（jobs）	失业风险、九大基础产业到 2015 年可提供的就业增量
犯罪（crime）	过去 5 年每 10 万人年均暴力犯罪和财产犯罪值、犯罪趋势是否在强化弱化还是保持不变

续表

一级指标	二级指标
交通（transportation）	通勤时间、公共交通、使用飞机火车或州际高速路出入大都市区的难易程度
教育（education）	公立学校数量、私立学校数量、学院和大学数量、公共图书馆数量
医疗保健（health care）	医院数、医生数、特殊医疗服务
娱乐设施（recreation）	公共高尔夫课程、电影院、动物园、职业运动、海岸线长度、国家公园、森林面积、野生动物园
气候（climate）	全年温度接近65华氏度的天数，光照亮度和天气稳定性

问题解决型宜居城市评价指标，这类指标构建的出发点通常是为了解决问题。如，迪拜国际改善居住环境奖，是为了表彰在解决居住环境问题上取得成果的地区（表3-7）。另一种情况是，指标的构建仅仅是为了改善某个特定城市的发展问题，如大温哥华地区的宜居区域战略规划（表3-8）。

表3-7　迪拜国际改善居住环境奖评选标准

基本标准	内容	指标
改善居住环境产生的影响	可持续住房和社区发展	扩展安全的供水和卫生设施 可负担得起的住房、服务以及社区设施 获得土地、房地产持有权保障和资金 以社区为基础的规划以及对决策和资源分配的广泛参与 旧城、社区和住区的改造与修复 安全和有益健康的建筑材料和技术
	可持续性城市与区域发展	创造就业，消灭贫困 减少污染，改善环境卫生 改善公共交通和通信 改善废物收集、处理和再利用 城市绿化，以及有效利用公共场地 改善生产与消费循环，包括替代/降低使用不可再生资源 保护自然资源和环境 更有效地利用和生产能源 保护重要的历史和文化遗迹 形成并实施统一和综合的城市发展战略
	可持续、高效、负责和有透明度的住区管理	更有效的行政、管理和信息系统 男女平等，以及在决策、资源分配、计划设计及实施中的公平 减少和防止犯罪 提高防灾、减灾及重建能力 社会融合，减少社会排斥 在鼓励行动和变化、包括公共政策的变化方面发挥领导作用 提高责任心和透明度 促进社会平等和公平 促进内部机构间的协调

续表

基本标准	内容	指标
参与者之间的合作关系		政府组织或机构，包括双边援助机构、国家人居委员会或联络处、多边机构、城市、地方当局或它们的联合会、NGO、社区组织 CCBO)、私营部门、研究和学术机构、媒体、公共或私人基金会等之间的合作关系
可持续性		以立法、规章制度、章程或标准等正式确认所提出的问题和难题 有希望其他地方加以仿效的全国性或次一级的社会政策或行业战略 对不同级别和不同类别的参与者，比如中央和地方的政府机构以及社区组织等，赋予清晰的角色和责任的制度框架和决策程序 更有效地利用人力、技术、资金，以及自然资源的高效、透明和负责的管理体制
领导能力和加强社区作用		在鼓励行动和变化，包括公共政策的变化方面发挥领导作用 加强个人、街道和社区的作用，并将其力量结合起来 对社会和文化多样性的接受及响应 具有被进一步传播、推广和复制的潜力 适应当地的条件和发展水平
男女平等和社会包容		对社会多样性和文化多样性的接受和响应 在收入、性别、年龄、身体和智力状况等基础上提高社会平等和公平 承认和尊重不同的能力
基于当地情况的创新及其可传播性		他人是如何从该项目中学习和受益的 分享或传播所学到的知识、专项技能及经验的方式 在传播以下某项或多项内容时造成了切实的影响，这包括技巧、程序、知识或专项技能、技术 传播作为一个持续不断的学习与变化的过程的一部分从而具有的可持续性

表 3-8　大温哥华区宜居区域战略规划指标体系

一级指标	二级指标
保护绿色区域	绿色区域面积 农业土地储备面积 农业部门销售总额 绿色区域中新增非农居住数量 濒危物种数量 已完成的区域性绿廊长度 保护区大小

续表

一级指标	二级指标
建设完善社区	按建筑类型分类，新增居住在 GCA 的数量和比例 新增居住在白治市中心和区域中心的数量和比例 区域住房供给的基准价格 办公楼板面积在白治市和区域中心的比例 在家所在的次区域工作的劳动力的比例 出租住宅占区域住宅总量的比例
实现紧凑都市	GCA* 和 GVRD 人口增长总量和分享的年增长量 GCA 内外有地基住房的数量和比例 次区域非住宅建筑的允许值 穿越 GVRD 东部边界的汽车数量 GCA 和 GVRD 总就业岗位数和增长量 GCA 和 GVRD 的区域排水干线增长情况
增加交通选择	汽车驾驶里程总量 每户汽车拥有量 区域合乘计划的参与情况 主干公路网长度 拥有人行道的街道总长度和拥有自行车道的街道总长度 通勤距离与时间 公共交通工具乘客总数与人均拥有公共交通工具数量 运输能力总量和人均增长情况 交通模式比例 儿童上学通过步行与其他交通方式的比例

* 代表城市集中规划建设区域

前述两类城市实体客观评价指标体系通过提取城市居住实体环境要素进行数量和质量的评价。总体看来，客观评价法数据来源较为可靠，但要素提取和集成难度较大，同时难以体现评价中主体“人”的需求。因此，除了可对城市直接进行客观评价以外，有学者运用客观数据解释居民的主观评价，如建立便利性、健康、安全等客观指标与居民环境满意度的回归方程，分析主观感受与客观数据之间的相关关系。或者选取城市的某实体要素，如城市公共交通可达性进行客观评价，由此构建出以居民居住满意度为被回归变量的公共交通可达性评价模型，达到宜居城市空间结构评价与居民对公共交通的满意度紧密联系起来分析的目的。

2. 基于居民主观感受的宜居城市评价指标

基于居民主观感受的宜居城市评价指标，是从城市居民居住的心理需求角度出发建立的指标，将主观感受与城市实体组成对接起来，由居民对相应的实体指标进行满意度评价，形成“以人为本”的评价结果。例如，浅见泰司提出的指标网罗了 WHO 宜人的人居环境的四个基本理念，即安全性、保健性、便利性、舒适性，同时加入了可持续理念，该指标考虑的所有项目，较为全面地涵盖了社区层面的评价指标（表 3-9）。

表 3-9　浅见泰司（2001）构建的评价指标

目标			评价指标
安全性	日常安全性	防范性能	防灾与防范设施的密度 町会及居民自治团体的数目、活动频度 街灯密度
		交通安全性	道路率 道路宽度分布 机动车通行量 最大道路宽度 步行空间率 一般道路人行道设置率 道路转角的切角率
		生活安全性	适合轮椅通行的道路比例 无障碍设计住宅比例
	灾害安全性	灾害的总体安全性	老朽住宅比例 老朽住宅户数密度 空地率 公共开敞空地比例
		火灾安全性	道路率 道路宽度分布 木造与防火木造建筑覆盖率 不可燃建筑比例 地区或街区建筑覆盖率 栋数或户数密度 空地率 与 6 米以上道路的距离 消防困难区域的比例 换算后的老朽住宅户数 不可燃区域比率 能够双向避难的户数比率 消防署与政府派出机构数目 便于消防的房屋栋数比例 单位长度道路的路边停车数 不沿街房屋的比例 公共开敞空间比例
		洪涝灾害安全性	空地率 公共开敞绿地比例 下水道普及率
		地基安全性	地表的改变程度
		地震与城市型灾害安全性	道路率 道路宽度分布 木造与防火木造建筑覆盖率 《新耐震设计法》实施以前建成的住宅比例 消防困难区域比例 公共开敞空间比例

续表

目标			评价指标
保健性		防止公害	道路宽度分布 环境基准综合化指标 土地利用比例（住工混合比例） 道路率 噪声水平 公害投诉件数 机动车交通量
		传染病预防	下水道普及率 冲水厕所普及率
		自然环境保护	地面建筑覆盖率与街区建筑覆盖率 地区或街区容积率 栋数或户数密度 空地率 日照在一定时间以上的户数比例 天空率 邻栋间隔系数 空地与地区总建筑面积的比例
便利性		日常生活便利性	停车场设置率 自行车停车场设置率 违法停车率 垃圾场数目
		各种设施的利用	到最近医疗机构的距离 医疗福利设施的整备密度、诊疗科目的多样性 到中小学校的距离 儿童馆、保育机构的距离 到公民馆、会所的距离 文化设施数量 宾馆、会议设施数量 到最近公园的距离 人均绿地 公共开敞空间
		交通的便利性	到最近交通机构的距离 地区内停车场设置率 通勤时间
		社会服务的便利性	垃圾收集频率 家庭服务员人数 道路宽度分布 城市 CATV 普及率 PHS 天线、光缆整备情况 电波信号受到干扰的住宅比例

续表

目标			评价指标
舒适性	人工环境	优美的街道景观	美观性的评价 从道路后退的建筑外墙的长度 树篱墙的比例 电线埋入地下的比例
		开敞所带来的舒适性	建筑栋数与户数密度 地区或街区的建筑覆盖率 空地率 天空率
		社区的舒适性	与住户主要出入口的距离 地区或街区的建筑覆盖率 户数（栋数）密度
		与嫌恶设施或场所的距离	土地利用比例 位于各种垃圾处理设施一定距离以内的户数比例
	自然环境	自然环境的享受	土壤面、水面、绿化覆盖率 地区内绿地面积比例 绿视率 亲水性水面面积
可持续性		地域的可持续发展	产业结构比例 住宅存量的充足程度
		环境污染的预防	透水性地表覆盖率 环境基准综合化指标
		循环型的地区振兴	废弃物产生率 分类回收比例 再利用比例 土壤面、水面、绿地率 透水性地面覆盖率 水的循环使用率 PRH 值 长期耐用住宅比例 对环境贡献的评价指标
		能耗的减少与能源的有效利用	对环境贡献的评价指标 家庭用电量、用水量 尚未利用的能源的利用率 一次性能源的消耗量 CO_2的排放量 节能住宅比例
		对生态循环的贡献	对环境贡献的评价 Biotope 比
		良好的城市环境的形成	CO_2的排放量 对环境贡献的评价指标 土壤面、水面、绿化覆盖率 透水性地表覆盖率

续表

目标			评价指标
可持续性		良好的城市获得的持续性	人口（家庭）密度 各年龄层人口比例 人口变化率 修正后各年龄层人口变化率 昼夜人口构成比 家庭人口构成比 住宅存量充足程度 住宅与家庭构成偏差度 住宅空置率 公共住宅的申请比例
		地区的魅力	地区的魅力
		居住区改善和更新的容易程度	接道不良的住宅比例 平均地块规模 租赁土地的住宅比例

3. 宜居城市评价指标体系国际案例的共性

虽然国际上不同机构与学者构建的宜居城市评价指标在细节上有所差异，但是显而易见地，无论是基于客观实体还是主观感受，在评价一个城市的宜居性时，至少需要同时考虑到以下几点（表 3-10）：①城市安全性，即居住在在这个城市是否是安全的，居民的生命和财产是否能够得到保障；②各种设施使用的便利性，包括居民可以享受的医疗保健、学校教育、文化娱乐等城市公共设施服务质量是否良好；③社会和谐性，即城市是否有浓厚的文化氛围，社会是否是正义公平的；④生活健康性，即这个城市的环境是否有利于居民健康，包括气候条件、环境污染情况、自然环境舒适性对健康的影响；⑤交通设施的使用情况，包括是否采用了绿色低碳的出行方式，公共交通能否满足居民的需求。此外，个别研究机构还考虑了其他内容，如城市的就业情况、社区的建设、财务状况、政治环境、政府领导能力、技术创新能力等。

表 3-10　宜居城市评价指标国际案例的比较

评价单位/项目	宜居城市评价一级指标
经济学家	稳定性、医疗保健、文化与环境、教育、基础设施
Money Magzine	财务状况、住房、教育、生活质量、文化娱乐设施、气候与邻里关系
联合国人居环境奖	住房、基础设施、旧城改造、可持续人类住区发展、灾后重建、住房困难
美世全球生活质量排名	城市可供应消费品、经济发展环境、住房情况、医疗保健设施、自然环境、政治与社会环境、公共服务设施与交通、娱乐设施、学校与教育、社会文化氛围

续表

评价单位/项目	宜居城市评价一级指标
美国大都市区生活质量排名	文化氛围、住房、就业、犯罪、交通、教育、医疗保健、娱乐设施、气候
国际标准化组织	经济、教育、能源、环境、财政、火灾与应急响应、治理、健康、休闲、安全、庇护所、固体垃圾、通信与创新、交通、城市规划、废水、水与卫生
迪拜国际改善居住环境奖	改善居住环境带来的影响、合作关系、可持续发展、领导能力和社区作用、男女平等和社会包容、创新及其可传播性
大温哥华区宜居区域战略规划	保护绿色区域、建设完善社区、建设紧凑都市、增加交通选择
日本浅见泰司居住环境指标	安全性、保健性、便利性、舒适性、可持续性

三、宜居城市评价的方法

1. 客观评价方法

客观评价方法对城市及居住环境的评价一般采用主观感受数据和客观实物数据评价，前者通过问卷对市民进行调查从而建立评价指标体系和评价模型，后者通过 GIS 软件对空间数据进行分析计算从而建立定量指标体系。这两种方法各有优劣。葛坚和 HokaoKazunori 用客观数据来解释市民的主观评价。他们建立了考察市民对居住环境的满意度与 5 个指标（便利性、舒适度、健康、安全和社区）相互关系的回归方程。然后，他们通过对主观感受和客观数据进行多元回归分析建立了相对等式体系（relative equation system），从而找出主观感受与客观数据之间的关系。

目前，学者在建立宜居性和可持续性等评价指标体系时，多是建立一个树形的多级指标体系，由上至下逐步细分。与之完全不同的是由联合国可持续发展委员会（CSD）提出的 DSR 模型，即驱动力-状态-响应模型。在该模型中，各指标层之间不是从属关系，而是逻辑关系。这种结构为指标体系的建立提供了新的视角。

此外，学者还对市民的主观评价进行了客观的空间分析。Ai Sakamoto 和 Hiromichi Fukui 指出，市民对于宜居环境的评价和偏好会随着个人情况、家庭生命周期以及地域等因素发生变化，评价标准也会变得多样。因此，他们在居住环境评价支撑体系（livable environment evaluation-support system）的辅助下，将空间多标准分析（spatial multicriteria analysis）和模糊结构模型（fuzzy structure modeling）相结合，并在 Web GIS 环境下运行，提出了探索性的评价方法（exploratory evaluating process），并建立了相应的模型。

概而言之，当前宜居城市主观评价常用方法如表 3-11 所示，包括层次分析法、主成分分析法（PCA）、预警分析法、价值评价法、数据包络分析模型（DEA）、空间分析技术方法等，但总体要经过数据采集与数据标准化、权重确定、加权求和或聚类分析等步骤。

表 3-11　宜居城市客观评价方法

方法名称	基本思想及特点	解决宜居城市评价过程的问题	典型案例
层次分析法	将与决策对象有关的元素分解成目标、准则、方案等层次，在此基础上进行定性与定量分析。特点是对复杂决策问题的本质、影响因素及其内在关系进行深入分析，利用较少定量信息使决策思维过程数学化	广泛应用不同尺度的人居环境评价研究，主要用于确定不同指标的权重	董晓峰（2002）《城市形象建设理论与实践》、李雪铭（2001，2006）评价大连不同尺度的城市居住环境
主成分分析	通过降维来简化数据结构，是多元统计分析中的重要方法之一。通过多个指标的线性组合将具有错综复杂相关关系的一系列指标归结为少数几个综合指标，既能使各主成分相互独立舍去重叠信息，又能集中地、更典型地表明研究对象特征	广泛应用于城市宜居性评价研究，尤其是多个城市人居环境比较评价和城市竞争力研究中。通常会与聚类分析综合使用	胡和兵等（2005）研究安徽省城市人居环境评价与分类
预警分析法	预警分析是对某一警素的现状与未来进行测度，预报不正常状态的时空范围和危害程度并提出防范措施	常用于城市生态环境评价中	陈军飞等（2005）将其引入城市生态可持续发展研究中，李娜（2006）运用人工神经网络对兰州人居环境可持续发展进行预警
价值评价法	主要针对城市宜居建设项目的效益进行分析，可分为直接支出法、消费者剩余法、假想市场评价法等	常用于具体城市建设项目的人居环境效益评价	浅见泰司等（2006）《居住环境：评价方法与理论》探索城市宜居项目评价
数据包络模型法	通过投入产出比，进行各类投入的效应分析，评价城市发展的某一方面或某一段时间的实际工作成效	常用于城市宜居性建设绩效评价	汤宇曦等（2007）评价东莞市和谐社会建设成效
空间分析技术方法	利用 ArcGIS 的空间数据运算、空间数据与属性数据综合运算，提取与产生新的空间信息的技术与过程。主要包括几何分析、缓冲区分析、空间叠加分析、网络分析、空间统计分析、影像分析和数据地形分析等	常用于提取城市客观信息数据，结合主观调查进行城市宜居性评价	张文忠（2006）分析北京宜居性时采用客观数据源自 GIS 栅格提取与叠加等；谌丽（2012）、党云晓等（2012，2013）讨论北京居住环境可达性时采用

资料来源：根据董晓峰等（2010）修改

（1）数据标准化。不同的评价指标数值大小具有差异性，即数据存在量纲差异，为了消除各指标量纲不同的影响，采用定基指数法进行数据标准化处理。选择 A 年份为基准年，分别测度 B 年份、C 年份的宜居城市评价指标的变化状况。标准化公式为

$$正指标：X_i^* = X_i / X_A \tag{3-2}$$

$$逆指标：X_i^* = X_A / X_i \tag{3-3}$$

式中，X_i^* 为标准化后的数值；X_i 为指标实际值，X_A 为测度指标的 A 年份数值。

（2）权重选择。权重的赋值是进行综合评价的关键，通常有客观赋权法和主观赋权法两种类型。客观赋权法是直接根据指标的原始信息，经过统计方法处理后得到各指标的权重值，如熵值法、均方差法和主成分分析等；主观赋权法是指研究者按照各个指标的重要程度，依照研究经验，主观地确定各个指标的权重值，如层次分析法（AHP）和德尔菲法等。

（3）线性加权求和。这里选取线性加权求和法进行综合得分计算，原理是先拿标准化后的各指标数值乘以各自的权重得到各指标得分，再对所有指标得分进行汇总求和。计算公式为

$$y = \sum_{i=1}^{n} w_i x_i \tag{3-4}$$

其中，y 为综合得分，w_i 为 i 指标的权重，x_i 为标准化后的 i 指标数值。

2. 主观评价方法

城市是具象化的客观物体，其中的道路、商店、住房、公园是可以进行客观评价并用数据体现出来的。但是，城市是作用于人的，宜居城市是适宜于人居住的城市。因此，我们不能单靠简单的客观数据来判断城市的宜居性，还要考虑市民对城市及其居住环境的主观评价。R. P. Hortulanus 指出，在建立评价居住社区的指标体系时，应同时考虑客观指标和市民的主观评价。因此，两者相结合就有 4 种可能的评价结果。他同时指出，市民在评价社区的宜居性时，往往会考虑硬件设施和社会文化因素两方面，并且对后者更加重视。因此，他认为指标体系应当包括 6 个方面：社会特征；管理者的活动；不同的管理战略的运用；社区的不同空间尺度；管理政策的不同侧重点；城市、国家等更高层级实体的发展。Ruut Veenhoven 指出许多学者在使用生活质量（quality of life）、福利（well-being）、幸福（happiness）等词汇时混淆了其定义，并错误地直接对生活质量进行整体评价和测度。他认为，生活质量是多个要素的集合，不能简单地进行整体评价因此，他建立了一个矩阵（表 3-12），将生活质量分解为 4 个

要素，进而再选择指标对这 4 个要素分别进行评价。

表 3-12　Ruut Veenhoven 建立的生活质量评价矩阵

	外部性质（outer qualities）	内部性质（inner qualities）
机会（life chances）	环境宜居性（livability of environment）	个人的生存能力（life-ability of the person）
结果（life results）	生活的效用（utility of life）	对生活的感受（appreciation of life）

对宜居性进行主观评价，必定会涉及市民对自身生活的主观感受。许多学者对此进行了研究，其研究重点是城市对市民的主观幸福感（subjective well-being and happiness）的影响。Ruut Veenhoven 等学者指出，关于幸福感（happiness）的理论有 3 个，即比较理论（comparison theory）、民俗理论（folklore theory）和宜居理论（livability theory）。其中，前两个理论认为社会进步不能让人感觉更幸福，而宜居理论以生活质量（quality of life）为基础，认为生活条件的改善将会让人感觉更幸福。Ruut Veenhoven 对多个国家的大学生和普通市民进行了调查。结果表明，比较理论的预测完全被推翻，民俗理论的大部分预测也被推翻，只有宜居理论最适合解释幸福感。在每一个国家，幸福感与生活质量有很强的一致性。特别是在贫穷和社会不平等的国家，人们的幸福感同收入、社会阶层、职业和婚姻等因素的联系很紧密。

大部分学者都支持宜居理论对主观幸福感的解释。一般地，在越富裕的国家，人民感觉越幸福。但是，财富不是唯一的指标，超过 6000 美元（1991 年美元）这一门槛值，财富与幸福感的联系就不再紧密，幸福感更多地受到人权、教育、社会地位等政治和社会因素的影响。Dianne A. Van Hemert 等学者指出某些人口统计因素（demographic variables）（如婚姻状况、失业率和宗教等）对国民幸福感的影响不大，这有别于人们的一般设想。此外，与 Ruut Veenhoven 的观点不同，他们认为民俗理论有一定的正确性，民族性格的确可以影响个体的主观幸福感。Michael R. Hagerty 也对比较理论和宜居理论进行了研究。他用人均 GDP 一项表征宜居理论，用人均 GDP 的变化率和通货膨胀率来表征比较理论，最后得出回归方程。他认为比较理论是有一定道理的。在短期内（如 4 年正好是美国的 1 个选举周期），比较理论可以解释市民生活满意度的变化，而从长期看来，宜居理论更能解释市民的生活满意度。

还有学者尝试同时对城市进行客观评价和主观评价。Gideon E. D. Omuta 对尼日利亚的首都贝宁市的社区生活质量进行了分析。在进行客观评价时，他将生活质量分为 6 个维度，包括就业、住房、公共设施及服务、教育、负面事件、经济社会因素。通过将这 6 个维度的评价排名加总，他得出了贝宁市各个社区生活质量的客观评价结果。然后，他访问了社区居民对前 5 个维度的满意度，根据满意的百分率对各社区的主观评价进行排名，然后对市民的主客观评价进行综合分析。湛东升等（2013）采用中国科学院地理科学与资源研究所王劲峰团队开发的地理探测器方法研究北京居民主观感知居住环境的影响因素，其主要包括风险探测、因子探测、生态探测和交互探测 4 个步骤。

概而言之，主观评价主要包括通过问卷调查获取居民感知数据，并进行指标赋权、线性加权求和等步骤，得到城市居民主观感知人居环境的满意度分值等。首先，按照问卷调查中居民对居住环境的感知重要程度大小，确定一级、二级指标的权重，计算公式为

$$w_i = n_i / N \tag{3-5}$$

其中，w_i 为 i 指标的权重，n_i 为选择 i 指标的人数，N 为回答该选项的总人数。其次，按照德尔菲法或其他方法进一步对二级和三级指标进行赋权，利用线性加权法得出最终评价得分，该过程与上述客观评价指标的计算方法类似。

第四节　地域人居环境综合研究的基本方法

地域人居环境综合研究多属于广延性研究设计，强调数据的结构与规律性，强调数据采集的“大数量”与数据分析的“大样本计量”，其评价研究较为关注宏观层面经济社会统计指标体系构建、行业性专项指标数据的调查与遴选。虽然近年转向了关注城市地区、城市群和小尺度地域范围（省地级市、县级市）之间的比较研究和地域人居环境的空间组织演化研究，但是新兴研究领域仍是广延性研究设计，所采用方法多采用基于统计数据、调查数据的 GIS 软件空间分析方法。

一、地域人居环境综合研究的基本思路

1. 核心领域的相关研究技术路线

（1）地域人居环境自然适宜性研究的路线

地域人居环境的自然适宜性随地域不同而差别很大，对其适宜性评价的基本思想就是将人居环境在不同区域的空间差异性表现出来，其主要工作就是将影响人居环境自然适宜性的各种因素因子选择出来并加以量化。其基本工作程序是，首先建立人居环境自然适宜性影响因子体系；其次，确定评价单元并运用相关数据源和方法对目标数据进行提取和量化；再次，通过建立结

构方程模型的方法确定各影响因子的权重；最后，选择适当的公式，确定研究区域的综合人居环境自然适宜性综合得分，并进行可视化表达，研究的技术路线见图 3-4。

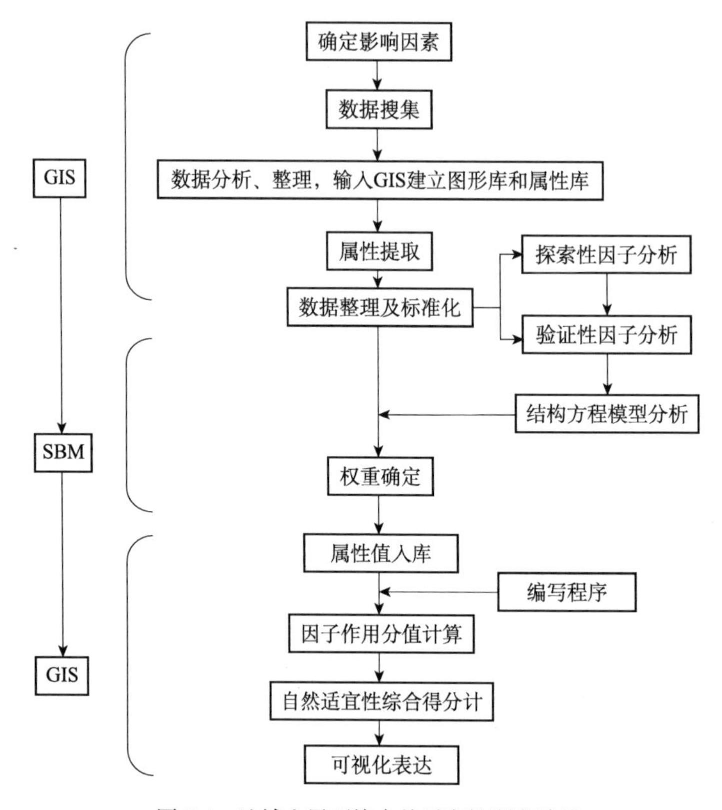

图 3-4 地域人居环境自然适宜性研究路线

资料来源：薛景丽等（2012）

（2）地域人居环境评价研究的路线

地域人居环境评价存在纵向演变刻画和横向对比评价两种基本范式，其中，纵向演变刻画的技术路线类似于图 3-4。两种范式的区别在于纵向演变刻画所用指标体系不仅涵盖了自然要素，也将经济、社会、文化要素纳入其中；而横向对比评价研究通常历经评价指标体系构建、定量方法遴选、关键要素分析与定量综合评价等基本过程，难点在于如何确定众多比较单元归类的临界值等。

（3）地域人居环境演变研究的路线

地域人居环境演变研究，基本循着“背景与问题”—“视角与框架”—“演变与规律”—“调控与优化”—“问题与发展”的技术程序，通过探讨城市或乡村系统的人居环境演变规律，寻求优化城市或乡村系统人居环境，推动城市或乡村人居环境可持续发展的有效途径。

2. 核心领域研究技术路线的异同

地域人居环境自然适宜性、地域人居环境评价、地域人居环境演变研究的技术路线都试图阐释区域可持续发展的三支柱或三重底线，即地域人居环境综合研究必须同时考虑环境保护、经济发展和社会平等三方面（图 3-5）。

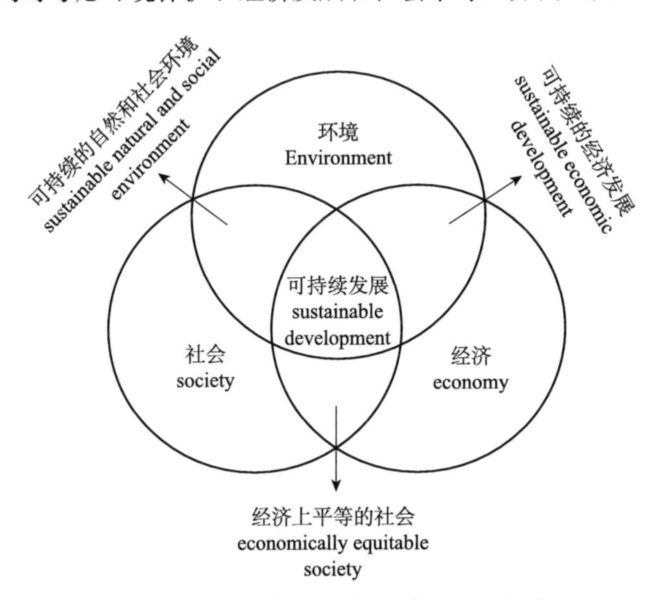

图 3-5 地域人居环境综合研究的三重底线

在地域人居环境自然适宜性、地域人居环境综合评价之纵向刻画研究中，更倾向于自然环境的决定作用；而地域人居环境综合评价之横向对比研究更多考虑环境、经济、社会的协调，即强调地域人居环境的强可持续性发展（图 3-6a），认为经济、社会等人造要素和自然资源、生态系统等自然要素是互补关系，环境的可持续性必须得以保障，以损害环境为代价的经济发展是不可持续的。在地域人居环境综合演变研究中，目前尚存在强可持续、弱可持续两种思想主导的技术路线，弱可持续发展人居环境是指人造要素和自然要素之间是互为替代关系（图 3-6b）。

二、地域人居环境综合研究中常用关键方法

地域人居环境综合研究，评价数据来源日益广泛、评价方法日益多元与综合化，使其在人居环境学中影响不断深化（Senlier，2009；Melicia，2013）。纵

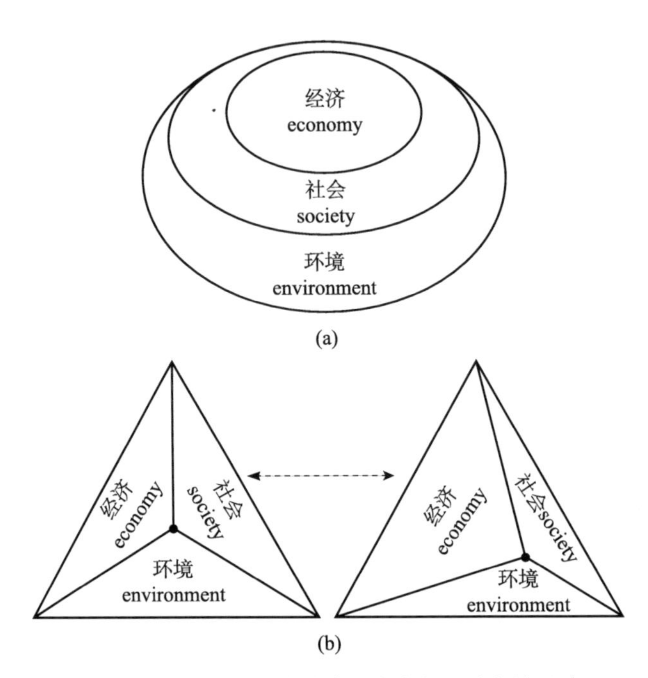

图 3-6　地域人居环境综合研究中的两种主导思路

资料来源：邬建国等（2014）

观已有文献，学者们在研究的过程中，使用的方法主要包括 GIS、问卷调查、层次分析、德尔菲法等，且多是几种方法结合起来运用。

1. 常用关键方法简述

（1）层次分析法

层次分析法是将所选相关因素分为目标层、准则层、方案层等 3 个层次，在此基础上综合使用定性与定量相结合的决策方法。这一方法需要结合专家咨询法来完成。层次分析法和专家咨询法的主客观结合，使研究更加科学和准确。因此是目前评价人居环境常用的一种辅助工具。一些学者（Ahmed，2003；Shin et al.，2003；Das，2008；Huang et al.，2009；Cummins，2010；Achillas et al.，2011；Fidler，2011；Riccardo et al.，2013）运用此方法对人居环境的质量进行了评价。比如 Fidler（2011）探索了美国宜居社区的质量；Huang 等（2009）基于可持续指标，分析了我国台湾可持续城市发展，从区域经济发展、生态环境、基础设施等评价环境建设问题。总之，层次分析法是人居环境的研究运用较多且较好的工具。

（2）德尔菲法

德尔菲法，是一种纯主观判断的方法。根据所要预测的问题，选择有关专家，利用专家在专业方面的经验和知识，用征询意见和其他形式向专家请教而获得预测信息的方法。人居环境的评价受主观因素的影响较大，因此该方法被学者们广泛使用（李雪铭，2002；张文忠，2005，2011；路超君等，2012）。比如娄彩荣等（2012）运用此方法从人的主观感受的角度来评价人居环境质量。尽管学者们研究的角度不一，但研究内容从城市的人居环境层面扩展到了区域城镇层面，拓宽了人居环境的探究领域。

（3）结构方程模型法

20世纪80年代，人居环境的研究多基于统计学的工具，而此时的西方地理研究者已经在人居环境研究中使用结构方程模型（structural equation modeling，SEM）来解释评价结果。结构方程模型是一种建立、估计和检验模型因果关系的方法。模型中包含可观测的显在变量和不可直观的潜在变量，它可以清晰分析单项指标对总体的作用和单项指标间的相互关系。Lee（2008）运用该模型发现宜居性较高的城市能为当地居民创造出更高品质的生活；Song等（2011）认为应重视居民需求在构建城市宜居环境的建设中的重要性。近年，我国的人居环境研究也开始引入结构方程模型（Wang et al.，2009；钱璐璐，2010；马静等，2011；刘戈等，2013；李作志等，2013）。例如，Wang等（2009）建立结构方程模型，揭示了市场经济改革对就业-居住均衡及交通需求的影响；刘戈等（2013）构建了生态城市系统评价指标体系，运用SEM评价了我国中、东、西部城市生态城市的发展；另有学者运用SEM从居民主观感知方面研究人居环境（杨晓冬等，2013）。

（4）模糊综合评价法

模糊综合评判法是根据模糊数学的隶属度理论，把定性研究转化为定量研究的一种综合评价方法。该方法需要确定权重，因此需要与层次分析法与德尔菲法结合使用。例如，聂春霞等（2012）在城市宜居性评价指标体系构建的基础上，结合模糊物元评价模型和熵赋权法，测算了我国主要城市的宜居性；郑童等（2011）基于已有的宜居理论，运用模糊综合评价方法实证研究了北京社区满意度；周晓芳等（2012）研究农村地区的人居环境。鉴于人居环境满意度评价是研究人主观感觉与感知对某事物所反映的满意程度，其内涵与边界具有一定的模糊性，因此，模糊综合评价法是研究人居环境满意度的良好工具。

（5）BP神经网络法

BP神经网络是一种按误差逆传播算法训练的多层前馈网络，是目前应用最广泛的神经网络模型之一，具有自组织、自适应、自学习等特点。对解决非线性问题有着独特的先进性，同时它还具有很强的输入输出非线性映射能力和易于学习和训练的优点。该方法的主要步骤可分为：模型的输入＋输出参数的选择、模型的结构设计、模型网络参数的选取及样本设定、模型检验与应用。例如，李明等（2011）在国内首次将遗传算法全局寻优和BP神经网络局部寻优相结合的改进神经网络模型应用于人居环境评价中，并对全国20个主要城市人居环境质量进行了定量判定，揭示了城市人居环境现状及各城市在国内人居环境中的相对水平。

（6）GIS分析法

GIS即地理信息系统，是地理学领域应用最为广泛的研究方法之一。前述关于人居环境微观视角职住分离、城市通勤等的研究中，学者们主要运用的就是该分析方法。而在宏观层面的研究中，一些学者（张文忠，2006；孟斌，2009；封志明等，2008；李益敏，2010；Li，2011，娄胜霞，2011）借助GIS技术构建城市人居环境评价指标体系，对人居环境进行研究。封志明等（2008）构建中国人居环境自然适宜性评价模型（HEI），定量评价了中国不同地区的人居环境自然适宜性，揭示了中国人居环境的自然格局与地域特征。还有一些学者结合GIS技术与其他评价方法或工具衡量了人居环境适宜性，如李伯华等（2013）探讨湖南省人居环境适宜性与人口分布的关系。Spagnolo等（2003）、Sundaram（2011）、魏伟等（2012）也曾对不同规模、时空维度的人居环境综合质量进行探讨与实证分析。此外，Sakamoto（2004）提出一种Web服务支持技术，并结合GIS可视化的空间信息来解释人居环境，认为人居环境的评价标准越来越多样化。由此可见，GIS分析法是地理学领域研究人居环境最为常用的方法。

2. 常用关键方法的适用性

不同的评价方法在计算、解释和处理问题过程中各有利弊（表3-13），可根据研究目的进行适当选择。

表3-13　地域人居环境综合研究中常用关键方法的适用性

评价方法	基本原理	适用性
综合指数法	对选取的指标数据进行标准化处理，并利用主成分分析、综合加权求和、熵权系数、层次分析等方法确定指标权重，进而综合评价地域人居环境综合程度或差异程度	计算过程相对简单，且容易操作；但在指标选取与权重确定过程中存在一定的主观性，且忽视了人居环境构成要素之间的关系
函数模型法	根据对地域人居环境的不同理解，构建相应的函数模型，一般多由满意度、幸福感、压力-状态-响应所构成	较好地明确了人居环境的组成要素及其相互作用关系；由于对人居环境构成要素的理解不同，导致该模型表现形式差异较大

续表

评价方法	基本原理	适用性
BP人工神经网络模型法	划分指标数据区间和评价标准，构建BP神经网络输入输出层和网络拓扑结构，将数据导入训练好的网络模型，得出地域人居环境综合评价结果	具有较强的非线性映射功能，能够很好地反映人居环境特征、程度及其影响因素；网络结构的选择尚无统一的理论指导，大多靠经验选定
空间多准则评估法	将GIS和多准则评估相结合，通过输入空间和非空间条件，并经过问题树分析、标准化、确定权重和地图化等过程，最后形成输出结果	空间条件的输入有利于识别人居环境区域性，提供有效的空间管理对策；但输入标准的选择主要取决于研究者的认知和偏好，存在一定的主观性
面向对象分析法	利用高分辨率遥感影像和GIS数据从物质空间中提取能够反映人居环境的替代性变量，进而实现人居环境自然适宜性评价	提供了一组新的地域人居环境评价的数据源，有利于完善人居环境评价指标体系；代理变量的界定尚未完全实现，仍需结合统计和社会调查数据
图层叠置法	根据人居环境的构成要素分别制图，并将其进行空间叠置，典型的如区域自然环境适宜性和经济社会支持性的图层叠置，形成地方整体人居环境评估	实现了地域人居环境评价结果的地图可视化和直观表达；但评价结果难以反映不同要素对整体人居环境的影响程度

三、地域人居环境综合评价研究方法发展趋势

通过对已有文献进行梳理，不难发现中国地域人居环境研究起步相对较晚，研究内容主要集中在人居环境的质量评价上，人居环境评估指标体系的构建、评价方法的讨论也日臻完善，但人居环境领域的研究仍然面临一些问题。

1. 评价指标体系的争议

目前，关于地域人居环境评价的研究中，评价指标体系多是表示状态的指标，涉及表示效率、质量的指标很少。在诸多评价指标体系中，研究者多以定量指标为主，忽略了定性指标。然而同一指标在不同的文献中其权重赋值也存在较大差异，从而导致了研究结果存在争议。随着经济社会的不断发展，人居环境的不断变化，如PM2.5等一些新的指标也会不断地出现。因此，人居环境的评价指标体系需要不断完善。此外，已有文献中更多关注的是评价指标体系本身，而忽略了所建立的指标体系与人居环境二者之间内在机理的阐释。很多指标表面看起来是影响人居环境的重要因素，但是究竟其怎样影响，影响程度如何却不容易说得清。举例说来，一般认为经济发展得好，人居质量会高，但是事实上某一地区经济的发展也许是建立在对环境破坏的基础之上的。如果这一假设为真，那么经济发展这一指标在该地区人居环境的评价体系里就由以往人们所认知的正向指标而变成了负向指标。

2. 跨学科、多层次的研究方法有待加强

目前，学术界的研究多是学科之间的交叉、渗透和融合，并已成了现代学科发展的基本特点之一，人居环境的科学研究也是如此。从现有的文献可见，人居环境主要集中在地理学领域，诸多方法在人居环境的评价中得到应用，而且多是几种方法的综合使用。但由于方法本身固有的缺陷，以及研究者对方法掌握不熟等因素的影响，一些研究难免存在偏颇；而且运用不同的方法得出的结论也许并不完全相同，甚至可能是截然相反。人居环境是个复杂、系统、综合的问题，因此探索跨学科、多层次的合作，也许能够使研究更具科学性。

3. 大数据平台亟待建立

现有研究中所需要的数据主要通过统计资料和抽样调查两种方式获得。从统计数据方面来看，包括经济总量、经济结构、人均可支配收入等经济数据，人口、就业水平的社会数据，以及涉及环境的垃圾、污水处理率、城市绿化覆盖率、花园及绿地面积等相关数据均可从统计年鉴、政府公报等渠道获取。居民的感受这些数据主要依靠抽样调查获得。在目前大数据时代，还应该充分利用各种数据源，挖掘包括卫星遥感数据、GPS 等微观数据，不断拓宽数据的可获得渠道、建立研究所需的大数据平台。

本章小结

人居环境研究的众多议题，可以归结为广延性或集中性研究设计，然而两类研究设计并不排斥定量、定性方法的交叉、融合使用。本章重点就人居环境研究的重要领域——居住环境、宜居城市、地域人居环境等相关领域研究的基本方法进行了总结和分析。人居环境研究探索的众多问题是综合集成的研究方法，对解决人居环境复杂的、多元化的研究主体和问题具有重要意义。

第二篇

宜居性与人居环境

关于城市和城市的宜居性，是所有人的共同目标，无论是富裕的城市还是发展中的城市。

——艾伦·雅各布斯（2011）

城市发展要不断回归舒适、健康、安全和文明等人类最基本的追求，使人居环境更贴近自然、体现人的价值，把改善居民生活质量作为人居环境建设的目标。宜居城市建设是人居环境改善的重要内容，在重视城市经济发展的同时，要关注城市的历史和传统文化的传承，保持城市和街区的风格，创造更适宜人们居住、生活和工作的空间。

第四章 宜居性研究的数据和方法

在充分了解和分析居民的判断的同时，还需要分析和评价构成宜居城市的客观实体环境状况，选取能够准确表述宜居城市的现状和问题的指标，这对把握宜居城市具有同样重要的意义。只有把宜居城市的主观评价和客观指标有机地结合起来，建立一个统一的综合评价指标体系，才能准确地勾勒出城市的宜居水平、目前存在的问题和今后的发展方向。因此，宜居性研究的关键是选择准确的指标体系以及获取可靠、客观的数据。本章将介绍课题组所采用的宜居性评价指标体系，描述数据获取来源及数据基本情况，并介绍主要的分析方法。

第一节　宜居性评价的指标体系

宜居性评价指标的遴选要体现客观性、可靠性和数据可获取性等基本原则，同时，也要考虑城市和区域的特性和居民所关心的要素。本书将宜居性分为六大方面，即生活方便性、安全性、自然环境舒适度、人文环境舒适度、出行便捷度和健康性，并进一步将六大方面分解为 32 项（2013 年分为 34 项）分指标（表 4-1）。

表 4-1　宜居性评价指标体系

主指标	分指标	主指标	分指标
生活方便性	日常购物设施	人文环境舒适度	居住区邻里关系状况
	非日常购物设施		居住区物业管理水平
	餐饮设施		建筑景观的美感与协调
	医疗设施		周边社区文化与氛围（2005 年）
	休闲娱乐设施		周边区域特色与价值认可
	儿童游乐设施		社区文体活动（2013 年）
	教育设施	出行便捷度	公交设施的利用（2005 年）
	银行网点（2013 年）		交通拥堵情况（2005 年）
	老年活动设施（2013 年）		工作学习通勤便利程度
安全性	治安状况		生活出行便利程度
	交通安全状况		到市中心的便利程度
	防灾宣传管理		停车的便利程度（2013 年）
	应急避难场所		商务出行便利程度（2013 年）

续表

主指标	分指标	主指标	分指标
自然环境舒适度	周边公园绿地绿带 居住区内绿化 居住区内清洁（2005 年） 公用空地活动场所 空间开敞性与建筑物密度	健康性	汽车尾气排放产生的污染 扬尘工业等空气污染 雨污水排放和水污染 道路和工厂噪声 商店和学校等生活噪声 垃圾堆弃产生的污染 PM2.5（2013 年）

资料来源：2005 年和 2013 年宜居北京问卷调查

第二节　宜居性研究的数据获取

要评价和把握宜居城市的现状、特征和问题，需要获取评价宜居城市的主观和客观两部分数据。主观数据的获取，主要采用问卷调查的形式，直接调查和了解居民对城市宜居性的满意程度。客观数据的取得，主要是利用地理信息系统，将各类要素集成北京数字城市要素平台，这为本次调查和研究提供强有力的数据和技术支撑。

本书以下章节没有特别说明，数据来源均为此小节介绍的主观问卷调研及客观数据整理。关于问卷调研数据的更多方法和介绍，详见张文忠等所著的《中国宜居城市发展报告：北京篇》第三章“宜居北京评价数据的获取”。

一、问卷调研数据获取

问卷调研目的主要是了解不同属性特征居民如何看待城市的宜居现状和问题，具体目标包括三个方面：一是居民对城市整体宜居水平的认可程度；二是居民对不同地区或街道等的满意或认可程度；三是居民对反映宜居水平的各项指标的评价。根据宜居评价指标体系的设计，我们对宜居城市分解成六大方面，即生活和居住的安全性、健康性、生活的方便性、自然环境的舒适度、人文环境的舒适度、出行的便捷度等；六大方面又分解成 32 项分指标（具体指标参见前面的指标体系）。旨在系统掌握居民对宜居北京的全方位、多层次、多视角的认知和满意程度。为了深入研究与分析，问卷还调查居民的居住现状与未来住房需求、居民的基本个人情况、通勤情况、职住分布等。

调研对象以常住居民为主，不包括短期停留或来京旅游、务工不足半年的群体。之所以这样界定，是考虑到只有稳定居住一定时间，才能对其周围居住、生活环境有一定的了解和认识，对这些人群的调查，才能反映出城市的宜居状况。调查方式主要采用抽样调查，其中，具体又采用分层抽样、等距随机抽样、方便抽样（社区拦截）、交叉控制配额（性别、年龄）抽样等多种抽样方法相结合的调查方法。其目的是确保调查数据的可靠性、准确性、代表性和广泛性等。

1）宜居北京问卷调研数据说明

宜居北京调查范围以城八区为主，包括远郊区中具有代表性的回龙观、天通苑、通州新城、亦庄新城、大兴黄村 5 个大型居住区（图 4-1）。在综合考虑研究深度、精度与准确性和可行性基础上，尤其是主客观统计分析数据的取得与调查执行难易度，最终确定以街道为基础的调查和评价单元，但具体执行调查时，详细到社区水平。表 4-2 为调查和评价单元的汇总表。

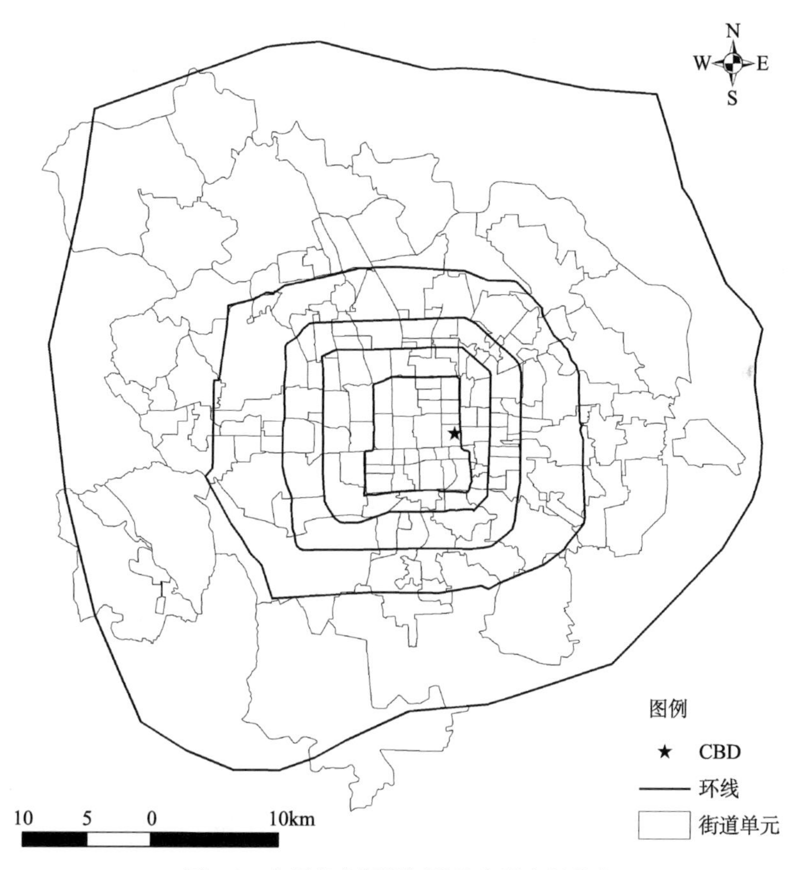

图 4-1　宜居北京调研问卷的街道空间分布

表 4-2　宜居北京调查和评价单元汇总表

行政区域汇总	评价单元与调查区域（街道）数量：名称	社区数量*
东城	10：交道口、景山、北新桥、朝阳门、东华门、东四、东直门、和平里、建国门、安定门	137
西城	7：展览路、德胜、金融街、什刹海、西长安街、新街口、月坛	195
崇文	7：前门、崇文门外、东花市、龙潭、体育馆路、天坛、永定门外	78
宣武	8：大栅栏、椿树、天桥、陶然亭、广安门内、牛街、白纸坊、广安门外	111
朝阳	42：安贞、八里庄、朝阳门外、垡头、和平街、呼家楼、建外、六里屯、麦子店等	359
海淀	30：万寿路、羊坊店、甘家口、永定路、田村路、八里庄、紫竹院、曙光、北下关等	597
丰台	16：长辛店、大红门、东高地、方庄、南苑、右安门、西罗园、太平桥、和义等	249
石景山	9：八宝山、老山、八角街、古城、苹果园、金顶街、广宁、五里坨、鲁谷	128
通州	4：北苑、玉桥、中仓、新华	38
大兴	4：兴丰、清源、林校、黄村镇	52
亦庄	1：亦庄镇	4
天通苑	2：东小口镇（部分）、北七家镇（部分）	7
回龙观	1：回龙观镇	16

*由于调查社区数量太大，这里不一一注明名称

资料来源：北京市民政局等编制：《北京市行政区划地图集》，湖南：湖南地图出版社，2005 年，http：//www.96156.gov.cn（北京市社区公共服务信息网）

宜居城市课题组先后分别于 2005 年、2009 年、2013 年共实施 3 次大样本调研，各发放问卷 11 000 份、10 000 份和 7000 份，各回收有效问卷 7647 份、5089 份和 5733 份，有效率分别为 69.5％、50.89％、81.9％。通过对调查主体的性别、年龄、区域分布等特征进行分析，结果表明样本符合控制要求，合格问卷的数量和分布结构满足抽样设计和研究要求。与以往用于同类研究的数据相比，本样本数据作为一份多时段、全覆盖式的北京市中心城区的微观问卷数据，其最大特点在于包含了调研对象详细的收入、年龄、家庭人口、学历、住房条件等微观行为主体的属性信息，因而涵盖了不同阶层、不同类型居民对宜居性不同要素的全方位评价。

表 4-3 列出了 3 个年份调研对象的基本属性特征统计，可以看出，3 个年份的调查主体是 30 岁以下的年轻人及 30～49 岁的中青年人，男女比例较为均匀，家庭规模中三口之家数量最多，大学大专学历所占比例相对较大，职业类型中从事工业企业、金融保险房地产高科技和专业人员职业的比例较大，职位类型以普通职员为主。3 个年份相比，家庭收入类型中，高收入的比重逐年上升；住房来源由 2005 年的单位房所占比例最大变为 2013 年的商品房比例最大，保障性住房的比例也在逐年增加。2013 年新增了对婚姻状态和户籍的统计，其中未婚人员所占比例最大（56.4％）。户籍属性中 59.3％的调研对象有北京户口。

表 4-3　宜居北京调研对象属性特征统计

属性	特征	2005 年各属性占比/%	2009 年各属性占比/%	2013 年各属性占比/%
年龄	30 岁以下	43.2	46.6	43.9
	30～49 岁	45.8	42.4	45.5
	50 岁及以上	11.0	11.1	10.6
性别	男	49.6	50.0	50.9
	女	50.4	50.0	49.1
婚姻状态	未婚	—	—	60.4
	已婚	—	—	38.0
	离异	—	—	1.6
家庭构成	单身	19.1	8.5	15.3
	两口之家	16.1	17.3	19.0
	三口之家	53.0	57.5	47.4
	四口之家	8.3	10.9	11.3
	五口之家及以上	3.5	5.8	6.9
家庭收入	3000 元以下	26.7	14.9	7.9
	3000～4999 元	38.2	28.5	20.6
	5000～9999 元	27.3	38.9	34.8
	10 000～20 000 元	6.8	16.0	20.6
	20 000 元以上	1.0	1.8	8.8
学历	初中及以下	7.6	7.3	10.1
	高中	27.0	25.2	26.9
	大学大专	59.6	61.1	55.1
	研究生	5.9	6.4	8.0
职业类型*	工业企业/生产运输设备操作人员	21.4	18.4	13.8
	公务员/国家机关党群组织企事业单位负责人	10.2	8.3	13.5
	教师及科研人员	7.4	7.5	11.7
	金融、保险、房地产、高科技	13.1	16.8	45.5
	商业、餐饮/商业、服务业人员	7.4	11.3	0.9
	专业人员	12.9	13.3	2.4
	办事人员和有关人员	—	—	0.4
	农林牧渔水利生产人员	—	—	11.8
	军人	—	—	13.8
	其他	27.6	24.4	13.5
职位	普通职员	58.9	62.1	70.9
	中层管理	25.4	31.3	23.6
	高级管理	15.7	6.6	5.5
住房来源	商品房	22.9	43.7	47.1
	保障性住房	11.8	17.0	23.8
	单位房	48.1	23.8	15.4
	其他	17.2	15.5	13.6
户籍	北京	—	—	64.7
	其他	—	—	35.3
总数		7647	5089	5733

*表示 2013 年问卷中对职业类型的统计与之前有差异，以/分割表示

2）宜居大连问卷调研数据说明

宜居大连调查范围以大连城区为主要研究区域，根据大连城市空间布局，综合考虑研究精度与可行性，确定大连市内四区（中山区、沙河口区、西岗区、甘井子区）和市郊三区（旅顺口区、金州区、开发区）共 7 个区 54 个街道和集镇为调查范围，按照街道人口密度的分布采用分层抽样方法，采取具体样本量时结合等距随机抽样、方便抽样（社区拦截）、交叉控制配额抽样（性别、年龄）方法，在 2006 年 5～9 月针对这些区域进行了问卷调查。调查对象以常住居民为主，不包括短期停留的群体，以保证调查对象对大连市居住情况的了解程度。共获取调查问卷 4636 份，其中，有效问卷 4138 份，问卷有效率 89.3%。调查中的居民样本构成见表 4-4。分析中还根据大连市公布的街道信息，通过数字化手段得到大连市行政区划 GIS，并将调查问卷数据与其对应。

表 4-4　宜居大连调研对象属性特征统计（2006 年）

项目		人数	百分比/%	项目		人数	百分比/%
性别	男	2053	50.34	年龄	30 岁以下	1004	24.49
	女	2025	49.66		30～39 岁	1760	42.94
	小计	**4078**	100		40～49 岁	917	22.37
	无效	60			50～59 岁	282	6.88
	合计	**4138**			60 岁及以上	136	3.32
学历	初中及以下	790	19.33		小计	**4099**	100
	高中	1349	33.02		无效	39	
	大学大专	1766	43.22		合计	**4138**	
	研究生	181	4.43	家庭月收入	2000 元以下	1185	29.15
	小计	**4086**	100		2000～2999 元	1338	32.92
	无效	52			3000～3999 元	702	17.27
	合计	**4138**			4000～4999 元	373	9.18
家庭构成	单身	616	14.99		5000～7999 元	256	6.30
	两口之家	610	14.84		8000～9999 元	106	2.61
	三口之家	2293	55.79		10 000 元以上	105	2.58
	四口之家	402	9.78		小计	**4065**	100
	五口之家及以上	189	4.60		无效	73	
	小计	**4110**	100		合计	**4138**	
	无效	28					
	合计	**4138**					

资料来源：2006 年大连问卷调查

二、客观数据获取

通过利用地理信息系统，将各类要素集成北京数字城市要素平台，为本次研究提供客观数据和技术支撑。北京数字城市要素平台可以获得的数据包括行政区划、自然地理要素分布、人口结构分布、交通路网、服务设施分布、用地现状和卫星遥感影像数据等，见表 4-5。

表 4-5　北京数字城市基础数据说明

数据名称	主要说明	年份
北京行政区划	包括区县和街道行政界线，主要采用 2005 年出版的《北京市行政区划地图集》，并结合北京市西城区政府等公布的最新街道调整信息，保证了信息的权威性和时效性	2005
北京市人口分布	根据北京普查数据获得的各街道人口数量和年龄、学历等人口数据	2010
北京市交通路网	包括铁路、高速公路、城市不同等级道路、城市交通设施（公交站点、地铁和城铁车站）。其中，铁路和高速公路数据以 2003 年数据为准，城市道路根据路面宽度划分为 4 级；公交站点以 2005 年年底北京公交网公布的各公交线路的站点为基础	2003
北京市服务设施分布	包括教育设施、医疗设施、商业设施、餐饮设施、娱乐设施等	2012
北京市用地现状图	用地地块信息	2004

第三节　宜居性研究的方法

一、城市宜居性研究的空间单元选择

由于数据的可获得性和研究目标的差异，城市居住环境研究的基本空间单元也有所不同。其中，以社区作为基本空间单元能够比较直接地诊断出居住环境问题，并且不需要界定研究边界，是国际上常用的研究单元。但是，由于我国社区一级的数据难以获取，只能采用研究者实地调查的方法，很难获取城市中所有社区的数据，也就不能反映城市整体居住环境的空间差异。此外，常见的研究方法还有以下四种。

（1）以一定大小的网格单元为单位。例如，王茂军等（2002）以 1km × 1km 的元胞为单位对居住环境进行了测定，从而分析居住环境的空间分异。国外已对居住环境评价单元的大小进行了研究，有 250m × 250m 的元胞，也有 500m × 500m 元胞等。该方法能够从微观尺度详细的评价城市环境，适用于获取城市内部详细空间结构的研究，但也存在元胞尺度的不确定性问题，而且数据获取难度高、处理工作量大。

（2）以行政单元界限作为基本单元的划分依据。在城市范围内，常用的有区界、县界、街道、居委会等。该方法可以清晰地表达居住环境的地区差异，适用于地区之间的比较研究，但是行政区的尺度越大，内部的居住环境空间异质性越强，越难以摸清区域之间潜在的规律性。冯健等（2003）指出，“街区规模”是展现都市区社会空间特征具有可操作性的空间尺度；张文忠等（2006）以街道为基本单元，分析对北京和大连的居住环境适宜性。

（3）以道路格局或交通通勤时区划定评价单元。常见于对居住环境中交通有关的研究，如宋小冬等（2000）将城市街坊抽象为多边形，多边形的边界线段对应道路路段，以此为基础研究某地居民的出行可达性。但是该方法也存在工作量较大的问题。

（4）利用空间聚类的方法得出基本评价单元。张燕文（2006）以东北经济区2000年县（市）级单元的人均GDP数据为基础，进行了基于空间聚类的区域经济差异分析试验，并利用类轴分析的方法进行修正，最终得出了区域经济的评价单元。该方法依照各基础单元的相似和差异性而实现评价单元的归并，是一种化繁为简的重要方法。

以上空间单元划分方法各有优劣，但总体来说，利用空间聚类算法来划分居住环境的研究单元，能够识别不同类别的差异性，有利于节省工作量，同时也能够直接指导居住环境政策的制定。

本章在综合考虑研究深度、精度与准确性和可行性基础上，尤其是主客观统计分析数据的取得与调查执行的难易度，最终确定以街道为基础作为调查和评价单元，这样可以清晰地表达居住环境的地区差异，适用于地区之间的比较，易于进行规划决策，而且可操作性较强。

二、宜居城市的评价方法

本研究共涉及宜居性评价六大方面32/34项指标，问卷对每项分指标评价结果分类为“非常满意、比较满意、一般、比较不满意、非常不满意、不了解”6个选项，按照百分制赋值分别对前5个选项赋值为100、80、60、30、0，计算每个分项指标得分，具体计算方法如式（4-1）所示。之后计算六大指标的得分，计算方法如式（4-2）所示。根据六大指标得分按照式（4-3）计算总体宜居性评价得分。

$$\mathrm{Qt}_i=(\mathrm{C}_i\times100+\mathrm{D}_i\times80+\mathrm{E}_i\times60+\mathrm{F}_i\times30+\mathrm{G}_i\times0)/(I_i-H_i-B_i) \quad (4\text{-}1)$$

其中，Qt_i为第i个指标的总体满意度评价分值，$i=1, 2, \cdots, 32/34$（分别代表32/34个分指标）；C_i，D_i，E_i，F_i，G_i分别表示针对第i个指标的全部有效问卷中选择非常满意，比较满意，一般，比较不满意，非常不满意选项的样本数；I_i为调查总样本数；H_i为该指标全部问卷中选择“不了解”的样本数；B_i为该指标全部问卷中“缺填”的样本数。

$$QT_j = \sum_{i=m_j}^{n_j} (w_{ij} \times Qt_{ij}) \tag{4-2}$$

其中，QT_j 为第 j 个主指标的总体满意度评价分值，$j=1, 2, \cdots, 6$（分别代表 6 个主指标）；w_{ij} 表示在第 j 个主指标中第 i 个分指标的权重；Qt_{ij} 表示 j 个主指标中第 i 个指标的总体满意度评价分值；m_j 表示第 j 个主指标中开头第一个分指标在 32/34 个分指标中所处的标号数；n_j 表示第 j 个主指标中最后一个分指标在 32/34 个分指标中所处的标号数。

$$QZ = \sum_{j=1}^{6} (w_j \times QT_j) \tag{4-3}$$

其中，QZ 表示北京市总体满意度评价的分值；w_j 表示第 j 个主指标的权重。

指标权重的计算中，32/34 项分指标的权重按照层次分析法、德尔菲及专家打分法，运用 Mathpro 软件求取，6 项大指标的权重根据居民对该 6 项指标重要程度的选择来确定。

本章小结

本章主要介绍作者在研究宜居城市的评价指标体系时，评价数据的获取、评价空间单元的选取、评价模型和方法的选择等。我们对“宜居北京”的评价，选择了五大类，即安全性、健康性、自然舒适度、人文舒适度和出行便捷性，在 2005 年和 2009 年 32 个分项指标基础上，2013 年增加到了 34 个分项指标。数据包括主观问卷调查和客观数据，客观数据来自数字城市要素平台以及遥感影像数据等，包括行政区划、自然地理、人口分布、街道交通、教育医疗等公共设施分布的 GIS 数据。主观数据主要来自问卷调查，调查对象以常住居民为主，我们先后于 2005 年、2009 年、2013 年共实施 3 次大样本调研，问卷调查主要按照人口密度的分布，采用分层抽样、随机抽样和交叉控制抽样等相结合的调查方式。

第五章

城市宜居性的评价

城市的宜居性是指生活在城市中的居民对生活质量的感受，这种感受受到城市自然环境和人文环境的影响，因此，提升城市的宜居性关键是要在提升居民生活质量基础上，创造一个尊重城市的历史和文化、有利于公众参与和重视公平的城市社会环境，建设一个安全、健康、方便和舒适的城市。城市宜居性的评价，可以发现城市发展中存在的问题，为建设宜居城市提供科学依据。

第一节　北京的宜居性评价

一、环境健康性的满意度持续下降

北京宜居性总体评价结果显示：2005年总体满意度为63.8分，居民认为安全性最重要（权重0.25），对生活方便性的评价最高（65.7），对自然和人文环境舒适度的评价最低（61.91），是居民最不满意的方面（图5-1a）；2009年总体满意度为71.7分，与2005年相比有明显升高，可能是由于奥运会的举办为北京整体居住环境的提升起到推动作用，这一年生活方便性是居民最看重的方面（权重0.27），居民对安全性最满意（71.97），对城市的健康性最不满意（67.63）（图5-1b）；2013年总体满意度为66.19分，比2009年有所下降，这一年居民仍然认为生活方便性最重要（权重0.26），同时该指标得分也最高（68.89），居民对健康性的评价最低，只有54.4分（图5-1c）。从3年的评价结果来看，居民对北京市生活方便性和出行便捷度的评价一直相对较高，对自然和人文环境舒适度的评价越来越高，而对健康性的评价越来越低，说明在后奥运时代，北京居住环境整体有所上升，尤其是基本的生活配套设施和交通设施都是居民比较满意的方面，然而健康性却成为影响居民对居住环境满意度持续升高的阻力点。

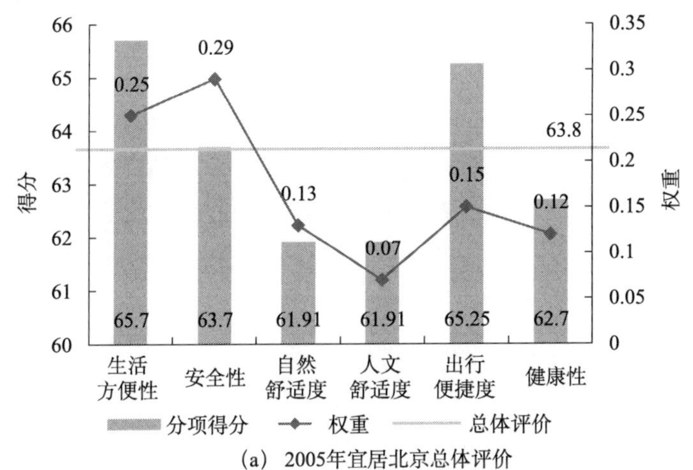

(a) 2005年宜居北京总体评价

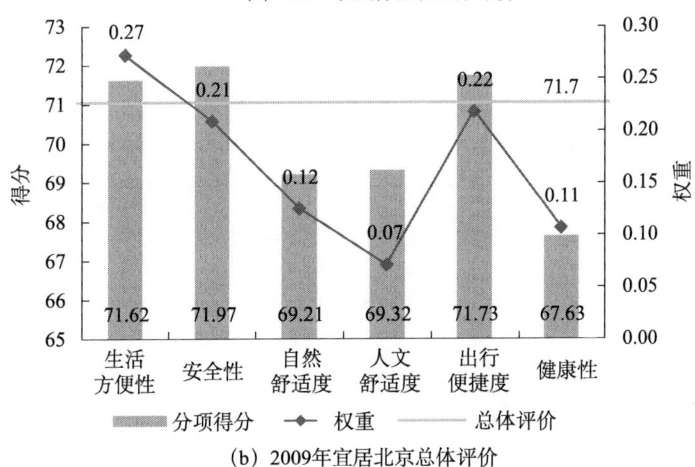

(b) 2009年宜居北京总体评价

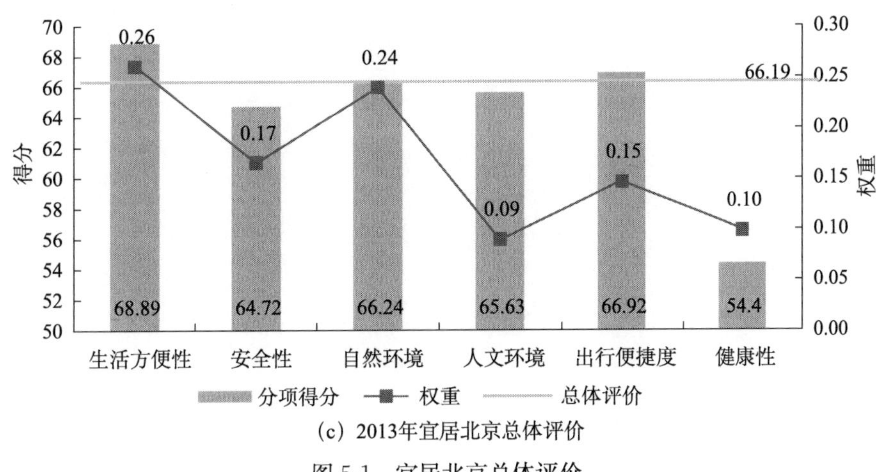

(c) 2013年宜居北京总体评价

图 5-1 宜居北京总体评价

2013年问卷新增了居民对居住环境的百分制评价，从图5-2a可以看出，居民对各项分指标的满意度评价与按照34项分指标得分计算出来的评价结果基本一致，同样健康性是居民最不满意的方面。与5年前相比，生活方便性是居民普遍认为有改善的方面，73.1%的居民认为有改善，只有2.0%的居民认为没有改善；健康性是居民认为改善程度最低的方面，只有不足50%的居民认为有改善，同时12.1%的居民认为健康性在过去5年变得更差。其他4个方面，自然环境和人文环境是居民认为改善度相对较小的方面（50.8%和51.0%），而对出行便捷度改善（66.9%）的程度比较认可（图5-2b）。

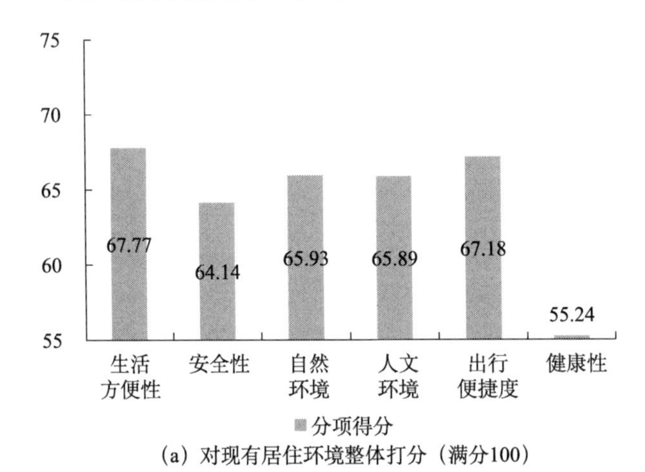

(a) 对现有居住环境整体打分（满分100）

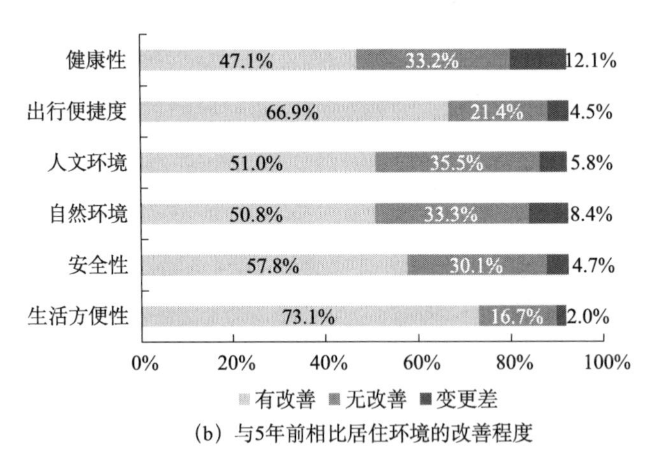

(b) 与5年前相比居住环境的改善程度

图5-2　宜居北京2013年居民打分评价

二、城市配套设施满意度较高

从各分项指标的满意度评价来看，在居民最认可的11项指标中，日常购物设施、居住区邻里关系状况、餐饮设施、生活出行的便利程度、治安状况、非日常购物设施、周边公园绿地绿带、到市中心的便利程度在 3 个时间段均得分较高，说明北京市在满足居民日常生活需求的基本配套设施这方面一直做的比较完备，能够得到居民的普遍认可。在居民最不认可的 11 项指标中，儿童游乐设施、应急避难场所、汽车尾气排放产生的污染在 3 个时间段均得分较低，说明了在过去的几年中，北京市在这 3 个方面并没有很大提升，儿童游乐设施和应急避难场所的增加和合理配置仍然是居民目前的迫切需求。与 2005 年相比，2013 年居民最不满意的几项指标集中在居住环境健康性方面，说明在过去的几年中，北京的环境污染在逐渐恶化，已经严重影响到居民的日常生活，尤其是汽车尾气排放产生的污染和 PM2.5 污染物对居民的影响最为严重（图 5-3）。

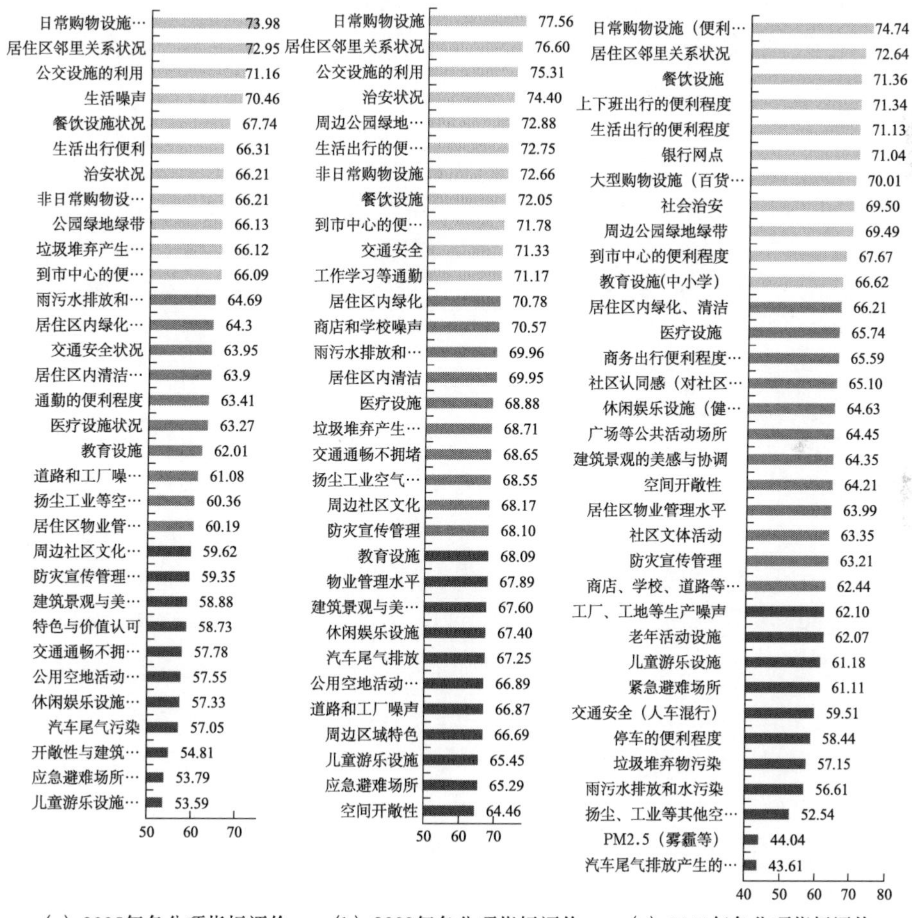

(a) 2005年各分项指标评价　(b) 2009年各分项指标评价　(c) 2013年各分项指标评价

图 5-3　宜居北京各分项指标评价

第二节 大连的宜居性评价

一、总体宜居水平与公众期望尚有差距

零点研究咨询集团与《商务周刊》杂志联合编制的国内城市宜居性综合评价的《2005 中国城市宜居指数报告》中，将大连评为城市宜居指数排名第一的城市。在公众意识中，也普遍认为大连是一个非常宜居的城市。但是，大连本地居民对此却并不十分认同，根据课题组 2006 年对大连市 4138 名居民进行的宜居城市问卷调查，大连的宜居现状并没有达到公众期望的水平。根据界定宜居城市的 6 类指标的综合统计分析，居民对大连宜居水平的总体满意度为 65.81 分，仅达到合格水平。五大类指标得分情况见表 5-1，相较而言，居民对交通出行和生活设施便利程度的满意程度最高。

表 5-1 大连城市宜居性评价一级指标得分

	样本数	生活方便性	安全性	舒适性		出行便利度	健康性	总体评价
				自然舒适	人文舒适			
得分	4138	66.03	64.28	64.12	62.27	69.92	64.78	65.81

资料来源：2006 年大连问卷调查

二、不同要素评价差异较大

居民对构成五大类宜居性要素的 33 个分指标评价存在较大差异（图5-4），评价最高的 5 项指标分别是“邻里关系状况”“日常购物设施状况”“公交设施的利用”“到市中心的便利程度”和“生活噪声”等，表明大连居民基本认可与日常生活密切相关的购、住、行等几项指标。尤其是在出行方面，反映了大连公共交通设施建设相对完善，公共交通成为居民出行的主要方式，这一点问卷调查数据也得到了支撑，被调查居民有近一半主要的交通工具是公共交通（包括公共汽车、无轨电车、电铁和快轨），其比重达到 49.78%。另外，居民对大连环境“健康性”各分项指标的满意度也比较高，尤其反映在大气污染方面。

在 33 个分项指标中，评价最差的 5 项是“儿童游乐设施状况”“紧急避难声场”“休闲娱乐设施状况”“防灾宣传”和“建筑物密度”等。这说明大连尚需要完善居民娱乐设施，尤其需要搞好儿童娱乐设施的建设。同时，需要加强城市应灾能力，健全防灾机制，还要与防灾宣传有机结合起来，提高居

民的防灾素质。

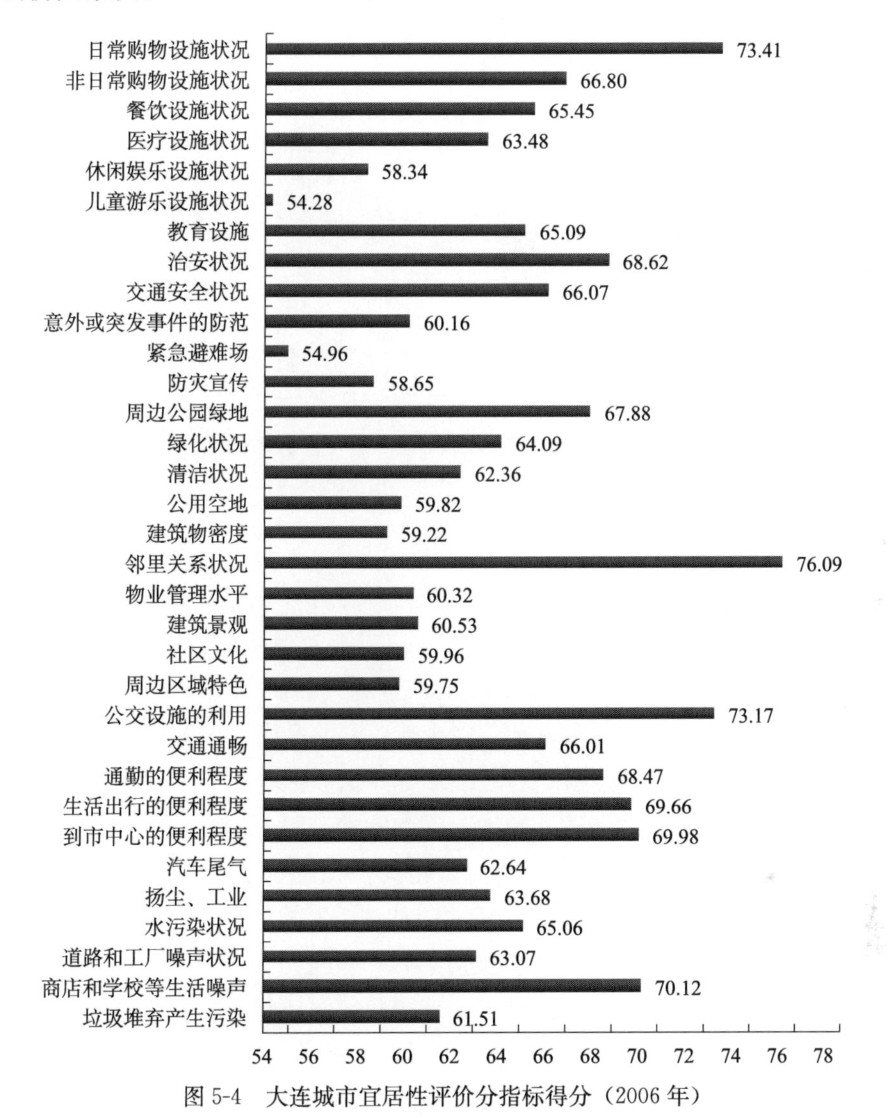

图 5-4　大连城市宜居性评价分指标得分（2006 年）

第三节　北京与大连宜居性评价的比较

尽管大连的宜居现状与公众的期望水平尚有差距，但是综合比较大连（2006）和北京（2005）的宜居评价得分（图 5-5），不难发现，大连的整体宜居环境仍然优于北京。

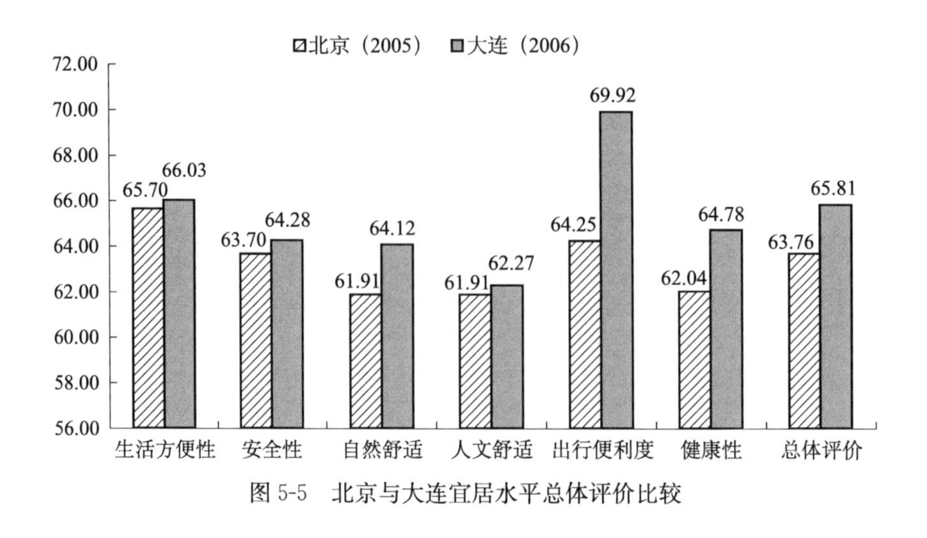

图 5-5　北京与大连宜居水平总体评价比较

一、大连居民对自然环境认可度更高

在大连的调查中，“自然舒适性”的权重和得分都比北京高，大连居民不仅对自然环境舒适度有较强的意识，并对于自己生活在其中的自然环境比较满意。

大连自然条件非常优异，依山面海，气候宜人，政府从 20 世纪 90 年代就开始注重城市建设，建筑物错落有致，别具特色，并在居住区附近和城市周边新开发地区新建游园绿地和公园广场。2005 年年底，大连人均公共绿地面积达到 10.6 平方米，城市绿化覆盖率达到 42.8%，市容环境干净整洁，整体已经构成“蓝天、碧海、青山”的特色风貌和景观格局。大连早在 1999 年就获得“联合国人居奖”，“山水城市”“生态城市”“园林城市”的概念深入人心。这一点也体现在居民的择居观上，根据调查问卷结果，“改善居住条件”是居民搬迁的最主要原因，其比例占到 36.6%，此外，26.2%的居民将自然环境列为影响其购房和居住选择的最重要因素，表明了多数购房者非常在意房子所处区域的环境，愿意为更优美的环境和更舒适的住宅支付更多的房款。

居民对大连环境“健康性”的满意度也优于北京，主要反映在大气污染方面。居民对大连汽车尾气排放和工业扬尘产生的大气污染状况基本满意。据资料显示，2006 年大连的环境质量总体状况良好，空气中 4 项污染物均值全部达到国家二级标准，空气污染指数（API）Ⅱ级以上天数 338 天，其中Ⅰ级天数 74 天。与此同时，大连近岸海域水质总体保持稳定，市区南部沿海、大窑湾、小窑湾、营城子湾水质各项监测指标年均值符合国家二类海水水质标准。居民对水污染治理情况和生活噪声控制情况满意度都较高。

相较而言，北京的自然环境处于劣势，城市公用空地相对较少，与之相对应的则是高密度的建筑群。与此同时，北京健康性与大连仍然存在较大差距。因此，改善城市环境，增加绿地和公用空地面积，加强污染治理仍然是北京的工作重点。

二、大连的出行便利程度非常突出

“出行便利度”是大连得分最高的一类指标，远远超出北京。这是由于大连人口密度低于北京，并且交通体系与城市结构的配合比较好。相比而言，北京的城市结构复杂，交通方式混合程度也高得多，交通管理的难度明显提高。

出行便利度的分指标中，“公交设施利用状况”与“到市中心的便利程度”的评价得分最高。大连居民对公共交通的满意度非常高（73.17分）。在关于交通方式的调查项中，被调查居民有几乎一半主要的交通工具是公共交通（包括公共汽车、无轨电车、电铁和快轨），其比重达到49.78%，加上单位班车（准公交车）达54.9%。说明公共交通在居民日常生活工作中占有重要地位，同时也反映了广大居民对于公共交通的普遍认可。到市中心的便利程度评价为69.92分，由于城市中大部分居民就近居住，几个外围城区也已经形成较好的社区基础，居民的通勤距离较短，居民从居住地到市中心并不需要远距离或多次换乘，城市的整体通达性较好。

“交通通畅程度”是北京和大连差距最大的一项分指标。受交通拥堵的影响，北京居民的综合评分仅57.78分。而大连的综合评分较高，城市交通基本上比较通畅，机动车平均时速保持在35公里以上。一般来说，只有黄河路等中心地段的路口在高峰时间出现拥堵现象。

三、北京社区建设优于大连

随着城市化在我国的发展，街居制越来越受到重视，社区承担了维持秩序、打扫卫生、为居民解决临时性困难、纠纷协调及社会教育与宣传等职能，大连的社区建设起步于2004年。

调查结果显示，尽管大连的城市整体环境状况好于北京，但是居民对居住社区内的绿化及清洁状况的综合评价却低于北京，这里面固然可能有大连居民对环境要求更高这个因素，但仍然能够反映大连的社区环境建设存在不足。

在软环境方面，大连居民具有非常良好的邻里关系，“邻里关系状况”是33项分指标中得分最高的一项，比宜居大连的总体评价高出10分以上，表明大连居民间的邻里关系十分融洽。相比而言，北京居民对邻里关系的评价虽然也很高，但是与大连有较大差距。但是，大连居民对物业管理水平和社区文化这两项分指标的综合评价都不高，均低于北京。今后需要进一步提高社区管理和服务水平。针对社区不同群体的需求，不断创新服务载体，丰富服务方式。同时加强社区文化建设，形成良好的社区文化氛围。

四、日常生活设施便利性各有优劣

调查结果显示，北京“生活方便性”总体评价得分与大连基本持平，但是大连的“日常购物设施状况”“非日常购物设施状况”“餐饮设施状况”“休闲娱乐设施状况”和“儿童游乐设施状况”等 5 项指标均不同程度地低于北京，反映出北京作为大都市具有的优势。

其中，“儿童游乐设施”和“休闲娱乐设施”是大连居民最不认可的分指标，对“儿童游乐设施”表示不满意或比较不满意的居民达 27.4%，对“休闲娱乐设施”表示不满或比较不满的达 22.5%。随着经济发展，居民的闲暇时间增多，在满足日常生活需求之后，对休闲娱乐的要求不断提高，但是大连现有的配套设施不能与之相适应，尤其在越来越多的外地人来到大连旅游时，这些设施将会更加捉襟见肘。

图 5-6 反映了北京与大连的分指标得分排序情况，从中可以发现大连居民最认可的指标基本和北京一致，均对购、住、行等与日常生活密切相关的几项指标最为满意。

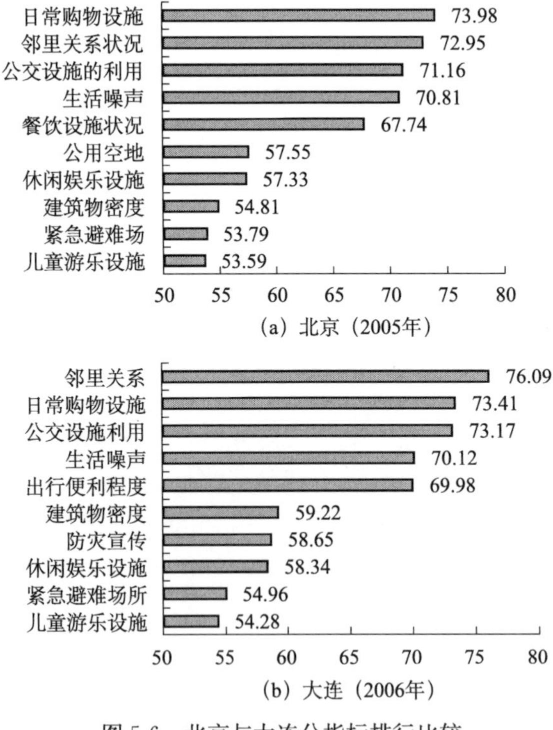

图 5-6　北京与大连分指标排行比较

在调查中，大连居民对教育设施状况的综合评价得分高于北京。这个结果和我们预想的结果不同，北京作为首都，具有非常丰富和高质量的教育资源，这方面的优势是大连无法比拟的。实际上，之所以大连居民对教育设施的评价较高，是基于“方便性”这一出发点。相关分析结果显示，这一分指标的评价得分与“出行便利度”得分显著相关（表 5-2）。由于大连出行便利，教育设施分布合理，居民对其普遍满意。此外，大连居民对医疗设施状况的评价也比北京高，其情况与教育设施类似。

表 5-2　出行便利度与教育、医疗设施评价的相关关系

		医疗设施状况	教育设施状况
出行便利度	皮尔逊相关系数	0.36**	0.34**
	双尾检验值	0.00	0.00
	样本量	3908	3773

** 表示在 0.01 置信水平上显著；
资料来源：2006 年大连问卷调查

本章小结

本章主要是利用大样本问卷调查数据，分析了北京、大连两城市宜居性的总体水平和各要素的评价状况。总体来看，北京的宜居性在稳步提升，其中，衡量城市安全性水平的指标评价相对较高，但应急避难设施和安全教育等还是较低；公共服务设施提升相对明显，但针对弱势群体的设施建设仍然相对滞后；由于环境健康问题改善不明显，环境的宜人性评价下降比较明显，可见改善城市的环境健康性是未来建设宜居北京的关键之一。大连的总体宜居水平尽管高于北京，但与公众的期望和认知存在一定的差距，需要完善的地方还有很多，如文化、娱乐设施，尤其儿童娱乐设施建设相对滞后，城市应对各种灾害的能力和相应的宣传教育尚需进一步提升。

第六章

城市宜居性的空间特征及影响因素

城市宜居性评价不仅能揭示居民所关注的城市安全、健康、舒适、便捷等城市建设问题，也可以与城市空间结合起来，通过分析城市内部宜居性的空间差异和特征把握影响城市宜居性的关键要素，从而有针对性地提出改善城市宜居性的政策和建设。本章将以北京市为例，主要研究北京城市宜居性的空间差异、特征和影响因素。

第一节　北京宜居性的空间差异

一、宜居性的空间特征分析

2005～2013年分城区宜居性评价变化明显。单从居民对北京13个城区的宜居性评价变化来看，9个城区的评价得分上升，只有4个城区下降，说明大部分城区居民对宜居性的认可度越来越高。其中，崇文区、天通苑宜居性评价上升幅度最大，而大兴黄村宜居性评价下降幅度最大（图6-1）。

内城城区的宜居性评价高于外城城区。2005年包括回龙观、天通苑、大兴黄村、通州、亦庄新城5个地区在内的外城城区宜居性评价得分均值为62.61，其他8个城区的得分均值为64.69，2013年内城和外城地区宜居评价得分均值分别为62.18和66.43（图6-1）。外城地区宜居性得分略有下降，而内城地区则有明显上升。

首都功能核心区与城市功能拓展区宜居评价差异甚微。根据北京城市总体规划划分出的功能区，首都功能核心区包括东城区、西城区和原崇文区、宣武区，2005年该区的宜居评价得分为64.70，城市功能拓展区包括朝阳区、海淀区、丰台区、石景山区，2005年该区的宜居评价得分为64.67。2013年，首都功能核心区与城市功能拓展区的宜居性评价得分分别上升为66.61和66.26（图6-1）。在两个年份，主城区两大城市功能区的宜居评价没有显著差异。

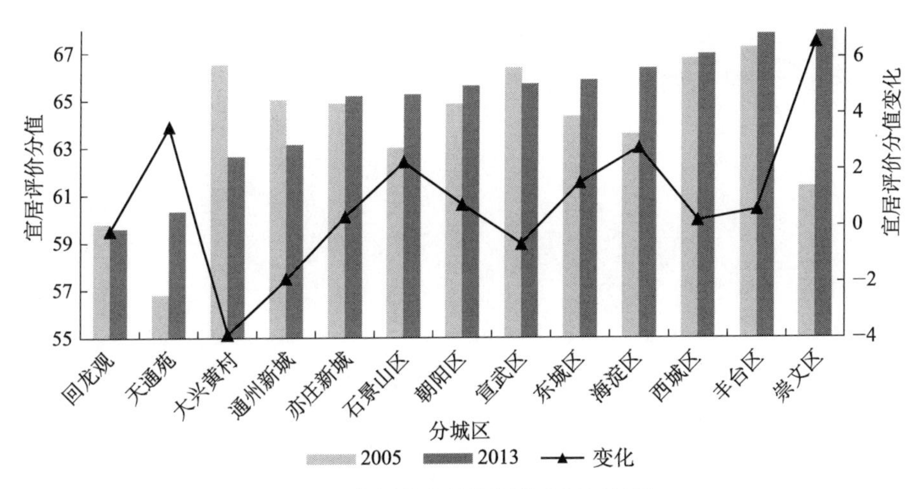

图 6-1　宜居北京总体评价分城区结果

资料来源：根据 2005，2013 年调研问卷总结

进一步对比分析过去 8 年不同地区居民对宜居性不同要素评价的变化。从图 6-2 可以看出，2005 年，生活方便性得分最高和最低的城区分别是西城区（69.94）和回龙观（59.19），安全性得分最高和最低的城区分别是丰台区（68.5）和天通苑（51.2），自然环境舒适度得分最高和最低的城区分别是通州新城（67.15）和天通苑（58.73），人文环境舒适度得分最高和最低的城区分别是丰台区（64.91）和亦庄新城（58.13），出行便捷度得分最高和最低的城区分别是大兴黄村（69.34）和天通苑（52.40），健康性得分最高和最低的城区分别是亦庄新城（70.19）和崇文区（56.06）。此外，主城八区生活方便性、安全性、人文环境舒适度和出行便捷度的满意度均值都高于 5 个远郊居住区，尤其是安全性评价主城比郊区高出 5.16 分，而自然环境舒适度和健康性则相反，说明主城区经过多年建设，公共服务设施和基础设施相对比较完善，能够满足居民的日常生活需求，而远郊新建的几个居住区由于开发较晚，配套设施的建设还有欠缺，然而远郊区也因为开发晚，产业和人口密度较小，原有的自然环境破坏程度较弱，环境健康性比较令人满意（图 6-2a）。

2013 年，生活方便性得分最高和最低的城区分别是崇文区（72.24）和回龙观（61.10），安全性得分最高和最低的城区分别是崇文区（68.85）和回龙观（57.16），自然环境得分最高和最低的城区分别是丰台区（68.18）和天通苑（59.44），人文环境得分最高和最低的城区分别是丰台区（68.47）和回龙观（61.10），出行便捷度得分最高和最低的城区分别是丰台区（69.03）和天通苑（56.80），健康性得分最高和最低的城区分别是宣武区（58.98）和天通苑（47.00）。6 项指标得分均表现出主城八区大于远郊居住区，尤其是出行便捷度

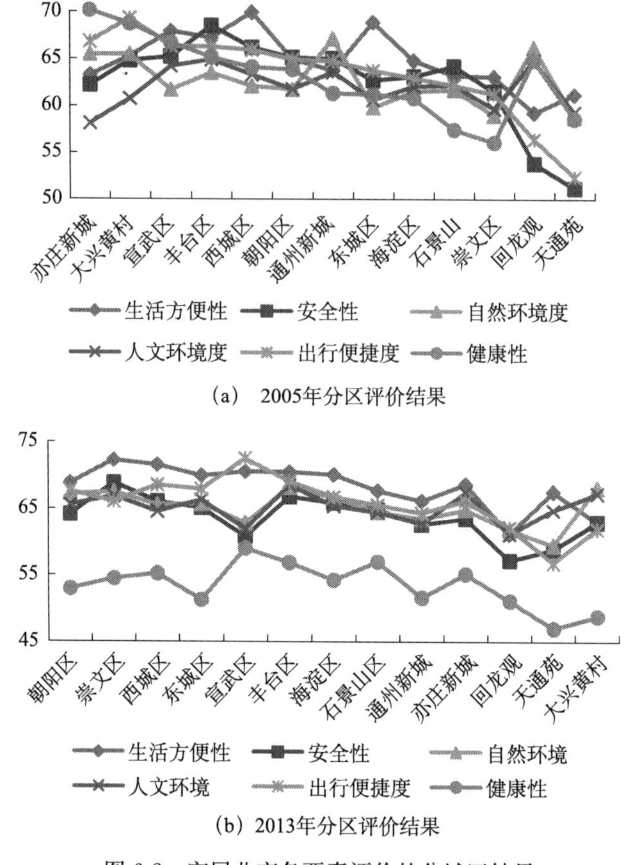

(a) 2005年分区评价结果

(b) 2013年分区评价结果

图 6-2 宜居北京各要素评价的分城区结果

资料来源：根据 2005，2013 年调研问卷总结

得分，主城区得分比远郊居住区高出 5.74 分，说明远郊居住区在人口和产业集聚之后，原来的自然环境质量和健康性逐渐下降，加之配套设施不如主城区完善，因此整体宜居性得分相对较低（图 6-2b）。

从两个年份的分区评价结果来看，郊区大型居住区的居民认可度有明显下降。居民对回龙观宜居性的满意度降低，生活方便性评价在两个年份的满意度均最低，安全性和人文环境舒适度在 2013 年被认为是最不令人满意。天通苑的自然环境舒适度与出行便捷度一直都最不被居民认可，且天通苑在 2013 年被认为是健康性最差的地区。

二、宜居性空间分异

以上总结了宜居北京空间分布的总体特征，并不能解答空间分异的情况，如居民对某个宜居要素的评价在空间上呈现出集聚还是分散的特征。本部分将以 2005 年的宜居评价为例，深入说明宜居总体评价及各要素评价在空间上的分异特征。

通过对北京市 134 个街道的调查，采用自然断裂法对城市宜居性的评价值进行等级划分，得到图 6-3。整体而言，评价值最高的宜居一类区（68.76～75）和二类区（64.46～68.76）主要分布在中心城区及周边地区，宜居三类区（59.57～64.46）和四类区（51.9～59.57）主要分布在主城边缘。进一步计算四类宜居类型区的分异度指数①，结果表明（表 6-1），北京城市宜居性评价存在空间分异现象，而且宜居性评价较差的四类区空间分异度指数最高，宜居性评价最好的一类区次之，而二类区和三类区的街道城市宜居性评价的分异度最低。

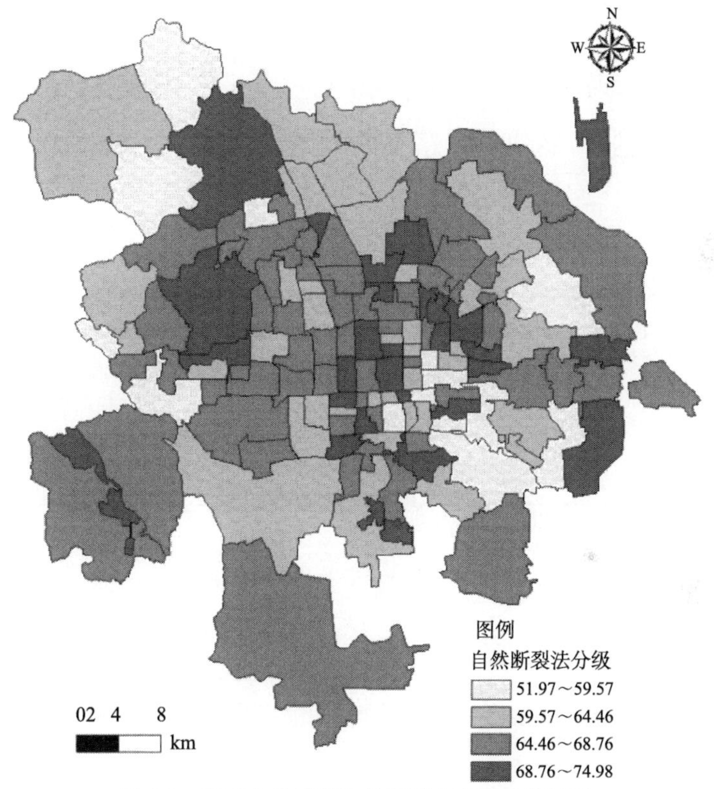

图 6-3 基于自然断裂法的宜居北京评价等级图

资料来源：李业锦（2009）

---

① 空间分异度指数计算公式为

$$I_d = \frac{1}{2}\sum_{i=1}^{n}\sqrt{\left(\frac{X_i}{\sum_{i=1}^{n}X_i} - \frac{Y_i}{\sum_{i=1}^{n}Y_i}\right)^2}$$

其中，X_i是指第 i 区域单元（区段）内的某种宜居类型街区，Y_i是指第 i 区域单元内的其他所有宜居类型街区。I_d数值在 0～1，0 表示无分异，1 表示不同类别空间的分布极端隔离化，即某类别只集中在某一区段内（100%），而在其他所有区段内的分布均为 0

表 6-1 北京市不同宜居评价类型区的分异度指数

宜居评价分类	宜居类型 1	宜居类型 2	宜居类型 3	宜居类型 4
评价分值区	68.76～75	64.46～68.76	59.57～64.46	51.9～59.57
分异度指数	39.1%	30.4%	35.2%	45.2%

资料来源：李业锦（2009）

利用空间自相关分析法进一步分析宜居北京评价的空间分异，分别以拓扑邻接关系和邻域距离 5 千米构建空间权重矩阵（表 6-2 和表 6-3），计算全局 Moral Ⅰ值表明：生活方便性、居住健康性、交通便捷性呈现较为显著的集聚特征；自然舒适性和人文舒适性呈现一定程度的空间均衡性；总体的城市宜居性具有空间集聚特征。

表 6-2 基于拓扑邻接关系构建空间权重矩阵计算所得的城八区宜居性全局 Moran Ⅰ值

	城市宜居性	生活方便性	居住安全性	自然舒适性	人文舒适性	交通便捷性	居住健康性
I (d)	0.114	0.189	0.132	0.031	0.032	0.159	0.161
E (d)	−0.008	−0.008	−0.008	−0.008	−0.008	−0.008	−0.008
Z score	2.353	3.808	2.696	0.750	0.773	3.214	3.252

资料来源：李业锦（2009）

表 6-3 基于 5 千米邻域距离构建空间权重矩阵计算所得的城八区宜居性全局 Moran Ⅰ值

	城市宜居性	生活方便性	居住安全性	自然舒适性	人文舒适性	交通便捷性	居住健康性
I (d)	0.047	0.132	0.035	0.006	−0.002	0.073	0.143
E (d)	−0.008	−0.008	−0.008	−0.008	−0.008	−0.008	−0.008
Z score	1.523	3.922	1.209	0.391	0.171	2.248	4.229

资料来源：李业锦（2009）

从局部空间自相关分析来看[①]（显著水平 p 值选取小于 0.1），北京城市宜居性评价具有空间异质性（图 6-4a）。城市宜居性高值集聚区主要分布在西城区、奥林匹克公园周边区域、东直门地区，城市宜居性较差的区域集聚在五里坨街道、十八里店地区，在四季青街道、西北旺镇呈现高低集聚态势，天坛街道、东坝地区呈现低高集聚态势。

从宜居各个要素来看（图 6-4b，图 6-4c，图 6-4d，图 6-4e，图 6-4f，图 6-4 g），生活方便性具有明显的中心城区高值集聚性，显示出中心城区的生活方便性具有明显的优越性，而五环外的上庄乡、温泉镇、五里坨、豆各庄等生活方便性较差。居住安全性在大屯地区呈现明显的宜居性高值集聚区；低值集聚区主要分布在朝阳区东南角，即十八里店、王四营、垡头地区等。交通便捷性在

① 由于机场街道和通州区与其他区域在空间上不邻接，为了空间自相关分析更为准确，舍去机场街道和通州区两个分析单元

西城区、广安门内大街、牛街等区域形成明显的高值空间集聚区；而回龙观、天通苑、西三旗、十八里店等呈现低低集聚的态势，表明这些地区的交通问题突出。自然舒适度在东四街道、朝外街道、呼家楼街道等呈现明显的低值区集聚，表明CBD中央商务区（central business district，CBD）周边地区自然舒适度问题突出。人文舒适度在垡头、十八里店、豆各庄等街道呈现明显的低值集聚，表明该地区人文环境较差。从健康性来看，石景山区、建外、双井等地区出现明显的低值集聚区，表明该地区居民对健康性普遍不满意，可能该地区的环境问题突出。总体上看，这些指标都呈现出一定程度的空间异质性，“高高集聚”“低低集聚”“低高集聚”“高低集聚”都表现出空间分异的分布特征。

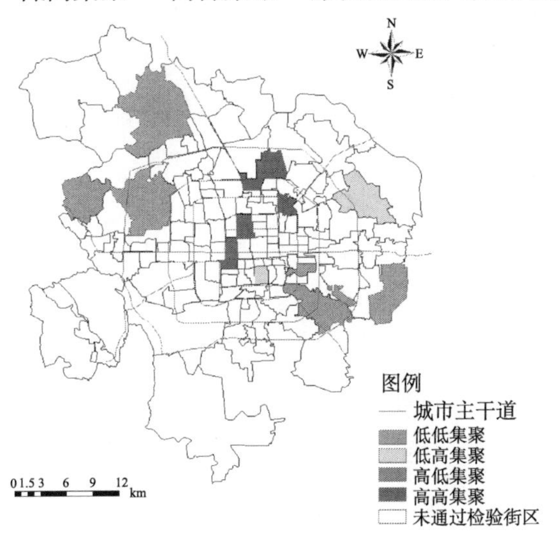

(a) 总体城市宜居性LMI散点图

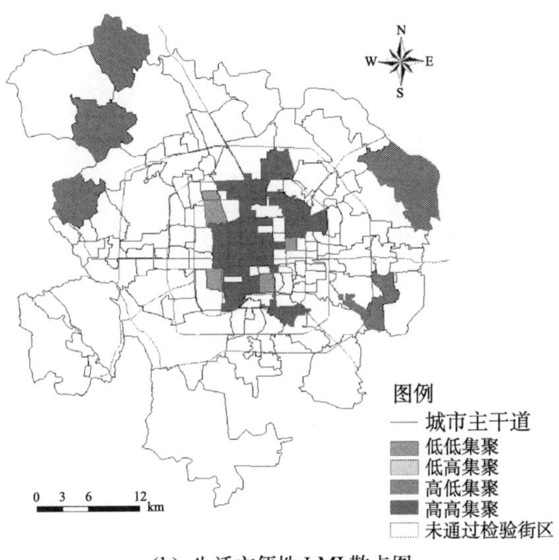

(b) 生活方便性LMI散点图

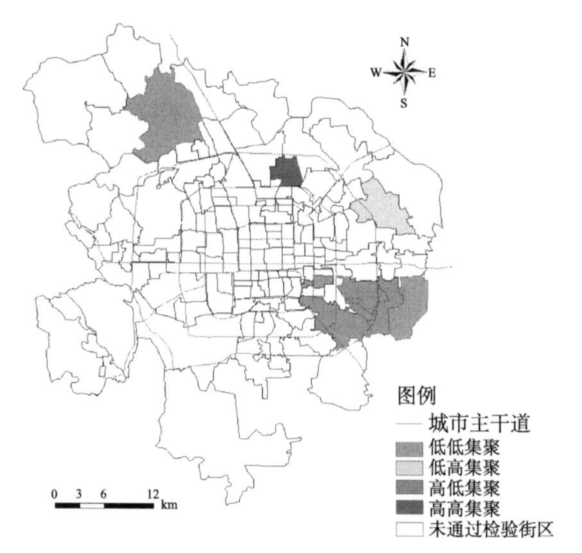

(c) 居住安全性 LMI 散点图

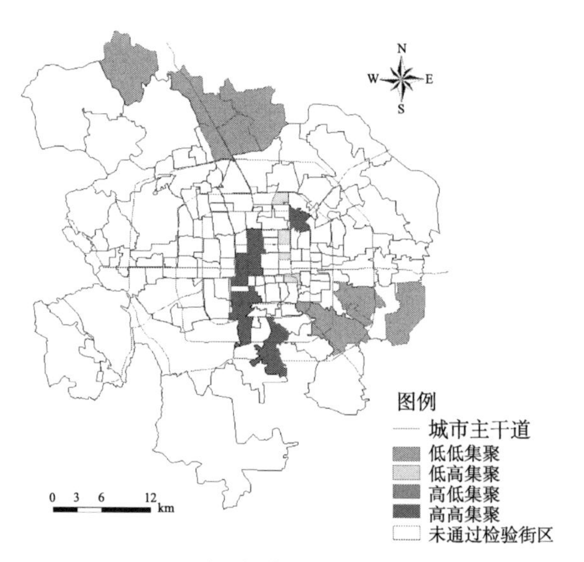

(d) 交通便捷性 LMI 散点图

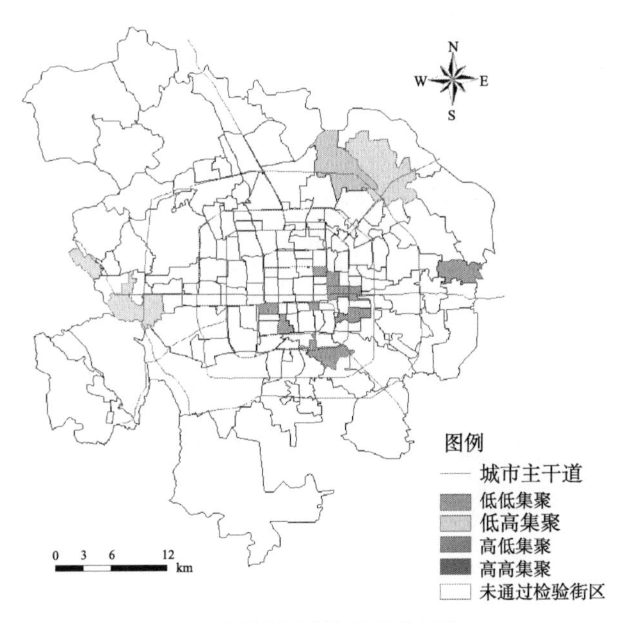

(e) 自然舒适度性 LMI 散点图

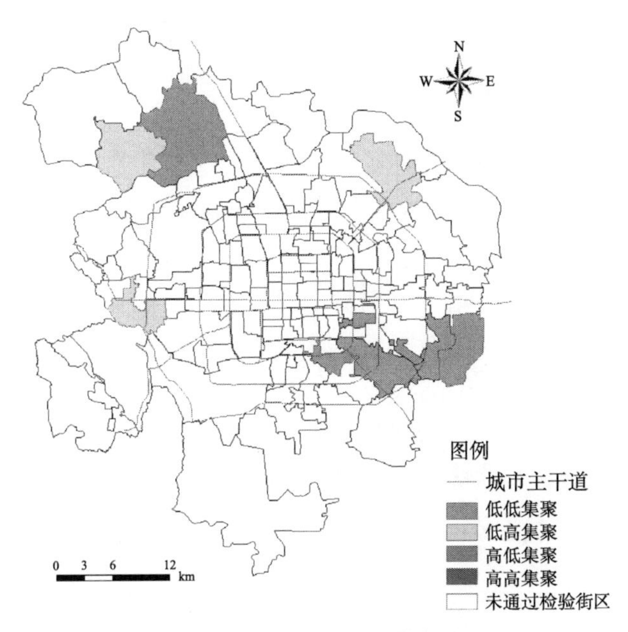

(f) 人文舒适度性 LMI 散点图

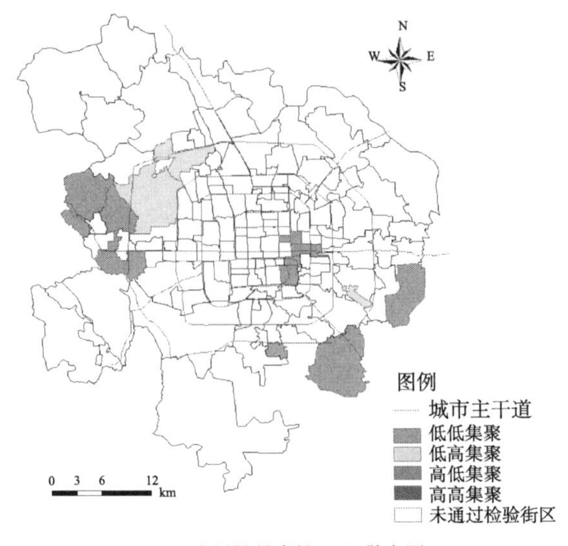

(g) 宜居性健康性 LMI 散点图

图 6-4 宜居性不同要素的 LMI 散点图

资料来源：李业锦，(2009)

第二节 影响宜居性的因素分析

国际城市可持续发展中心（the International Center for Sustainable Cities）在一份关于宜居城市的报告（2005）中提出了宜居城市是一个“生命有机体”，其中，宜居城市的“大脑和神经系统”是城市管制和公众参与机制、监测机制、评价机制、城市自学习系统等。宜居城市的心脏是城市公众的基本价值观、城市居民身份认同和地域认同感，宜居城市的组成器官则是完整的居住社区、市中心核心区域、工业组团、绿地系统。从这个“生命有机体”论来看，城市的宜居性既包括了城市的管理制度、文化、社会因素，也包括了经济、环境等要素，而最为核心的影响要素应该是影响宜居城市心脏的要素，即城市公众的基本价值观、城市居民身份认同和地域认同感等要素。本节从制度、市场、距离、自然、经济、社会等方面对影响城市宜居性的因素进行归纳总结。

一、制度与市场因素对城市宜居性的影响

1978 年以来中国进入社会主义改革的转型期，中国城市随之发生了翻天覆地的变化。制度转型对宜居性评价空间差异的影响，主要体现在土地制度改革、住房制度改革和单位制度 3 个方面，最大的影响是住房、土地、服务设施等与

单位制度的脱钩，增加了土地供给的市场化和居民择居的自由度。

制度转型和市场化的影响主要通过从居民住房产权来解析。根据问卷中被调查者对住房产权类型的回答，将居民的住房获得方式分为 4 种类型：①从过去的福利分配制度继承而来的非市场性住房；②商品房或市场租住房；③经济适用房；④自建房、继承房、回迁房等。这些类型一定程度上反映了居住区位决策过程中，所拥有的自由选择度和宜居性的差异（表 6-4）。

表 6-4 制度转型期中国的住房类型

住房类型	说明	调查问卷中的住房	住房选择的自由度
市场房	通过市场购买或租借的住房，包括房地产开发商新建住房和市场上可供销售的私有化住房	已购商品房 租用私房	完全自由的选择住房区位、大小和设计等
半市场房	由城市政府组织房地产开发企业或者集资建房单位建造，以微利价向城镇中低收入家庭出售的住房	经济适用房	对住房的区位、大小和设计具有有限的决策自由
非市场房	单位福利制度下建造和分配的住房，仍然为单位职工使用	已购公房 租用公房 借住亲戚朋友房	对住房的区位、大小和设计的选择余地很小
回迁房 （拆迁安置房）	按照城市危旧房改造的政策，将危改区内的私房或承租的公房拆除，然后按照回迁或安置的政策标准，被拆迁人回迁，取得改造后新建的房屋	回迁房	对住房的区位、大小和设计的选择余地很小，直接决定于搬迁安置地

资料来源：Yang，Under review

我们发现，市场化后的居住空间分异的前提条件发生了变化，即由单位决定转变为市场选择。如果区域内具有的住房类型越丰富，则居民的社会结构也更加多元化。尤其是在市场制度下，提供不同档次的住房能够显著地提高区域内居民的社会多样性。从表 6-5 可以看出，住房来源为市场供给的商品房的居民对宜居性的满意度整体高于其他住房类型的居民，这与商品房的居住配套相对完善有密切关系。而保障性房和单位房的出资者主要为政府和单位，建设目的主要是满足中低收入家庭基本的住房需求，并没有全面考虑住房的环境质量，不论是区位、交通条件，还是综合配套水平均相对较差，因此，也直接影响居民的满意度评价。

表 6-5 不同住房产权及户籍属性居民对城市宜居性的评价

属性	特征	生活方便性	安全性	自然环境	人文环境	出行便捷度	健康性
住房来源	商品房	70.23	65.74	67.62	66.31	68.14	55.22
	保障性住房	68.01	64.68	65.56	65.13	66.38	54.55
	单位房	68.52	63.68	65.19	65.41	66.60	53.10
	其他	66.05	62.42	63.73	64.28	63.87	52.73
户籍	北京	69.74	65.42	67.07	66.28	67.54	55.52
	其他	67.55	63.71	65.02	64.66	66.09	52.76

资料来源：谌丽（2013）

制度因素对居民宜居性评价影响的另外一个重要作用力是户籍属性。户籍决定了生活在同一个城市的居民其享有的政策优惠。表 6-5 中，拥有北京户口的居民对宜居北京的评价显著高于外地户口居民，说明户籍限制让持有本地户口的居民享受更多的优惠政策，尤其是购房的优惠，本地居民更加能够感受到宜居北京的建设成效，而外地居民对此的感受较低。

二、区位对城市宜居性的影响

由于北京是传统的单中心城市，城市发展模式随着距离城市中心的距离有很大差异，这对不同区域居民对宜居性的评价将造成很大影响。以服务设施的可达性和土地利用强度为宜居性评价的客观指标，图 6-5 展示了街道尺度主因子与其到城市中心距离的关系。可以看出，可达性因子与距离的关系十分明确，内城区街道的可达性得分最高，随着街道重心到城市中心的距离增加，可达性的得分逐渐降低，但降低的趋势由内城区到郊区不断减缓。近郊、远郊居民生活圈内服务设施数量远远少于内城，远郊的服务设施可达性最低，即城市空间扩张造成服务设施可达性下降，从服务设施角度来衡量，内城的宜居性更高。

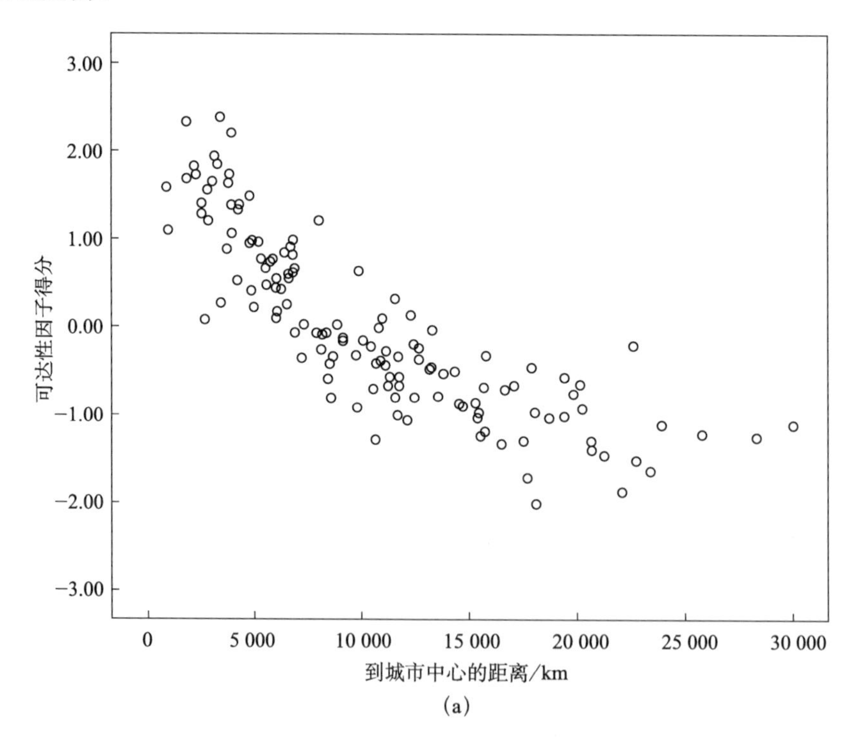

(a)

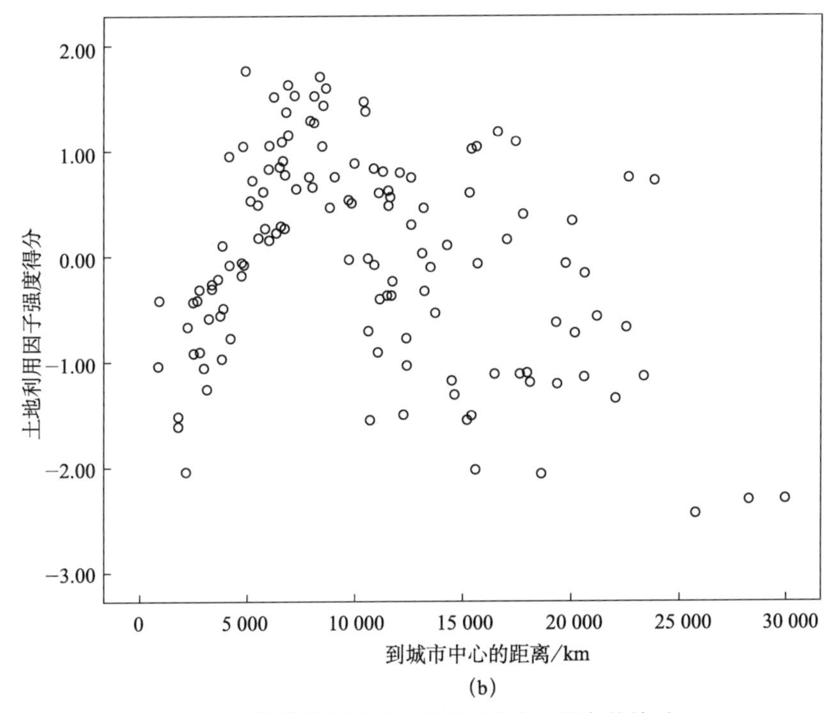

(b)

图 6-5　街道尺度因子与其到城市中心距离的关系

资料来源：谌丽，(2013)

不仅如此，我们还看到，土地利用强度因子与距离的关系也很密切，街道重心到城市中心的距离在 9km 以内的区域，土地利用强度因子的得分随距离呈现明显上升趋势，而在 9km 以外的区域，则呈现一定的下降趋势，即 9km 周边的区域是土地利用强度因子得分最高的区域，居住区容积率较高，同时教育程度多样性丰富，反映出城市化在近郊推进，使得这一区域成为城市发展的重点区。

三、自然环境因素对城市宜居性的影响

自然环境因素是影响城市宜居性的本底条件，“生态宜居城市”因其强调良好的生态环境是宜居城市最基本的元素，成为目前国内宜居城市建设的重要方向。绿地率、环境负荷度、农地保护面积、进入绿色空间的公平性等自然环境影响因子成为宜居城市发展考虑的因素，在规划中都有相关的定量要求和保护性政策（GVRD，2002）。

健康性、安全性或危险性也影响了宜居城市的发展。自然灾害、有毒化学物质、土壤污染等各种环境危险性因素对环境宜人性的影响，人们更加重视环

境的危险性（Sakamoto and Fukui，2004）。世界银行在资助亚非洲城市的宜居城市环境和基础设施建设时也提出了要保护和加强城市地区的环境健康性；保护水资源、土壤和空气质量；防止和减轻自然灾害和气候变化对城市的影响等要求（Bigio，Anthony D.，2004）。Douglass（2002）在其城市宜居性模型中还提出考虑废弃物的处理能力以及环境正义问题。

四、经济因素对城市宜居性的影响

经济因素对城市宜居性的重要影响可以从两个层面理解：宏观层面地区经济的发达程度决定了城市服务及设施的供给水平；微观层面居民的收入水平很大程度上决定了居民获取资源的能力。研究指出居民宜居性评价与地区经济情况紧密相关，如《德国空间秩序报告 2005》将可支配收入称作解释生活质量主观评价的一个多维的经济学指标，在居民可支配收入高于评价水平的地区，居民对该地区社会条件的满意度也相应较高。

就业机会、房价等因素也是考虑宜居城市发展的影响因素（陈为邦，2007）。2004 年《伦敦规划》明确未来 15～20 年建设“宜人城市”的目标，增加就业机会成为《伦敦规划年度检测报告》中重要的考核指标（Mayor of London，2004）。房价对城市宜居性的影响具有正负效应，负效应是房价过高容易影响居民对城市宜居性的认可，加大城市宜居性的空间分异；正效应则是促使政府加快廉租房等住房制度改革、土地供应管理等。减低贫穷，增加就业机会、教育与健康设施，以及加强儿童安全保障等则是城市宜居性评价中个人福祉的评价重要内容（Mike Douglass，2002）。

五、社会文化因素对城市宜居性的影响

社会包容度、文化氛围等因素对城市宜居性也有影响。社会包容开放、文化氛围或文化认同感较好、归属感较强的城市或社区，居民对其居住舒适度评价也会相对较高。

社会文化因素的影响还体现在不同的居民属性对城市宜居性的不同需求上。大量证据表明，居民的个人价值观、生命周期、社会地位、历史背景等因素可直接影响到城市宜居性的评价。表 6-6 展示了不同社会经济属性的居民宜居性评价的差异，可以看出，30 岁以下的年轻人对城市宜居性六大方面的评价均较高，说明年轻人最认可宜居北京建设。50 岁及以上的老年人对出行便捷度与健康性的评价最高，说明北京市在针对老年人出行方面有所提升，尤其是老年人出行乘坐率最高的公共汽车方面有明显的改进。男性比女性更加认可北京的城市宜

居性，除出行便捷度以外，男性在其他五大方面的评价均高于女性，这是由于中国女性的家庭地位决定了女性更加关注与日常生活密切相关的各种配套设施，对与之相关的评价更加敏感，而男性更加关注出行的效率，因此对出行便捷度评价较低。未婚人群对生活方便性和出行便捷度的评价较高，而已婚人群对安全性、自然人文环境舒适度、健康性的评价比较高。单身人群对北京城市宜居性的整体评价要低于多口之家。高收入家庭和高学历人群对城市宜居性的满意度高于低收入家庭和低学历人群，可能的原因是，高收入家庭和高学历人群有支付城市宜居性较好的社区住房的经济能力，经过自由选择住房后获得的宜居性条件相比其他家庭更加优良。

表 6-6　不同住房产权及户籍属性居民对城市宜居性的评价

属性	特征	生活方便性	安全性	自然环境	人文环境	出行便捷度	健康性
年龄	30 岁以下	68.54	64.91	66.47	65.89	66.75	54.38
	30～49 岁	69.23	64.72	66.37	65.54	67.08	54.27
	50 岁及以上	69.10	63.83	64.00	65.54	67.25	55.38
性别	男	69.06	64.78	66.37	65.75	66.71	53.66
	女	68.69	64.67	66.09	65.50	67.13	55.18
婚姻状态	未婚	69.04	64.45	65.91	65.47	67.23	54.32
	已婚	68.84	65.01	66.65	65.90	66.55	54.73
	离异	65.90	66.44	68.21	65.12	66.54	49.76
家庭构成	单身	68.72	64.56	65.89	65.35	65.92	53.12
	两口之家	68.66	64.62	65.85	65.54	66.67	53.48
	三口之家	69.13	65.18	66.74	65.86	67.44	55.44
	四口之家	68.29	64.20	65.88	65.42	67.01	54.10
	五口之家及以上	69.64	63.52	66.00	65.79	67.92	55.65
家庭月收入	3000 元以下	66.35	61.59	63.69	63.09	63.27	51.49
	3000～4999 元	67.80	63.45	64.82	64.46	65.63	53.28
	5000～9999 元	69.66	65.77	67.08	66.47	67.64	54.96
	10 000～20 000 元	69.26	65.37	66.71	66.04	67.99	55.50
	20 000 元以上	70.05	64.90	67.62	66.53	67.80	54.15
学历	初中及以下	66.95	64.10	64.48	65.59	66.51	56.53
	高中	68.22	64.06	65.36	65.01	66.07	54.82
	大学大专	69.27	64.87	66.60	65.72	66.23	54.36
	研究生	70.73	66.80	68.42	67.07	67.88	50.73

资料来源：根据调研问卷总结

公众参与也是经常被强调的一个影响因素。市民作为行为主体，在城市发展的规划和设计中有合理渠道伸张自己的需求，有利于宜居城市的建设。

六、其他因素对城市宜居性的影响

影响城市宜居性的因素是多样的，如城市规划、基础设施建设等。城市规划直接影响了城市宜居性的发展方向。著名的佛罗里达州滨海城（Seaside）规划，是宜居城市规划的探索之作，凸显了紧凑、有节制开发的城市规划，该规划推动了新城市主义和精明增长的发展。

基础设施建设与宜居城市建设具有直接的关系，有学者研究了交通距离与生活便利性的关系，得出从居住地到铁路车站的距离与通勤便利性，从居住地到医疗设施的距离与购物、医疗、福利设施的便利性存在很强的关联性（浅见泰司，2006）。交通基础设施的发展缺陷也会影响城市宜居性变化，如 Vuchic（1999）批评了美国社会不应把汽车作为交通主导地位，过于依赖汽车，减弱了城市的活力和吸引力，认为宜居城市的交通应发展公共交通优先的综合交通体系。

本章小结

本章从城区、街道和主要城市功能区等角度对城市的宜居性进行了研究，发现城市中心区的街道宜居性评价高于远郊的街道。远郊在出行便捷度、城市安全性、环境健康性方面评价相对较低；环境的舒适性城市外围比中心城区略好，但出行的便捷性、生活服务设施的方便性中心城区明显优越于城市外围区。影响居民对城市空间宜居性评价差异的因素是多方面，如绿地率、环境负荷度、农地保护面积、进入绿色空间程度等自然环境因素，也包括就业机会、收入和房价等经济因素，同时与居民个人属性，如个人价值观、生命周期、社会地位、文化背景等因素有关。另外，制度、政策、规划等因素也影响着居民对城市空间宜居性的评价。

第三篇

居住与人居环境

人类的生活质量在很大程度上取决于我们建设城市的方式、城市人口密度和多样化程度。

——理查德·瑞吉斯特（2006）

居住环境是指围绕居住和生活空间的各种环境的总和，包括自然条件、各种设施条件和地区社会环境等。它是人居环境在城市层次上的研究的核心。居住环境的优劣是反映城市人居环境的关键，尤其是城市内部的研究更应以居住环境为主体来刻画人居环境。

第七章

居住环境的综合评价

本章的核心思想是将居住环境构成要素分解为自然环境要素、人文环境要素、居住环境安全性、居住环境健康性4个主因子，从行为空间与实体空间结合的分析角度，采用GIS空间数据库集成方法和数据统计模型，评价居住环境实体空间结构及其空间分布特征。在机制解释上，构建居住环境要素“约束-功能”影响概念模型，解释了兼容性约束、资源承载力约束、历史文物保护约束、安全性约束，以及生态服务功能、安全健康功能、便利舒适功能等对城市居住空间分异的作用。

第一节　居住环境综合测度指标体系

Evans（2002）认为，居住环境的适宜性包括居住适宜性和生态可持续性，居住适宜性意味着能够提供健康的生活环境，工作地足够的接近住房，工资水平与房租相称等，生态可持续性则意味着对工作和住房的追求不能以降低城市环境质量为代价，市民不能用绿色空间和新鲜的空气去交换薪水。

一、居住环境主客观综合测度指标体系构建

居住环境客观评价的指标体系要以自然条件、人文条件为基础，为了进一步突出居住环境中安全性与健康性的重要性，以及与主观居住环境评价的对应，将自然条件、人文条件2个方面分解为自然环境要素、人文环境要素、居住环境安全性、居住环境健康性4个主因子分析人居环境实体的空间分布特征，并与居住环境主观评价（图7-1、图7-2）进行对比分析，归纳和总结各要素与居住环境空间分异的关系，以及对居住环境空间分异的影响程度。

由于考虑到数据的可获得性、因子的典型性，以及定性与定量化相结合的要求，进一步筛选二级影响因子，作为评价居住环境要素、空间差异的地理空

间指标体系。居住环境实体空间综合测度指标体系构建上，主要从居住客观环境的自然环境要素、人文环境要素、居住环境安全性、居住环境健康性等 4 个方面，同时与居住环境实体空间综合测度指标体系的自然环境舒适度、人文环境舒适度、健康性和安全性 4 个一级主观评价指标相对应，作为评价居住环境要素和居住环境差异的地理空间指标体系（图 7-2）。同时，根据数据自身属性，对数据进行空间化处理，以便更好地反映各指标在空间分布上的差异。

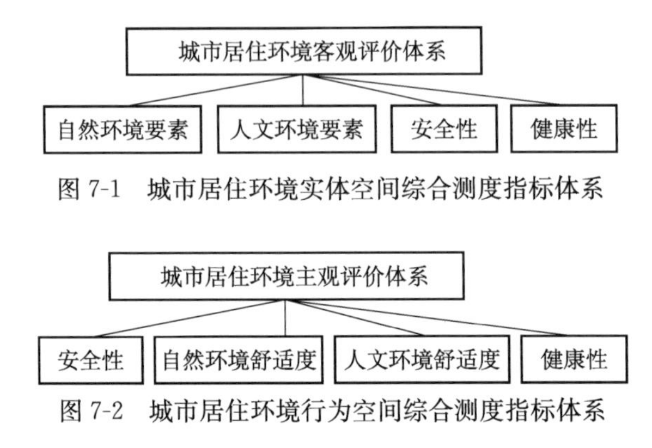

图 7-1　城市居住环境实体空间综合测度指标体系

图 7-2　城市居住环境行为空间综合测度指标体系

二、计算方法

根据数据自身属性，对数据进行空间化处理，以便更好地反映各指标在空间分布上的差异。以下 12 个指标分别从自然环境优势、人文环境优势、居住环境安全性、居住环境健康性 4 个方面的空间差异出发，分析各个指标的空间特征与城市内部居住环境空间分异的关系。

表 7-1　人居环境实体空间综合测度体系与分析方法

指标	分指标	空间化方法
自然环境优势	绿地覆盖率	栅格转换，面积属性计算，矢量叠加分析 公式为城市植栽正投影面积总和/街区面积×100%
	人均绿地面积	城市植栽正投影面积总和/街区人口
	城市开放空间步行可达范围覆盖率	缓冲区分析、矢量叠加分析 步行可达覆盖率＝800m 缓冲区所覆盖的总面积/街区面积×100%
	人均公共开放空间	空间查询、空间自然断裂法分类 公式为 800 米缓冲区分析所形成的总面积与街区总人口的比值
人文环境优势	A 级景区可达性分析	最短邻近距离法、类型划分 计算某一点到最邻近 A 级景区的直线距离（欧式距离）
	魅力社区	空间查询、空间自然断裂法分类 公式为 2006～2008 年街区魅力社区总数/魅力社区总数
	北京市优秀管理居住小区	空间查询 定性分析街区物业管理水平

续表

指标	分指标	空间化方法
居住环境安全性	街区案发比重	空间查询、空间分类 公式为街区 110 警情数量/110 警情总量
居住环境健康性	可吸入颗粒物年均浓度	因子分析、空间查询、空间叠加 城市建成区环境空气中测得的单位体积中可吸入颗粒物含量，按一年的日平均浓度的算术平均值计
	二氧化硫年均浓度	城市建成区环境空气中测得的单位体积中二氧化硫含量，按一年的日平均浓度的算术平均值计
	二氧化氮年均浓度	二氧化氮浓度年平均值是指城市建成区环境空气中测得的单位体积中二氧化氮含量，按一年的日平均浓度的算术平均值计

在自然环境优势方面，采用绿地覆盖率、人均绿地率、公共开放空间可达性等 3 个指标来反映城市绿色空间和公共开放空间的空间差异。对应的城市内部居住环境的主观评价指标体系，主要体现在绿地覆盖率和人均绿地率对应主观评价中居住区绿化状况和周边公园绿地绿带的状况，公共开放空间对应的是主观评价中的公用空地活动场所状况。在人文环境优势方面，人文环境一般包括人文硬环境、人文软环境及通过政府行为表现的制度环境，此处选取各街区达到 A 级景区的平均最短距离、2006～2008 年魅力社区所在街区分布情况等指标考察不同街区在博物馆、文化遗址等人文景观的空间可达性，以及居住区邻里关系、周边社区文化与氛围等差异。魅力社区是由北京城市管理广播电台主办的社会公益评比活动，能够较为全面地反映社区的人文环境情况。在居住环境安全性方面，采取 2006 年各街区案发数占北京市的比重表征街区治安环境状况。在居住环境健康性方面，采用大气、水、噪声、固体废弃物等指标分析北京市环境健康性情况，重点提取可吸入颗粒物污染与汽车尾气污染 2 个指标分析北京市各区域的健康性空间分布。

在数据获取方面，人居环境要素客观数据、北京市行政区划和人口数据取自《北京市行政区划地图集》《北京市行政区划手册》；地形（1∶10 000）、水系、建筑覆盖、公园、绿地等采用北京市土地利用以及遥感影像等数据；人文环境数据中，魅力社区数据来自北京市城市管理广播电台、A 级景点数据来自北京市旅游局等；居住环境安全性数据采用北京市公安局发布的 110 主要警情数据；紧急避难场所相关数据来自北京市地震局公布的数据等；居住环境健康性数据采用历年《北京市环境保护公报》。人居环境要素主观数据来自课题组北京市城市居住环境抽样调查问卷，调查范围包括北京市 134 个街道。每个街道按总人口的千分之一比例，采用等距随机抽样、方便抽样、交通控制配额抽样相结合的方法，控制调查对象为居住半年以上的居民。问卷内容包括居民对服务设施可达性的偏好程度和对教育、医疗、购物等设施方便性的满意程度，以及居民的社会经济属性信息和居住地空间位置。

第二节　居住环境要素综合评价

一、居住环境的自然环境要素评价

1. 北京绿色空间呈“中心—边缘”结构

绿色空间是城市自然环境的本底条件。北京城市绿地空间的绿地率分布呈“中心—边缘”递增分布（图 7-3），外城明显优于内城，城南覆盖率低于城北。其

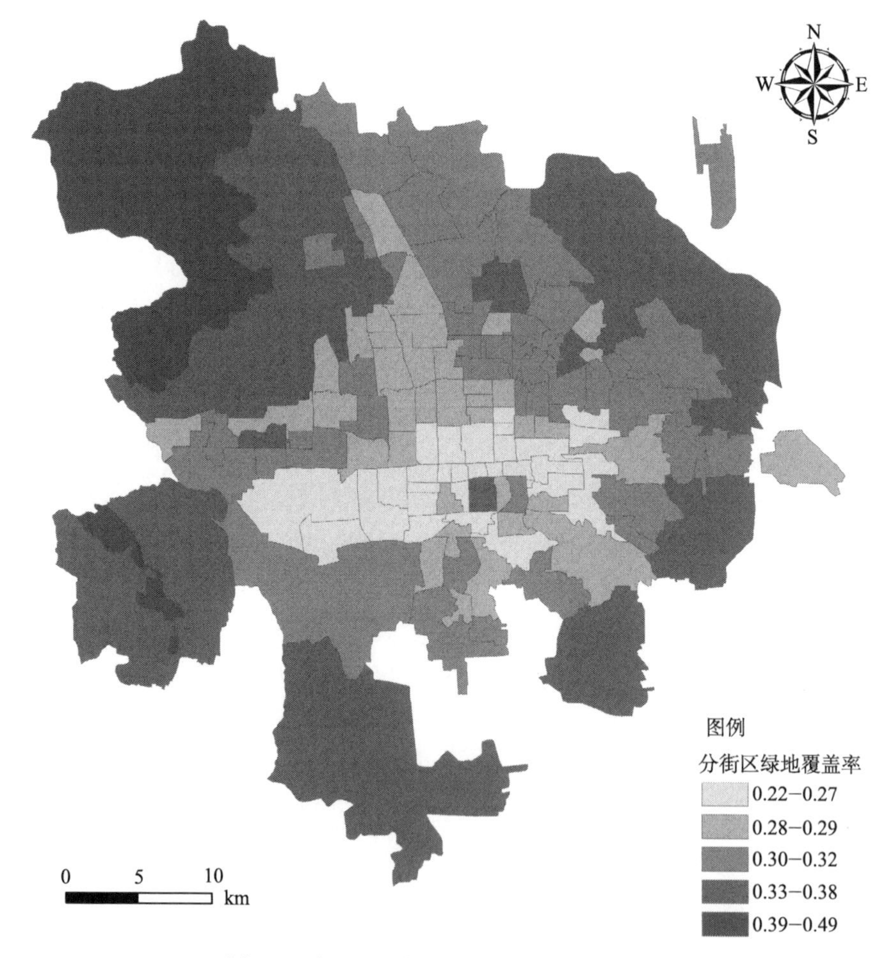

图 7-3　中心城区各街道绿地覆盖率空间分布

中，长安街向南至南三环空间是城市绿地覆盖的盲区，而城市外围区绿化情况普遍较好，绿地覆盖率突出的地区有西北、东北远郊区两个区域。人均绿地面积偏少，人均绿地在各区之间发展极不平衡，中心城区（东城和西城）人均绿地和人均公共绿地均低于城近郊八区的平均值（图 7-4）。与绿地覆盖率空间分布相比，内城区人均绿地面积空间差异更为明显，其中，东城区、CBD 地区、北下关和学院路街道，以及南城的南二环沿线人均绿地面积明显不足。考虑到城区受到人口集中和城市用地的限制，在城区绿色空间趋近饱和的情况下，应重视改善与优化城市绿色空间的合理布局建设，才能有效地提升城市居住环境质量。

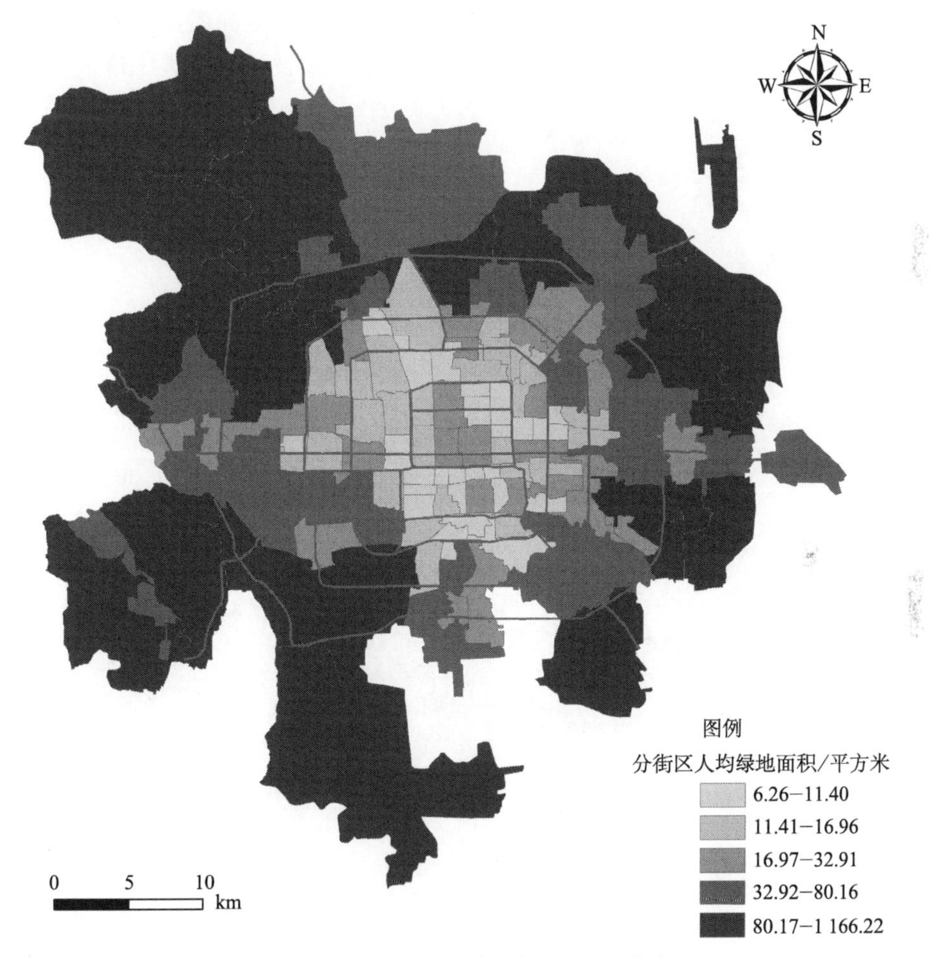

图 7-4　中心城区各街道人均绿地空间分布

2. 人均公共开放空间总体偏少

选取 800 米作为缓冲区的测度半径（相当于居民步行速度为 80 米/分钟）对

北京公共开放空间进行量化评价。人均公共开放空间800米服务面积是指在街区中以公共开放空间为中心，做800米缓冲区分析所形成的总面积与街区总人口的比值（图7-5、图7-6）。按800米缓冲区面积计算，研究区域内人均公共开放空间面积为45平方米，以此为基准衡量各个街区的人均公共开放空间水平。55％的街道低于人均公共开放空间均值，其中26％的街道的人均公共开放空间缓冲区面积不足30平方米，田村路街道、马家堡街道等人均公共开放空间缓冲区面积仅为10平方米。人均指标较高的街道往往拥有大型城市公园，拥有水体优势或较低的人口密度，如香山街道、万柳地区、奥运村地区、亦庄新城、东升地区、燕园街道等。从空间分布来看，人均公共开放空间缓冲区面积较低的区域主要有以下特征：①公共空间使用出现饱和，需要进一步地拓展规模或增

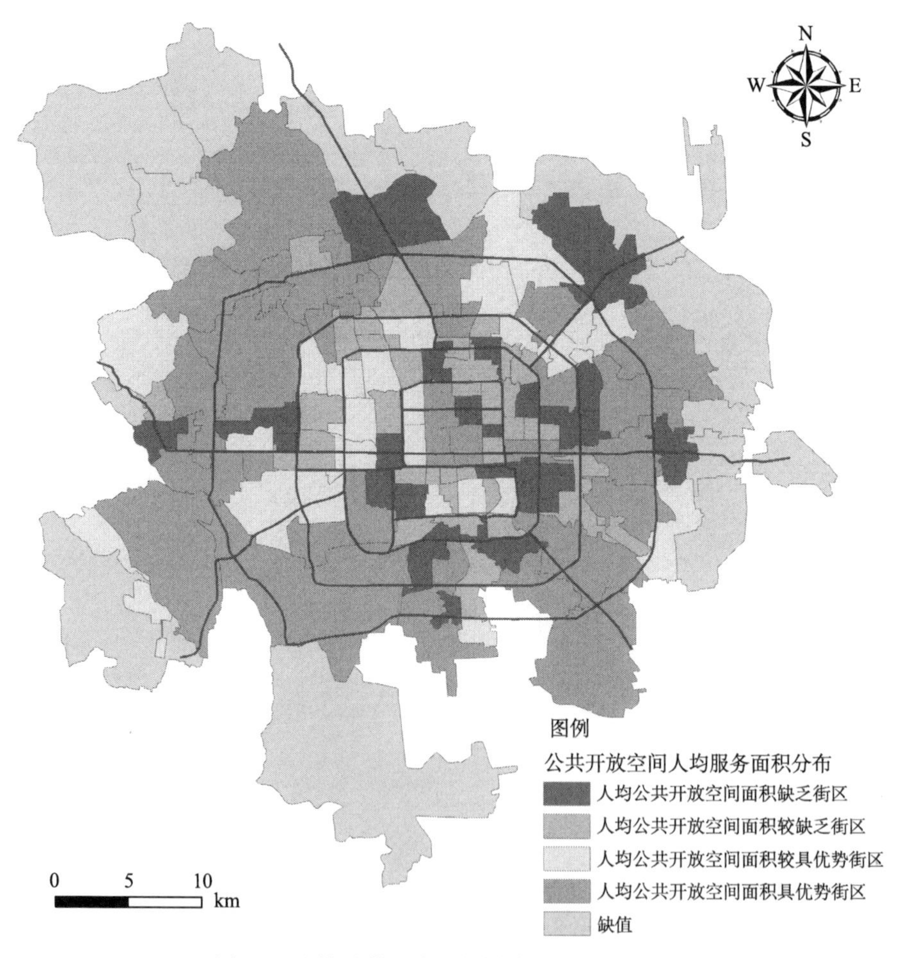

图7-5　人均公共开放空间缓冲区面积空间分布

加新公共开放空间，这些区域主要集中在二环东北区域、二环东南区域，以及劲松、潘家园地区等；②城市急速扩展，重居住用地轻公共用地的建设，导致居住环境较差，如西三旗周边区域、崔各庄地区等。

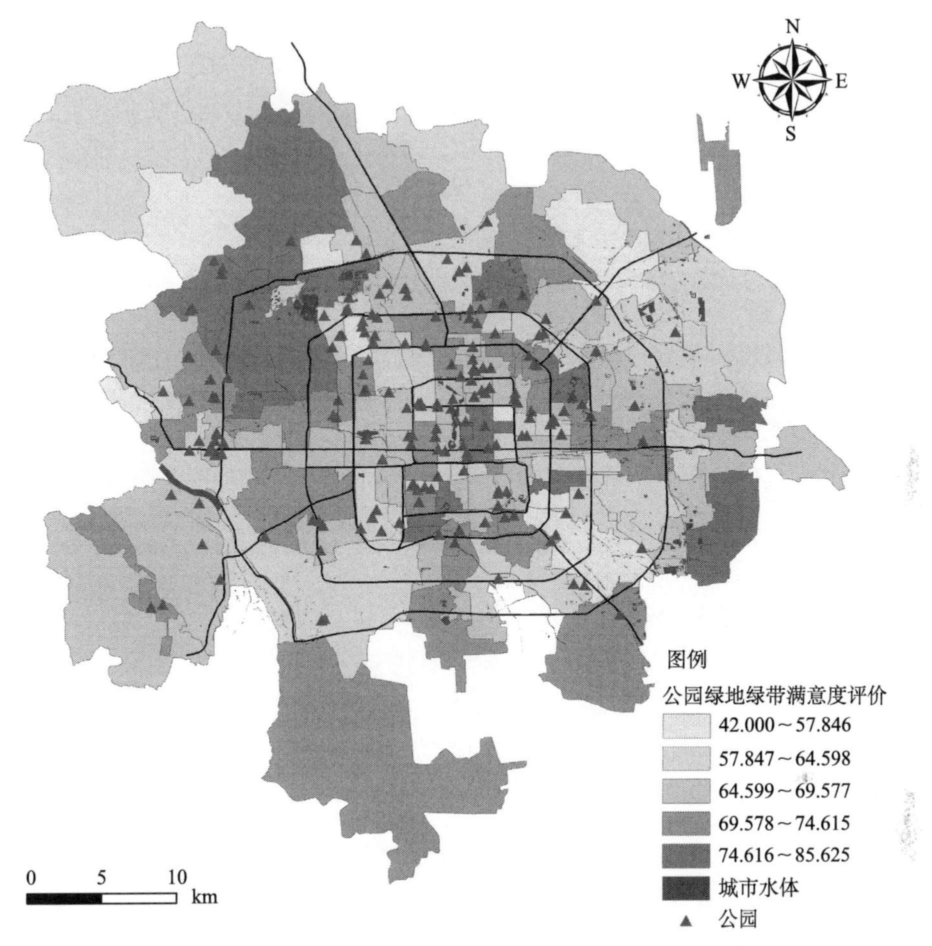

图 7-6　居民公园、绿地满意度评价与公园空间分布的关系分析

3. 居民感知的自然舒适度与自然环境质量具有相关关系

从主观评价来看，居民对城市居住环境的主观评价与客观的自然环境舒适度紧密相关。居民主观评价的自然环境舒适度随着远离中心城区而不断升高。远郊区的自然环境舒适度高于城六区，近郊区的自然环境舒适度评价高于中心城区。利用皮尔逊相关系数分析方法分析，公共开放空间的 800 米服务半径内的覆盖率与人均公共开放空间缓冲区面积与居民自然环境舒适度具有一定的相关关系，其中，公共开放空间的 800 米服务面积的覆盖率与居民对于居住区绿化状况的满意

程度呈显著相关（$p<0.05$）。从主客观评价比较来看，靠近水体和城市公园的街道，居民的自然环境舒适度的评价也相对较高。京密引水渠、永定河引水渠、什刹海等城市水体，以及北海公园、紫竹院、朝阳公园等公园周边构成城市内部自然环境舒适度的优势区域。景山街道、曙光街道、大屯地区、香山街道、陶然亭街道在公园和绿地方面评价较好。也有一些街道，如东四街道、北下关街道、北太平庄街道由于缺少公园和水体，导致在内城区居民的自然环境评价较低。

二、居住环境人文环境要素评价

1. 人文环境优势区域差异较大

北京人文环境积淀深厚，历史古迹和传统、特色街区众多，对居民的日常生活影响深远。总体而言，北京的人文环境相对优越，但由于存在老城区、城中村、城市边缘区改造等问题，一些街区的人文环境并不尽如人意（表7-2）。从A级景区在区域分布所占的比重分析来看，北京市人文环境优势区域差异较大，其中，最具优势的是海淀区、西城区、丰台区和朝阳区，它们所具有的人文景观数量和规模较具优势，而A级景区在区域分布所占比重较低的是东城区和宣武区。与主观的人文环境舒适度相比，客观人文环境优势明显的区域其主观人文环境舒适度也相对较高。西城区和丰台区的人文环境主客观评价都具有优势，该地区的人文环境优势居民的认可度高。主观人文环境舒适度较弱的区域是崇文区和东城区，在主观评价分指标显示，崇文区的居住区邻里关系评价较低，东城区在居住区物业管理水平、周边社区文化与氛围上居民满意度较低。

表7-2　各城区人文环境舒适度评价排序表

区域	居住区邻里关系状况	居住区物业管理水平	建筑景观的美感与协调	周边社区文化与氛围	周边区域特色与价值认可	人文环境舒适度得分
北京整体	72.95	60.19	58.88	59.62	58.73	61.91
丰台区	74.43	62.57	62.91	62.63	63.8	64.91
西城区（原宣武区）	73.05	64.29	59.53	62.26	63.47	64.19
西城区	71.5	63.29	60.32	60.39	61.41	63.3
石景山区	71.54	63.04	58.19	58.76	59.34	62.21
远郊区	72.65	58.13	62.62	59.25	58.86	62.18
海淀区	72.32	61.61	58.42	59.68	58.17	62.05
朝阳区	74.5	60.54	57.1	58.55	59.98	61.75
东城区	73.22	57.91	57.08	57.43	60.96	60.64
东城区（原崇文区）	67.61	58.89	56.04	58.37	59.23	59.66

资料来源：2005年北京问卷调查

人文景观的可达性是人为环境优势的重要标杆。从A级景区可达性来看，北京市人文景观优势呈现两个中心地带（图7-7）：一是中心城区的人文环境优势突出；二是西山山脉一带轴线，以香山街区和八大处地区的人文景观环境较为突出，较弱的街区主要集中在回龙观、天通苑、望京和亦庄新城等一些新的城市发展区域。从主观人文环境舒适度分析来看，街道人文环境舒适度存在明显差异（图7-8），人文环境舒适度评价值在77.24～37.16，平均得分为61.39。综合排名前三位的为海淀区的西北旺镇、丰台东铁匠营街道和宣武区陶然亭街道；后三位的是崇文区天坛街道、朝阳豆各庄地区和朝阳建外街道。

人文环境物质客观反映人文环境优势与主观感知的人文环境舒适度也存在一定的差异性。一般来讲，人文景区周边应该更容易营造人文环境的舒适性，

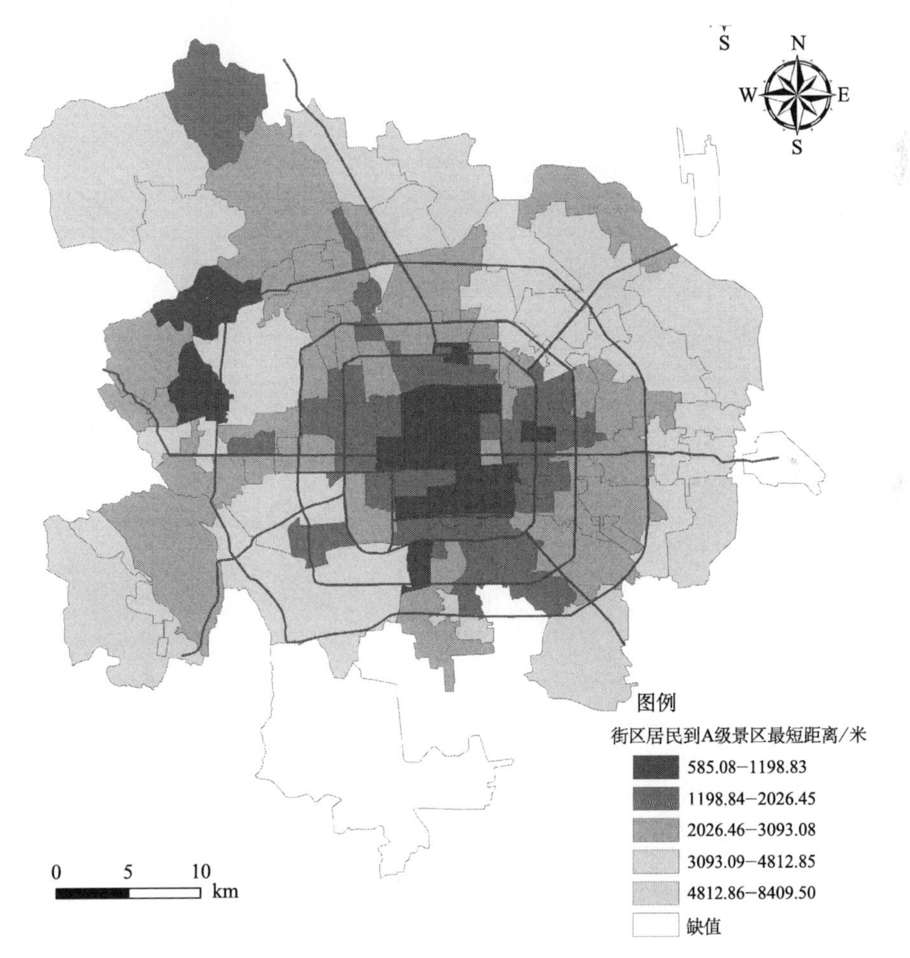

图7-7　街区居民到A级景区平均最短距离

但社区文化建设、物业管理、制度环境等因素对居民人文环境舒适度感知也有影响。利用 Spearman 相关检验，街区居民到 A 级景区平均最短距离与居民邻里关系状况评价具有显著的相关关系（$p<0.05$），与其他评价指标没有明显的相关关系。

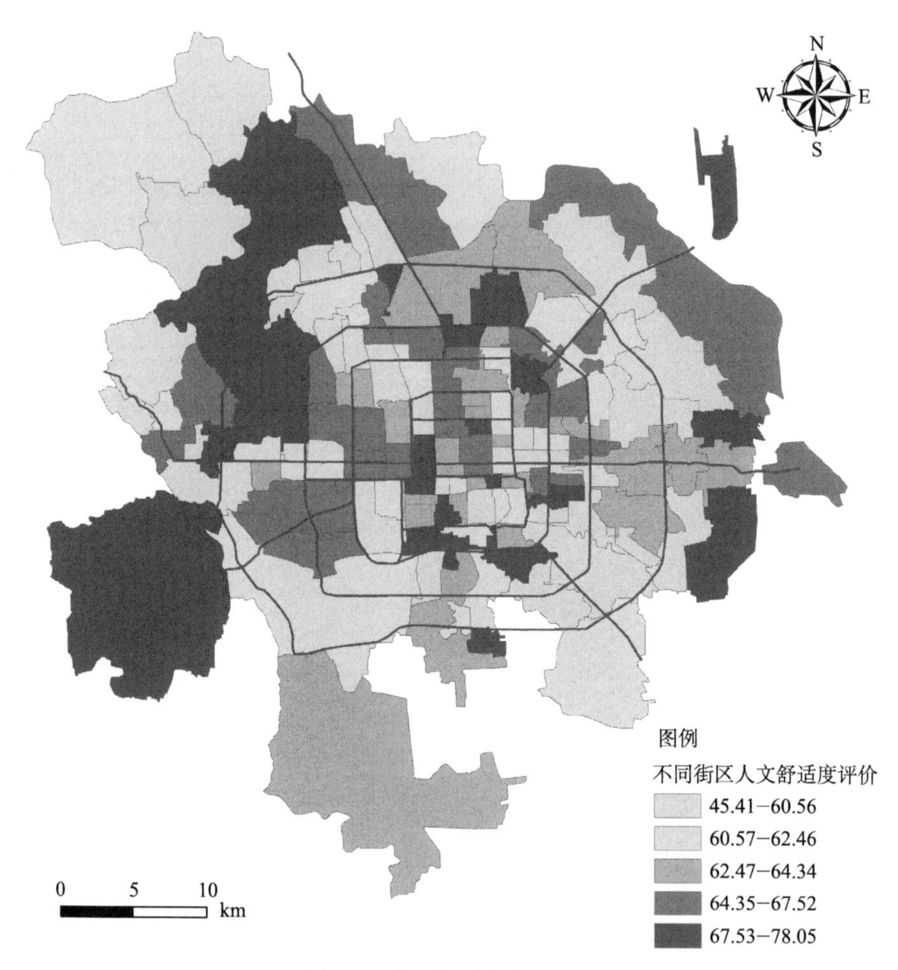

图 7-8　人文舒适度主观评价

2. 魅力社区的分布显示人文环境优势存在一定的区域集聚性

除了人文景观营造的人文环境优势以外，社区文化建设、邻里关系、物业管理等因素是人文环境优势的重要影响因素，代表着街区人文环境活力的重要体现，是影响城市内部居住环境的人文环境优势度的重要因子。

从北京市魅力社区的分布情况看（图 7-9），魅力社区的分布显示人文环

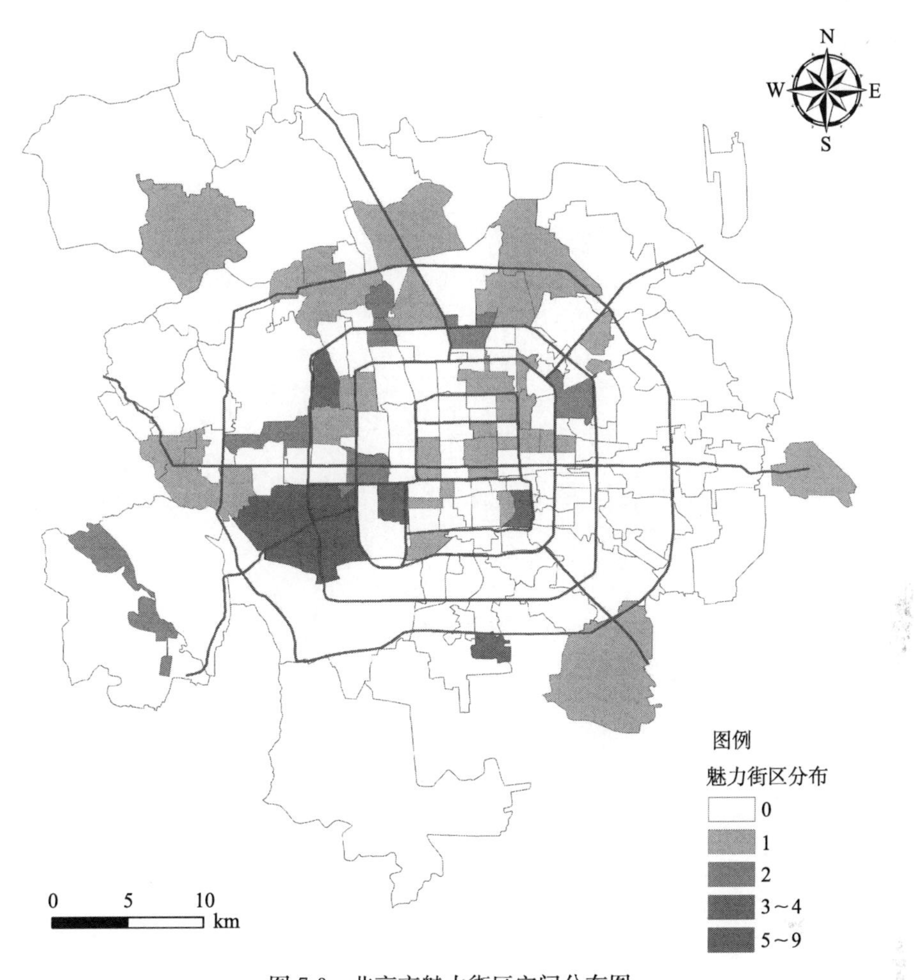

图 7-9　北京市魅力街区空间分布图

境优势存在一定的区域集聚性。二环以内的区域优势度一般，二环到五环的区域是美丽社区的主要分布区，城东社区略好于城西，城北明显优于城南。魅力社区的分布在一定程度上能够反映区域人文环境的好坏，故而可以推断，北京城社区文化较好的区域主要为西北部清华大学、北京大学等高校聚集区、朝阳门涉外使馆区、丰台鲁谷周边区域。从区域优势来看（图 7-10），魅力社区在海淀区、丰台区具有较强的优势，而西城区、东城区和石景山区等不具有较强优势，这有可能跟社区文化建设与组织管理有关。总而言之，魅力社区的分布能够一定程度上解释在社区文化建设、邻里关系、物业管理等方面人文环境优势明显的区域，这些区域跟居民评价的城市内部居住环境也具有一定的对应关系。

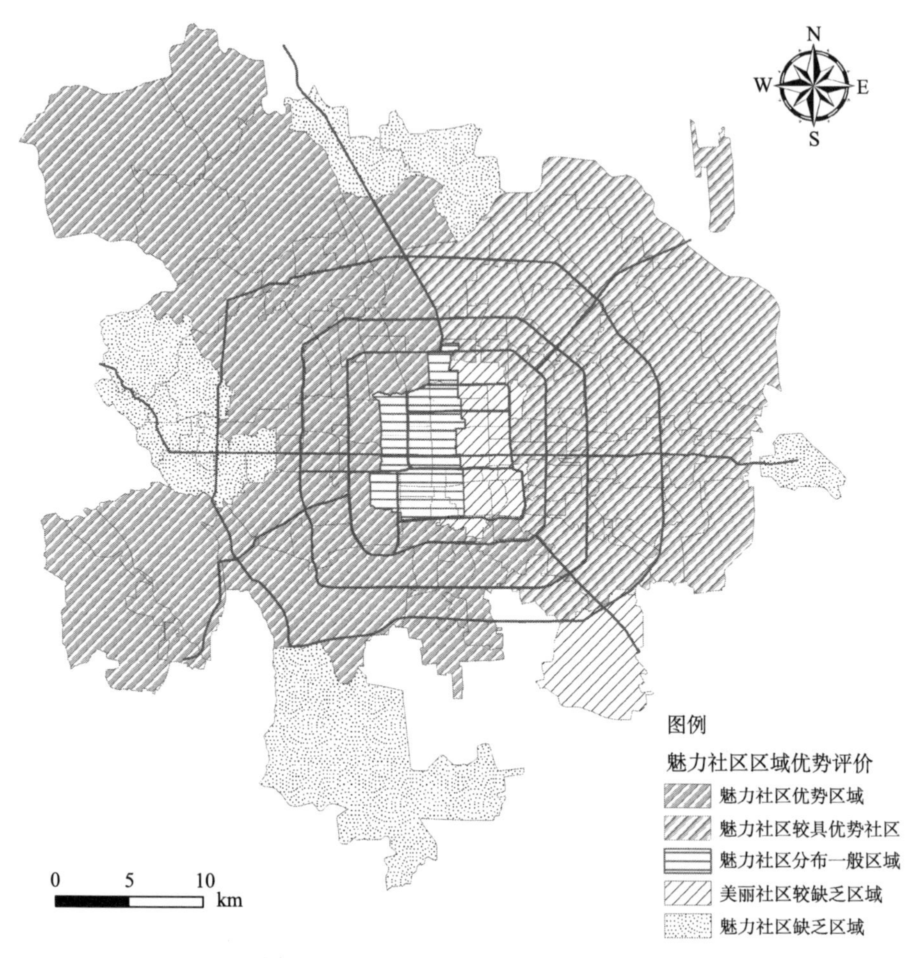

图 7-10　北京市魅力社区区域优势评价

三、居住环境安全性评价

北京市 110 警情表现出明显的圈层异质特征，与主观评价具有一定的对应关系。在图 7-11 中，北京市 110 警情表现出明显的圈层异质特征。北京市 110 警情空间呈现出环状分布，以天安门街道为中心的二环以内区域，治安情况很好，基本上 110 案发率为零。二环以外至五环区域，呈现警情高发状态，所有的案发率几乎都集中于这一环状地区。五环以外区域，案发率明显下降。这一环状分布状态与北京市警力配置、人口空间分布有关。核心城区由于警力配置很高，是重点安防地区，案发率很低。而二环以外五环以内，是北京市人口主要集中区域，大量的人口活动导致了案发率大都集中于此。五环以

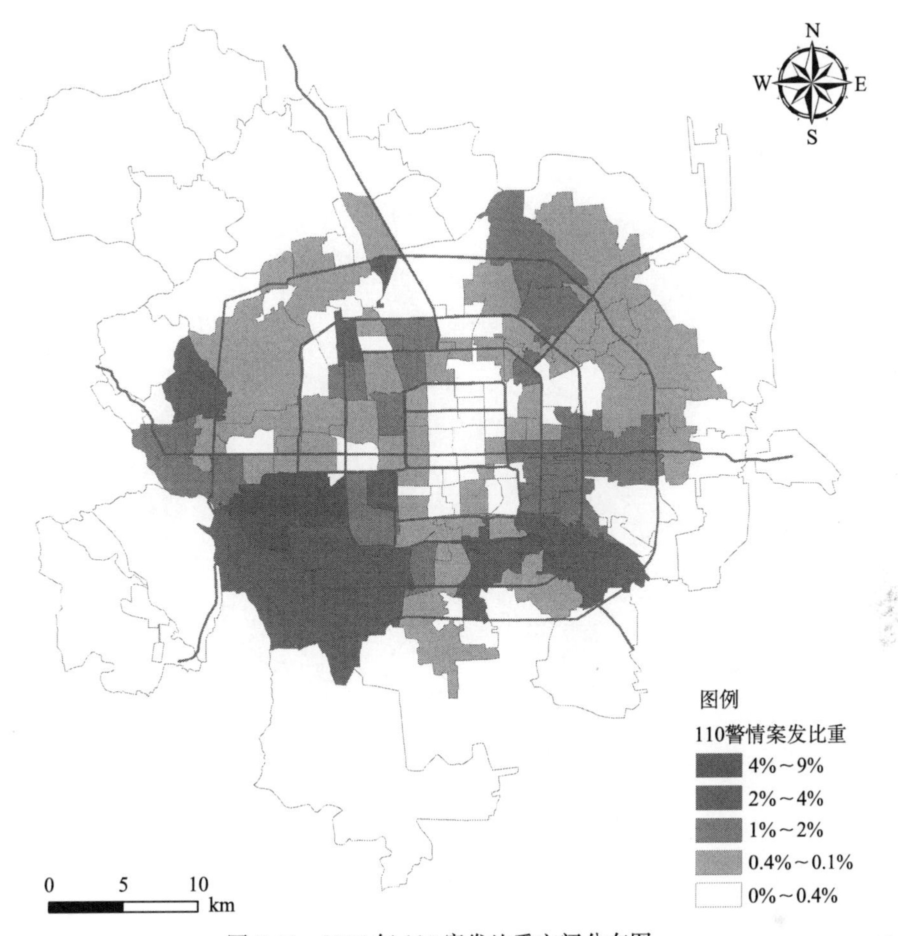

图 7-11　2005 年 110 案发比重空间分布图

外警力配置并不如环路以内区域，但是由于人口活动的相对减少，案发率仍然呈下降趋势。图 7-12 表现出 110 案发率与居民安全性评价呈一定的空间相关关系。结合北京市居民安全评价分布空间，可以看出安全评价高的地区多集中于城外郊区，而这些地区的案发率均较低，案发率高的区域，一般安全性评价较低。

四、居住环境健康性分析

居住环境健康性的空间差异，是城市居住环境空间分异的重要影响方面。北京市大气环境、水环境、声环境、生态环境、废气、废水、固体废物等环境指标的差异，也必然影响到居民对居住环境健康性的认知，以及城市居住空间结构的变化和人们的择居行为等。这里选取汽车尾气污染、尘污染、噪声污染 3

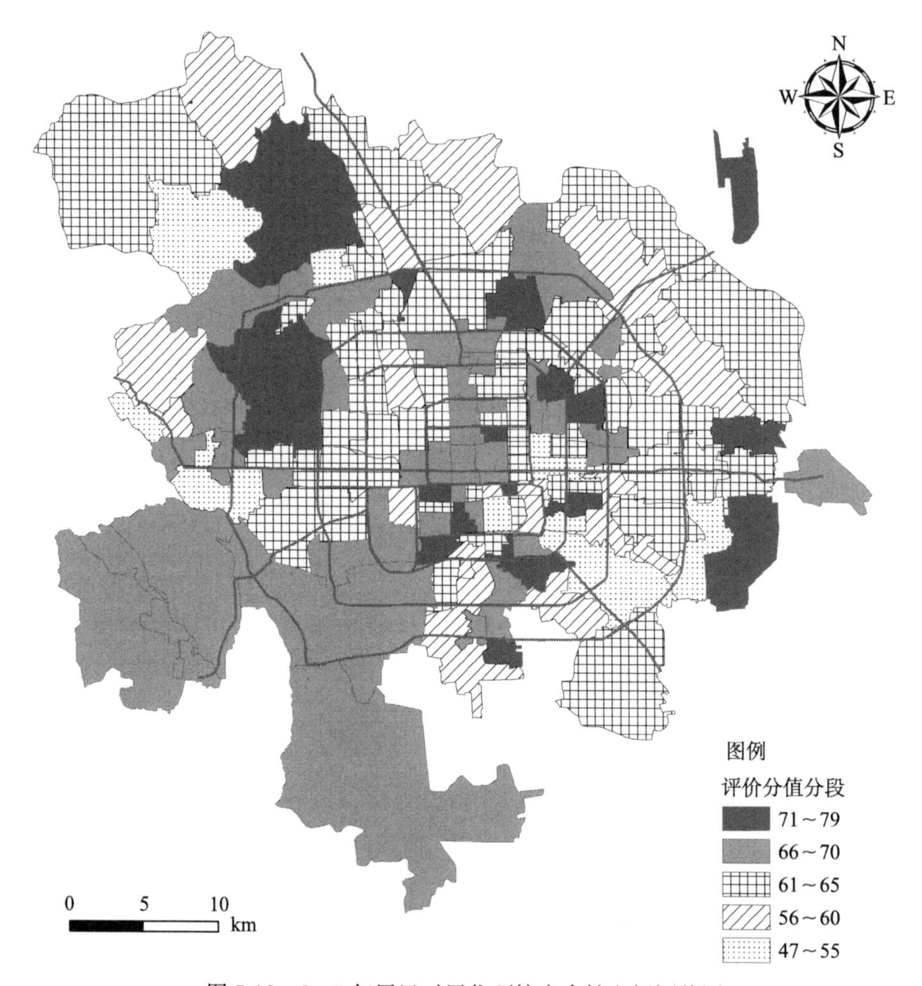

图 7-12　2005 年居民对居住环境安全性空间评价图

个分指标分析城市客观居住环境健康性的空间差异与主观评价的居住环境空间分异的对应关系。

1. 居住环境健康性区域总体评价普遍较好

近年以来，北京市城市环境质量得到了持续改善。市区城市空气环境客观评价较好，但空气污染问题仍然是制约城市环境改善的重要方面。根据北京环保局的调查，北京目前的大气污染中，机动车贡献最大，导致北京由过去烧煤引起的煤烟型污染，向汽车尾气污染过渡。因此，机动车成为北京最大的空气污染源（陈文君和尹卫红，2008）。二氧化硫、二氧化氮和一氧化碳 3 个客观指标正是汽车尾气排放的主要污染物，可以较为客观地反映城市汽车尾气污染情况。北京市二氧化硫、二氧化氮和一氧化碳均达到国家环境空气质量二级标准，其中市区空气中二氧化硫、一氧化碳、二氧化氮、可吸入颗粒物的年均浓度分布为0.053毫克/米^3、2.1毫克/米^3、0.066毫克/米^{3}和0.161毫克/米^3。但可吸入颗粒物年均值超过国家二级标准61%。综合以上分析可知，汽车尾气污染与可吸入颗粒物污染仍是北京市空气环境质量治理的难题。

居民对居住环境健康性评价处于较高水平，汽车尾气污染和扬尘污染是居民最为不满意的方面。从居民对居住环境健康性评价来看，居民对北京市居住环境健康性总体评价指数为65.07，从得分情况来看处于较高的评价水平，但从排名上看，排在生活方便性、城市安全性、交通便捷性之后，仅高于自然舒适度和人文舒适度的评价得分。从本次调查来看，居民认为环境污染对健康的影响主要表现在汽车尾气产生的污染和扬尘污染，两者的评价得分最低，仅为61.68和63.66。对生活噪声污染、垃圾污染、水污染的满意度评价较高，评价得分分别为72.25、67.88、67.31。由此可见，扬尘污染、汽车尾气污染亦是居民认为居住环境健康性中突出的问题。

2. 亦庄成为主客观评价最好的居住环境健康区域之一

城市空气质量是决定城市居住环境的重要因素，从可吸入颗粒物、二氧化硫、二氧化氮等年均浓度在北京城市各区域的空间分布来看，亦庄成为居住环境健康最好的区域之一。在北京城区可吸入颗粒物、二氧化硫、二氧化氮年均浓度的区域排名中，亦庄可吸入颗粒物年均浓度为0.148毫克/米^3，排名第一；二氧化硫年均浓度为0.056毫克/米^3，排名第八；二氧化氮年均浓度为0.053毫克/米^3，排名第一。因此，亦庄具有较好的居住环境健康性，如表7-3所示。

表7-3　各区域居住环境健康性主观评价

调查区	汽车尾气	扬尘	水污	道路噪声	生活噪声	垃圾	健康北京
亦庄	68.75	69.38	65.81	69.68	78.75	79.38	71.20
大兴区	66.53	70.68	68.66	69.59	74.17	74.30	69.89
西城区	65.19	67.25	69.85	67.44	73.49	71.45	68.05
丰台区	62.54	65.84	71.45	67.68	75.99	69.93	67.56
朝阳区	63.10	64.94	69.59	65.99	74.99	69.67	66.72
回龙观	64.62	62.19	65.17	65.38	77.29	71.85	66.52
海淀区	61.05	62.93	66.14	63.35	70.86	66.39	63.94
通州区	59.64	60.85	65.56	65.60	70.00	65.44	63.59
东城区	56.15	60.51	66.45	63.59	69.13	68.00	62.99
天通苑	64.50	57.97	63.54	63.25	69.74	60.00	61.95
石景山区	58.01	56.62	56.61	59.47	65.46	59.69	58.49
总计	61.68	63.66	67.31	64.70	72.25	67.88	65.07

资料来源：2005年调查问卷数据整理

从居民居住环境健康性评价来看，亦庄在居住环境健康性总体评价上排名第一，具有较高的居住环境健康性满意度。从分指标来看，亦庄在环境健康性分指标上也具有较强的优势，其中，生活噪声污染、垃圾污染、道路噪声污染、汽车尾气污染、扬尘污染等方面都具有较高的满意度评价。因此，在这些区域间的评比中，亦庄亦是主观评价最好的居住环境健康区域之一。

从亦庄居住环境健康性评价来看，主客观评价具有一定的对应性，评价结果在现实中也是符合实际情况的。亦庄是位于北京市南部重要的经济开发区，拥有1.6的容积率，产业发展与城市建设中保持低密度、低容积率的开发模式，绿地建设较好，拥有较多的绿地面积和绿化带以及街区公园。居住区营造的气候环境相对周边区域拥有较强的优势。

3. 城市居住环境健康性区域差异比较明显

以空气质量来表征城市居住环境健康性，可知城市居住环境健康性区域差异比较明显，呈现“北优南弱”客观分布格局。北京市郊区城关镇可吸入颗粒物年均浓度范围在0.118～0.177毫克/米^3，均超过国家环境空气质量二级标准，且区域差异比较明显。石景山区可吸入颗粒物浓度最高，怀柔可吸入颗粒物浓度最低。浓度由北向南呈梯度分布逐渐升高，空气质量呈现“北优南差”客观分布格局，北城区域具有较为优良的空气质量，南城空气质量较差。北京市郊区城关镇中二氧化硫年均浓度范围在0.033～0.069毫克/米^3，除房山区良乡镇和大兴区黄村镇超标外，其他均达到国家环境空气质量二级标准。城八区中浓度最高的城区为石景山区，其次为海淀区，而浓度最低的是崇文区。从分布格局来看，二氧化硫污染主要集中在北京的西部地区和南部大兴地区。

郊区城关镇中二氧化氮年均浓度范围在0.033～0.073毫克/米^3，均达到国家环境空气质量二级标准，浓度由南向北呈梯度分布逐渐降低，其中，密云区和平谷区浓度最低。城八区中石景山区和海淀区排放浓度最低，而西城区排放浓度是所有城区中最高的。从分布格局来看，中心城区的二氧化氮污染较为严重，西部地区二氧化氮污染程度较低。

从居民对汽车尾气污染和扬尘污染满意度评价来看（图7-13），居民对汽车尾气污染和扬尘污染的感知与客观分析并不完全一致。远郊区的居住环境健康性明显好于城八区，远郊区典型区域中，亦庄新城的汽车污染和扬尘污染满意度评价较高。从汽车污染的满意度评价来看，亦庄、大兴区、宣武区、丰台区的满意度较高，满意度较低的地区主要是石景山区、天通苑、崇文区、东城区等。从扬尘污染的满意度评价上，满意度较高的地区主要是大兴区、亦庄、宣武区和丰台区等，满意度较低的地区主要是石景山区、天通苑和崇文区。

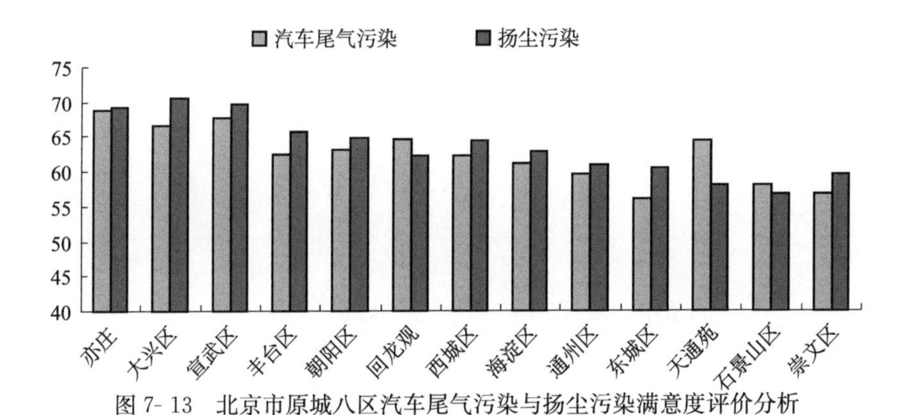

图 7-13　北京市原城八区汽车尾气污染与扬尘污染满意度评价分析

资料来源：2005 年北京问卷调查

居民健康性评价与客观分析的异同可以解释为居民对其所在地区的局部区域人流量与汽车拥堵造成空气质量感知敏感，以及对调查区该区域存在的典型污染现象较为敏感。居民汽车尾气污染和扬尘污染满意度较低的区域与客观分析具有一致性。例如，石景山区由于属于首钢集团所在地本身工业污染较为严重，再加上该地区人口高集聚、汽车拥堵现象明显，而崇文区、东城区、天通苑等地区长期道路拥堵现象严重，人口流动量大，造成的汽车尾气污染和扬尘污染影响较大。居民汽车尾气污染和扬尘污染满意度较高的区域与客观分析存在一定的差异，可能原因有二：一是这些区域总体上属于近郊区，人流量与汽车拥堵相比内城影响较低；二是居民环境认知存在差异，对一些空气污染现象已经习以为常，一旦居住健康性得到改善，其健康性满意度评价得到迅速提高，如亦庄、大兴区和丰台区近年来对交通、居住环境、绿地建设等环境的改善，进而可能影响到居民的健康性评价。

从街道汽车尾气污染和扬尘污染的满意度评价排名来看，我们也可以得到相似的结论。居民汽车尾气污染满意度较高的街道是朝阳区豆各庄地区、海淀区四季青镇、朝阳区垡头街道、海淀区西北旺镇、朝阳区机场街道等（表 7-4）。居民扬尘污染满意度较高的街道是朝阳区常营地区、朝阳区机场街道、海淀区西北旺镇、朝阳区垡头街道、海淀区青龙桥街道。这些街道基本分布在五环周边区域，人流量较少、汽车拥堵现象较轻，居民对其居住环境满意度较高。居民汽车尾气污染满意度较低的街道是朝阳区朝外街道、崇文区东花市街道、朝阳区双井街道、朝阳区建外街道、东城区朝阳门街道等（表 7-5）。居民扬尘污染满意度较低的街道是朝阳区潘家园街道、朝阳区双井街道、朝阳区南磨房地区、朝阳区建外街道、石景山区广宁街道等，这些地区人流量大、汽车拥堵现象严重，居民对这些地区的健康性敏感度高。

表 7-4　污染指标评价排名靠前的街道

调查街道	汽车尾气污染	调查街道	扬尘污染
朝阳区豆各庄地区	88.00	朝阳区常营地区	88.57
海淀区四季青镇	85.67	朝阳区机场街道	85.22
朝阳区垡头街道	83.53	海淀区西北旺镇	81.88
海淀区西北旺镇	81.88	朝阳区垡头街道	80.00
朝阳区机场街道	80.87	海淀区青龙桥街道	79.65

资料来源：2005 年北京问卷调查

表 7-5　污染指标评价排名靠后的街道

调查街道	汽车尾气污染	调查街道	扬尘污染
朝阳区朝外街道	46.40	朝阳区潘家园街道	50.18
崇文区东花市街道	45.14	朝阳区双井街道	47.39
朝阳区双井街道	41.74	朝阳区南磨房地区	46.51
朝阳区建外街道	41.18	朝阳区建外街道	44.12
东城区朝阳门街道	39.38	石景山区广宁街道	42.00

资料来源：2005 年北京问卷调查

第三节　居住环境评价空间分异的机制分析

本节主要通过横截面数据分析居住环境要素的空间特征，由于各要素对城市内部的居住环境差异的影响是一个动态的、复杂的过程，横截面数据分析是展示北京城市居住环境差异的某一个时间点的空间特征。为了弥补面板数据的不足，结合北京城市规划的发展历史，总结和归纳各要素对城市居住环境差异的影响。

一、自然环境的生态服务功能的作用

自然环境的生态服务功能对北京居住环境具有最为基本的保障作用。城市绿色空间具有显著的生态服务功能，如净化环境、涵养水源、调节气候、生产氧气和吸纳二氧化碳，以及维持生物多样性及其赏心悦目等（李峰和王如松，2004）。从生态环境系统的角度来看，北京市是在自然环境与人类活动的相互作用下，形成由自然生态系统、农业生态系统与城市生态环境系统组成的圈层生态景观结构。在这些圈层中，城市绿色空间及水体构成了北京城市自然环境的重要脉络。这些绿色空间以及水体空间能够有效地改善城市环境，自然环境的生态服务功能对人居环境具有保障的作用，自然环境的优劣程度对居住环境带来直接的影响。

从人的角度分析来看，人具有自然性，具有与生俱来的与自然接近的属性，

“亲水、亲绿”的可接近性成为人类选择居住的重要原则，在选择居住环境中，公园、水面、绿地是调节居住环境的重要因素，这些因素成为择居的重要参考。同时，人又具有社会性，具有愿意与人交往的属性。自然环境要素景观格局则为人类的交往提供了空间。因此，人与居住自然环境要素具有紧密的联系。

通过绿地率和人均绿地面积以及公共开放空间的分析，绿地率和公共开放空间呈“中心—边缘”圈层结构的递增趋势，而人均绿地率和人均公共开放空间较低，空间发展不平衡。居民居住环境满意度与自然环境优势具有一定的相关关系，接近绿地空间和水体的街区，居民自然舒适度评价高，而自然舒适度评价较低的街区主要分布在中心城区、南城，以及绿色空间、公共开放空间缺乏的街区。

二、北京市绿色空间的影响

北京市绿色空间格局演化直接影响城市内部的居住环境空间分异的形成。从历史和城市规划的角度分析，北京市绿色空间格局演化直接影响北京市居住空间结构的变化，其城市绿色空间不断受到压缩和蚕食，直接影响了城市居住环境的空间分异形成。1949 年年底，苏联专家巴兰尼科夫提出了《北京将来发展计划问题》的建议，确定了首都行政中心放在旧城等战略原则。随后，1954 年和 1957 年两版规划，坚持了巴兰尼科夫方案的基本原则。1958 年的总体规划做出了重大调整，规划市区的人口规模从 600 万人压缩到 350 万人，相应的城市建设用地从 600 平方千米压缩到了 360～400 平方千米，将规划建设用地化整为零，形成了分散集团式布局和绿化隔离地区思想的雏形。分散集团式空间布局更大的历史意义在于对城市生态环境的保护，压缩了规划城市建设用地规模。经过几十年实践证明，1958 年版的总体规划具有划时代的意义（何永和刘欣，2006）。1959 年的总体规划由于受到“大跃进”的影响，将工厂放进了居住区，放进了旧城区，对人居环境造成极大破坏（何永和刘欣，2006）。

1993 年版总体规划提出了两个战略转移，2000 年《北京市绿化隔离地区总体规划》提出了在 240 平方千米的规划市区绿化隔离地区范围内，力争实现绿化面积 50%。2002 年《北京市第二道绿化隔离地区规划》提出了发展第二道绿化隔离地区。2003 年《北京城市空间发展战略研究》、2004 年《北京城市总体规划（2004～2020 年）》及 2005 年《新城规划》分别从人口承载力、生态适宜性与限制性评价、生态功能区划、绿地系统规划等角度分析和规划了城市绿色空间。

两个绿化隔离带是北京绿色空间的重要组成部分。第一绿化隔离带是指城市中心地区与边缘集团之间，以及边缘集团与边缘集团之间保留的绿化带。目前总面积为240平方千米，其中绿化用地为125平方千米，占52.1%。最近10年来，北京城市规模不断扩大，城市的发展已经占用了大量的农田。1992～2002年，北京居住用地增加了3.3%，农田减少了7.7%。第一绿化隔离带的面积逐年减少。在1958年编制的北京城市总体规划中，隔离地区总面积为310平方千米；20世纪80年代减少到260平方千米；在1993年的总体规划修编中，减至240平方千米，其中农田为80平方千米，真正绿化用地仅为40平方千米（李峰和王如松，2004）。第二绿化隔离带地区规划范围是第一绿化隔离带及市区边缘集团外界至规划六环路外侧1000米绿化带，规划范围内涉及10个区、6个卫星城和空港城，总用地面积约1659平方千米，绿色空间总面积将占到64%。第二绿化隔离带建设用地目前已经占到50%，构不成完整的绿带，只能成为绿楔（李峰和王如松，2004）。

因此可见，城市绿色空间的历史演化也反映出北京市居住空间的变化。随着北京城市规划的不断演替，北京市城市空间结构由“分散集团”到“卫星城”再到“新城”转变，但由于城乡结合部土地利用失去空间，绿色空间不断受到蚕食，中心城和规划分散中心之间隔离带逐渐失去，最终“散”而不“分”，形成了“摊大饼”的空间格局（蒋芳，2007）。

三、居住环境要素的作用

居住环境要素的“约束-功能”影响是城市居住环境空间分异的直接作用因素。在城市环境系统，作为主体之一的自然人文环境，需要扩大、保留或保持自身的领域，以便保护或发展除人类以外的其他物质文化和生态环境，从而要求限制人类的某些活动，即对人的活动要有约束性。而作为主体之一的人类，在自身发展的同时，又要要求城市自然人文环境发挥对于人的价值，我们称之为城市自然人文环境对于人类的功能。在这个城市环境系统里面，人类与城市自然人文环境两个主体的不同诉求，一个是对城市自然人文环境提供“功能”的诉求，另一个是对人类的活动与行为的约束。

环境伦理观强调的是人与自然系统和谐发展，形成人地关系和谐发展的人类生活区域，倡导的是可持续发展的环境价值观。因此，本书提出“约束-功能”影响的概念模型（图7-14），将人与城市自然人文环境之间的影响划分为两种作用因子集合，分析居住环境要素的“约束-功能”影响对城市居住环境的空间分异作用。北京市城市规划发展历程中绿色空间的演进、城市空间发展战略、边缘分散集团的人居模式变化等都可以印证居住环境要素的“约束-功能”影响对城市居住环境空间分异作用。

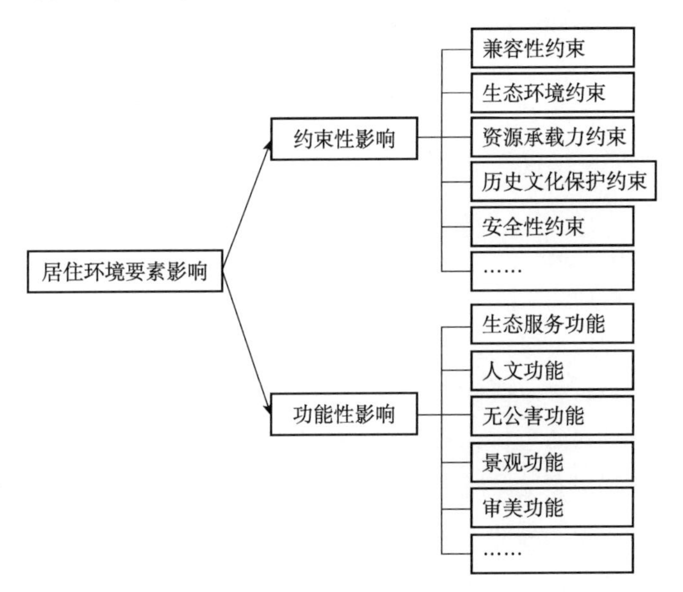

图 7-14 居住环境要素的“约束-功能”影响概念模型

城市自然人文环境要素的“约束-功能”影响模型函数表达式为

$$F = f(\text{Limit}, \text{Function}) \tag{7-1}$$

其中，Limit 为城市自然人文环境的“约束”影响因子集合，如兼容性约束、资源承载力约束、历史文物保护约束、安全性约束等。Function 为城市自然人文环境的“功能”影响因子集合，如生态服务功能、人文功能、无公害功能、景观功能、审美功能等。

1. 城市自然人文环境的“约束”影响分析

城市自然人文环境的兼容性约束影响，即考虑人类不同的开发方式与自然生态环境、人文环境的兼容性。兼容性差的开发行为必须进行严格的科学论证和科学选址，确保城市自然人文环境的环境安全、遗产安全和景观安全等；兼容性较好的开放方式必须在降低城市环境质量的原则下进行开发。兼容性约束的影响主要集中在旧城区和西山山脉香山、八大处等生态环境较好的西部生态轴带。旧城区兼容性影响主要是面临旧城更新改造与休闲产业的进入矛盾。因此，兼容性约束影响直接作用于居民的居住区位选择和居住空间结构，从而影响到城市居住环境的空间差异。

资源承载力约束影响，城市的发展需要考虑土地、人口密度、水资源压力、能源、交通、大气污染等对人口承载力的制约。参考《北京市城市空间发展战略研究》的成果，一是从土地资源来看，有限的土地资源及绿色空间对城市人口的发展和城市建设规模的制约；二是从适宜人口密度的制约来看，北京市将进一步降低四环以内的人口密度，人口向五环以外疏散；三是从水资源条件的制约来看，北京水资源紧张，城市建设与产业发展必需综合考虑水资源承载力的制约因素；四是从空间布局制约来看，北京城市发展的空间布局受到诸多生态及各类设施的约束。第二道绿化隔离带的楔形绿带应尽量向外延伸，形成西北挡、东南敞，生态廊道与城市建设轴互补。资源承载力约束影响，根本性地强化了城市居住环境的空间分异。

历史文物保护约束影响，重点是保护旧城的传统空间格局与风貌、积极疏散旧城的居住人口，鼓励发展适合旧城传统空间特色的文化事业和旅游产业，探索旧城保护与复兴的危房改造模式。文化遗产的保护包括世界文化遗产的缓冲区保护，以及其他文化保护单位的“原址保护”。这些举措对城市居住环境的空间分异影响是旧城区疏散人口有利于提高该地区城市居住环境质量，但旧城区旅游休闲产业的开发带来了交通拥挤、扰民、噪声污染、游客与市民抢占公共服务设施、治安不好等社会问题，直接导致城市居住环境的评价降低。文化遗产的保护有利于提升该地区的城市居住环境的品质。

安全性是居住环境最基本和最优先的保证。安全性约束影响，决定城市居住环境的好坏。从整体来看，北京市是安全的城市。从街区的安全性来看，根据零点公司的一项调查结果显示，公共场所的治安安全直接影响居民的社会治安安全感，人口密集地区和人烟稀少地区都会给人带来不安全感，偏僻的街道是令大家感到缺乏安全感的首要公共场所（51.9%）；而火车站地区由于人员多、流动性大、背景复杂，也是人们感到不安全的主要公共场所之一（41.5%）；郊区、娱乐场所分别以28.1%和25.0%的提及率位居缺少安全感的第三和第四位。这个调查在某种程度上解释了北京不同街道对治安状况满意度的空间差异。

2. 城市自然人文环境的“功能”影响分析

城市自然人文环境所具备的功能是城市居住环境空间形成的环境本底，是城市居住空间形成与发展的重要基础。城市自然人文环境所具备的生态服务功能、人文功能、无公害功能、景观功能、审美功能等，是城市人居环境质量的重要保障，现代工业化和城市化的快速发展造成的环境污染和环境破坏，已经引发了政府、机构、民间组织和个人等对城市环境问题的反思，城市自然人文环境所具备的功能在改善城市人居环境中越加重要。

生态服务功能对城市人居环境的影响，前面分析已经论述，在这里不加以论述。城市自然人文环境对城市居住环境空间分异的“功能”影响还包括以下几点：首先，安全性和健康性的保证是提升环境质量的重要内容。从前文分析可知，北京市具备了安全和健康的功能，居民对居住环境的安全性和健康性具有较高的满意度。其次，保全良好的生态环境、保护具有历史价值的景观、保护以绿色植被和水源为中心的区域、创造安静舒适的都市生活空间等有利于解决城市的污染、制止环境的进一步恶化。这些要素对提高城市的自然舒适性、人文舒适性等具有十分重要的意义。第三，进一步深化旧城区历史文化的保护和挖掘，增强人文功能、景观功能和审美功能，有利于提升居民对其所在区域的地区特色、历史特色和文化特色的价值认可。历史文化遗迹集中的区域和新兴社区等，居民对建筑景观的美感和协调具有较高的满意度，中心城区社区文化与氛围满意度也相对较高，居民对于周边区域特色与价值认可评价较高的区域主要集中在中心城区、香山、颐和园地区等。

本章小结

本章利用北京市居住用地出让数据和GIS空间分析方法，分析了转型期居住土地的空间变化规律，发现居住用地出让价格随着远离城市中心区呈逐渐降低的趋势，居住用地出让数量在时间序列上呈现出同心圆圈层式扩展态势。东部、北部城区的用地出让数量大于西部和南部城区，呈出“北多南少”、“东多西少”的空间差异，在出让价格上呈现“北高南低”、“东高西低”的空间格局。利用投标租金理论，分析了北京居住用地投标租金曲线形态和变化规律，发现北京居住用地出让价格基本符合单中心城市模式下的土地投标租金曲线理论预期，居住用地价格梯度总体呈现扁平化趋势，但在特定时段表现出多种曲线形态并存的空间特征。而交通条件的改善、城市次中心的形成及城中村与小产权房等因素对投标租金曲线的差异性有一定的影响。

第八章

城市公共服务设施与居住环境

城市公共服务设施是居住环境的重要组成部分，也是体现城市居民生活质量的重要方面（Marans et al.，1975），在居住环境建设中也日趋得到重视。本章对城市公共服务设施的分析分为以下三个部分：首先探讨服务设施对居民的重要意义；其次以北京城市为例，分析各类公共服务设施的空间分布特征，总结其现状、特征及原因；最后结合客观数据与主观数据，探讨城市公共服务设施可达性对居民福利的影响。

第一节　城市公共服务设施对居民生活的重要意义

当城市居民在进行居住区位决策时，区域内的教育、医疗、公园等公共服务设施可达性毫无疑问是一个重要的考虑因素（Alonso et al.，1964），它不仅意味着设施利用机会的多少，有时还决定了某些设施的可进入性（如学区的划分）。近年来国际上的前沿研究，无论是新城市主义理论、精明增长理论，还是紧凑城市理论，都反映出对服务设施的重新关注，其中，有出于对节约交通成本、反对城市扩张等经济和环境方面的考虑，而更多的则是对居民居住需求和感受的重视。实际上，国外已经出现了从郊区别墅到设施丰富的城市中心区的反向流动现象（Russonello et al.，2011）。

对于一些特殊群体而言，城市公共服务设施的重要性更为突出。例如，西方学者指出双职工家庭不仅需要平衡夫妻双方的职住距离，还要选择能够获得最多交通和服务设施的区位（Young et al.，1981），如果家庭里有小孩，那么学校、公园是最受重视的服务设施（Berheide et al.，1981）。而且对于女性而言，往往需要同时扮演雇佣劳动者和家庭照顾者的角色，因此理想的居住环境应该配备有完善的设施和服务来帮助女性完成她们的多重角色和需求（van Vliet，1985）。单亲家庭、独居老人等特殊群体因为缺乏家庭成员的帮助，对服务设施的需求也非常强烈（Rothblatt et al.，1979；Struyk et al.，1980；Lawton et al.，1981）。并且，对于这些群体来说服务设施的距离是没有弹性的（Newcomer，1976；Werkerle，1985），如尽管通常认为郊区的大型购物中心能够为消费者提供便利和经济，但是研究却指出位于社区内的便利店对居民来说更加方便（Hitchcock，1981）。

以北京市 2005 年居住环境调查结果为例，问卷调查了居民认为公共服务设施方便性在居住环境中所占据的重要程度，并分为“非常重要”“比较重要”“一般”“比较不重要”和“非常不重要”5 个级别。表 8-1 显示了对服务设施可达性具有不同偏好程度的居民样本数及所占比例，可以看出，认为服务设施可达性非常重要的居民比重为 25.5%，认为比较重要的居民比重为 27.4%，两者所占比重达到了所有样本的一半以上。而认为公共服务设施可达性不重要或非常不重要的样本仅占 13.7%。数据结果充分说明了公共服务设施可达性对于居民的重要性。

表 8-1　居民服务设施可达性偏好程度

偏好程度	样本数/个	百分比/%
非常重要	700	25.5
比较重要	751	27.4
一般	917	33.4
比较不重要	221	8.1
非常不重要	153	5.6
合计	2742	100.0

资料来源：2005 年北京问卷调查

为了进一步明确偏好公共服务设施的重点群体，课题组根据抽样调查数据，对居住环境偏好和居民的社会经济属性进行了对应分析（corresponding analysis）。从图 8-1 中可以看出，三口之家、女性、中低收入、公务员等群体倾向于认为公共服务设施“非常重要”，因为这部分人群一般承担着固定的家庭任务，对公共服务设施具有较大需求；而 30 岁以下、单身或两口之家的年轻群体倾向于认为公共服务设施“比较不重要”；自由职业者、服务人员、低收入等流动性较大的群体则倾向于认为公共服务设施“非常不重要”。

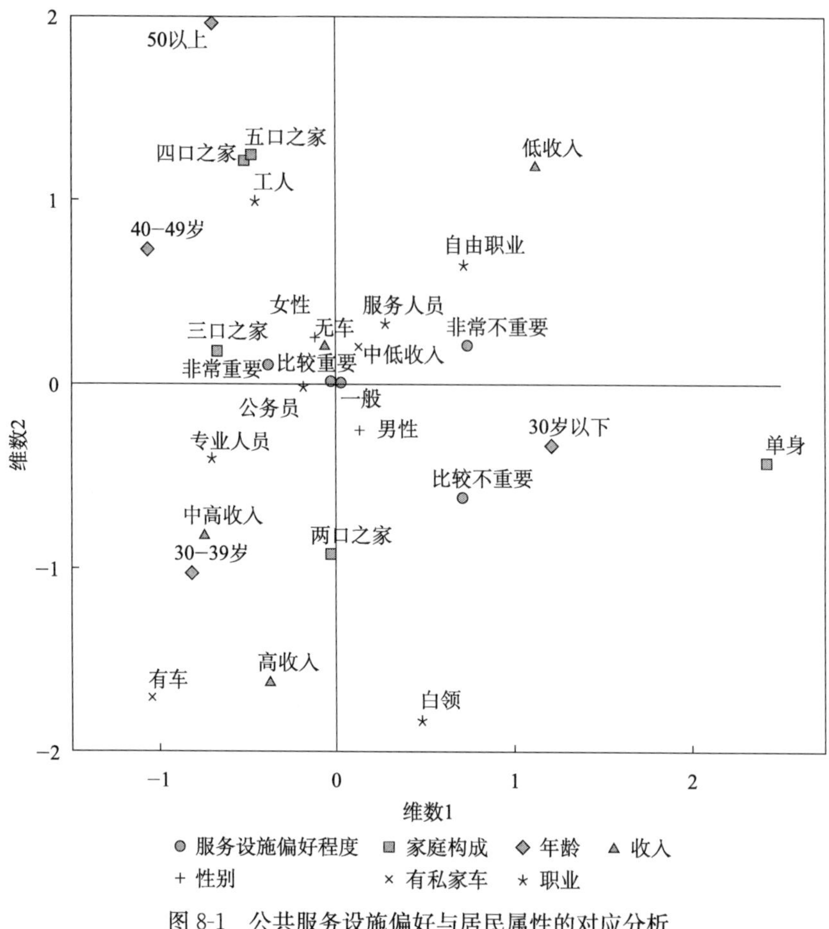

图 8-1　公共服务设施偏好与居民属性的对应分析

第二节　公共服务设施的空间分布特征与问题

一、刻画方法

以北京城区为例，在考虑设施等级的基础上结合数据可获得性，选取了和居住环境最为相关的公共交通、教育、医疗、购物、休闲、餐饮等 6 类公共服务设施，其具体细分类别如表 8-2 所示。

表 8-2　公共服务设施分类

公共服务设施分类	包含内容
交通	公共汽车站、地铁站
教育	小学、中学

续表

公共服务设施分类	包含内容
医疗	诊所、医院
购物	购物中心
休闲	公园、体育场馆等
餐饮	餐厅

首先采用最近邻层次聚类分析，这是一种探索点数据空间分布热点区域的分析方法，其原理是通过定义一个“聚集单元”的“极限距离或阈值”，将其与每一个空间点对的距离进行比较，当某一点与其他点（至少一个）的距离小于该极限距离时，该点被计入聚集单元，据此将原始点数据聚类为若干区域，称为一阶（first order）热点区；对一阶热点区利用同样方法，聚类得到二阶（second order）热点区，依次类推，可以得到更高阶的热点区域（王劲峰，2010）。这里采用 Crimestat 3.0 软件对各类公共服务设施空间分布的热点区域进行分析，主要探寻北京城区公共服务设施空间分布的热点集聚区规律特征。

二、北京市城市公共服务设施分布格局

北京市城市公共服务设施分布格局如图 8-2 所示。

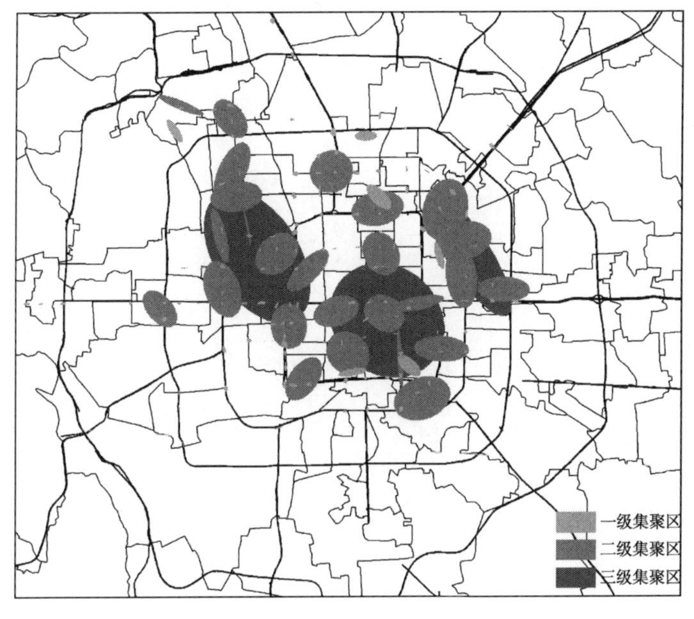

(a) 交通设施

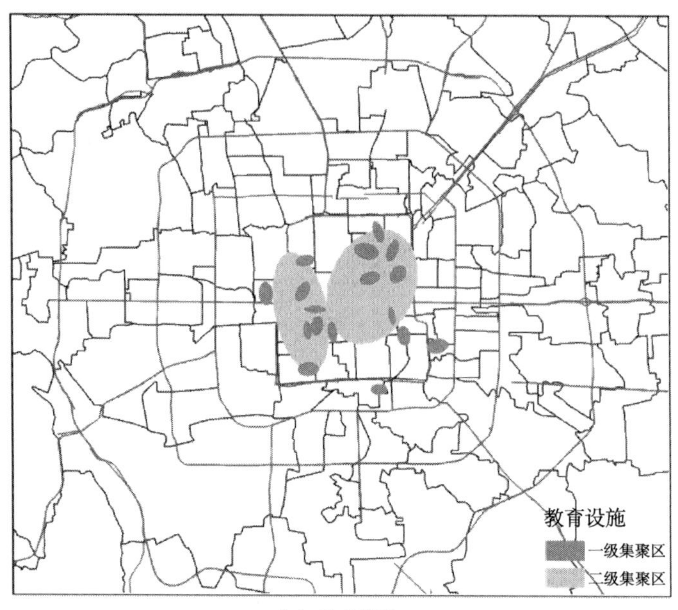

（b）教育设施

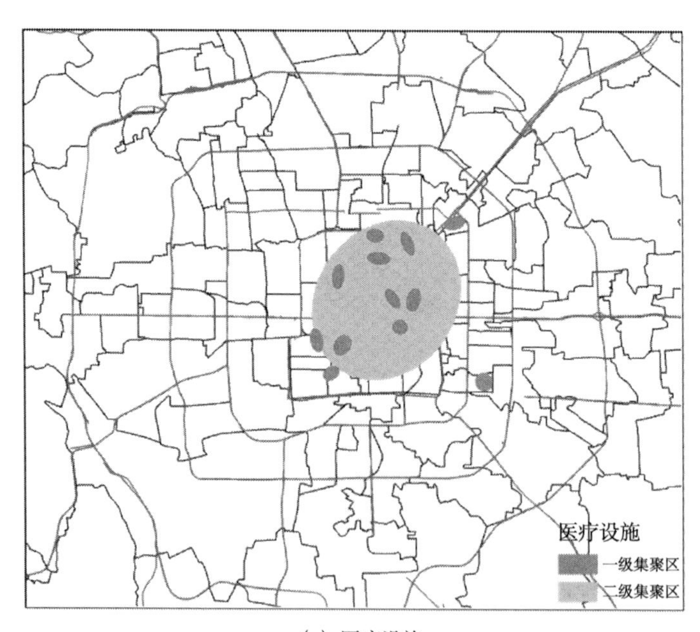

（c）医疗设施

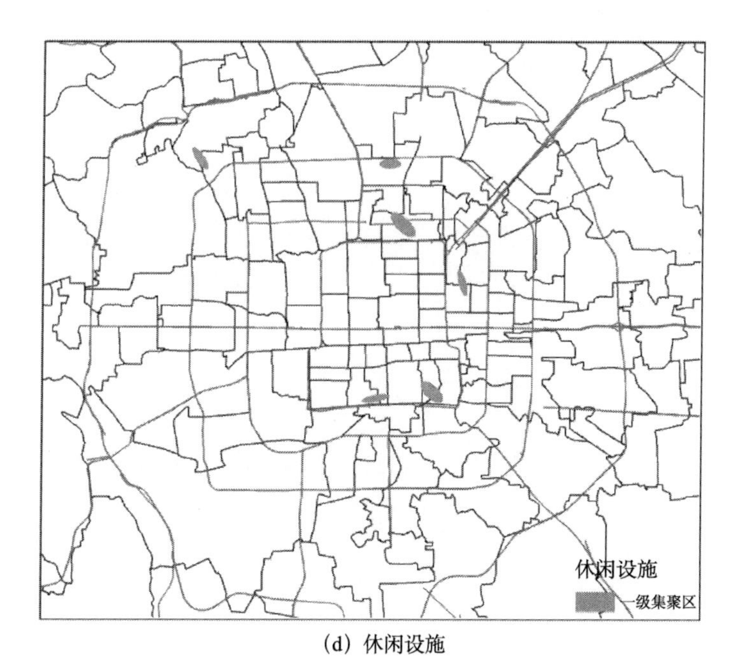

（d）休闲设施

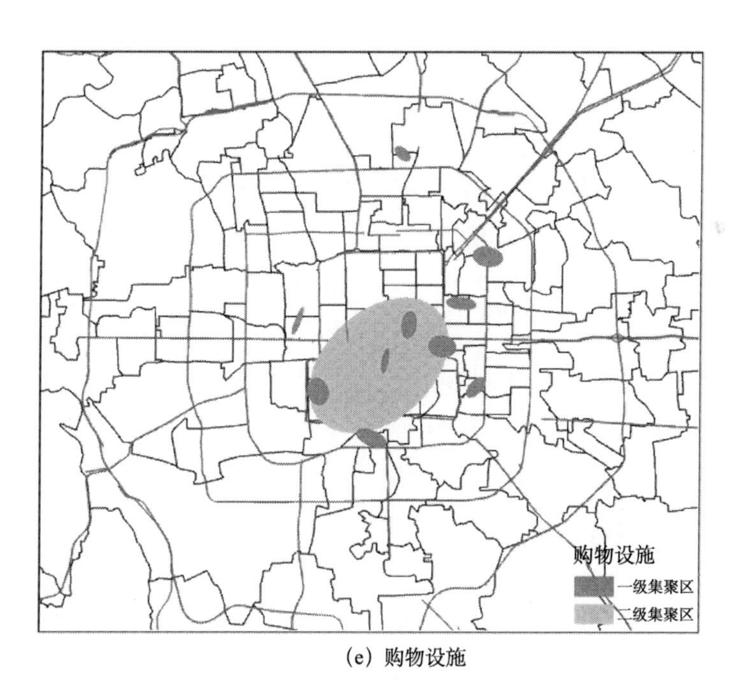

（e）购物设施

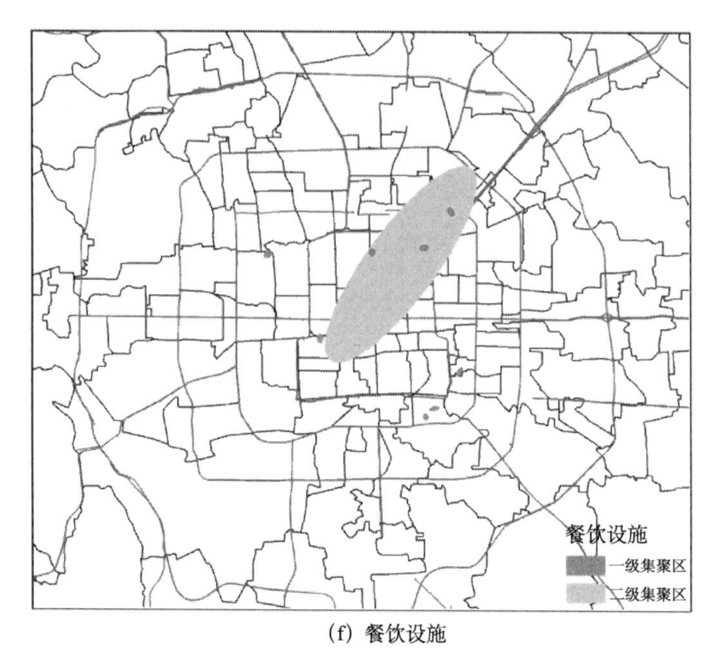

(f) 餐饮设施

图 8-2　北京城市公共服务设施的空间分布

1. 交通设施

公交站点是居民日常生活出行的重要节点，对提高居民出行效率和改善居民生活质量的重要性不言而喻，因此，公交站点在城市范围内数量众多，且空间分布均衡性较好，共形成三级热点集聚区。其中，一级集聚区具有明显的主要交通道路导向特征，城市环路、长安街和高速公路等主干道构成城市公交站点分布的核心骨架，而城市次干道和支路等对公交运行的容纳能力还比较有限，公交站分布密度相对要低；二级集聚区共有 26 个，在城市四环以内较为均匀地分布；三级集聚区共有 3 个，主要分布在西二环与西三环之间区域、二环以内区域、东三环与东四环之间的区域。

2. 教育设施

中小学教育设施在空间上的集聚分布趋势明显，主要集中于城市二环以内的区域，且在二环外的临近街道有少量分布。其中，一级集聚区主要分布在二环内的新街口、景山、东四、交道口、椿树和白纸坊等街道，以及二环外的劲松、月坛和永定门外等街道；二级集聚区共有 2 个，主要聚集在二环区域以内，说明教育设施空间分布的不均衡现象比较突出，东城区和西城区作为北京市的内城核心区域，这里不仅集中了大量教育设施的分布，同时还聚集了众多优质的教育资源。教育资源在内城区的高度集聚，不仅与该区域人口分布密度较高有关，同时也是区域经济发展水平、城市历史惯性和社会空间结构等因素共同作用的结果。

3. 医疗设施

同教育设施分布类似，医疗设施也主要集聚在二环以内的内城区，并在少数街道零星分布。其中，一级集聚区主要集中二环以内的安定门、交道口、北新桥、什刹海、东华门、建国门、椿树和陶然亭等街道，并在左家庄和潘家园等街道有小规模集聚现象；二级集聚区仅有 1 个，主要分布在二环内由东北向西南的延伸区域。不难看出，医疗资源空间分布的“中心—边缘”结构十分明显，内城区医疗设施分布相对密集，并集中了大量三甲医院，而城市近远区的医疗设施分布密度较低，并缺乏优质医疗资源，医疗资源的空间不公正已对城市郊区居民生活质量产生消极影响。

4. 休闲设施

随着北京市居民物质生活水平提高，休闲设施的消费需求也快速被释放出来，休闲设施的空间可达性和服务质量已对市民身心健康、社会交往等方面产生深刻影响。与其他公共服务设施空间分布有所不同，由于休闲设施的服务门槛人口相对较高，其空间分布密度明显要低，仅形成 6 个一级集聚区，主要分布在万柳、亚运村、和平、朝外、体育馆和陶然亭等街道。值得注意的是，北城的休闲设施集聚区数量要明显多于南城区域，随着奥运公园等休闲设施逐步建成，休闲设施空间分布的南北差异会进一步加剧。

5. 购物设施

北京市购物设施空间分布呈现出中心集中和外围分散的特征。其中，一级集聚区主要分布在内城区的东华门、建国门、前门—大栅栏、牛街、西长安街等传统商业中心所在区域，并在潘家园、西罗园、展览路和朝外等区域条件优越地区分布密度也相对较高，另外，随着城市空间的快速扩张，亚运村和麦子店等街道附近的购物中心也逐渐兴起，能够满足当地居民的日常购物需求；二级集聚区仅有 1 个，主要集中在城市二环以内的传统商业中心地区。

6. 餐饮设施

餐饮设施是居民日常生活设施的重要组成部分，居民使用频率也相对较高，故其空间分布密度要高于一般公共服务设施，并且在城市三环内分布相对均匀。其中，一级集聚区主要集中在城市的区域就业中心、商业中心或旅游中心等，包括甘家口、什刹海、北新桥、左家庄、广安门内、劲松和方庄等街道；二级集聚区仅有1个，呈现出由四环内的东北向西南方向带状延伸特征。整体来看，餐饮设施在城市内部的空间分布均衡性较好，仅在少数人流量较大的区域形成热点集聚区。

三、城市公共服务设施分布总体特征与成因

综上所述，公共服务设施分布的最大特征是在内城区集聚程度高，越远离城市中心，服务设施分布密度越低，郊区的公共服务设施配置严重滞后。究其原因，过去30多年我国经历了由市场和政府共同推动的快速城市空间扩张。期间市场引发的工业化带动城市化的发展，政府则为城市扩张和郊区化提供制度支持和公共物品。由于市场的发展通常领先于政府的规划管理和政策制定，郊区就业与配套设施大大滞后于住宅的发展速度，同时低密度蔓延式的郊区化（陆大道，2006）也不利于城市公共服务设施配套建设和公共交通的组织运营，导致郊区公共服务设施供需矛盾日渐突出（崔功豪等，1990）。与此同时，土地和住房的市场化进一步切断了住房和服务设施的联系。传统的单位生活圈是一种功能高度融合的居住模式，能够大大减轻职工家务劳动的负担（揭艾花，2001），这一建设模式和新城市主义对“混合功能区”的要求相吻合。但是土地和住房市场化以后，居住设施和服务设施的关系发生改变，开发商成为居住设施的建造主体，而服务设施的建设主体则多元化，导致住房和服务设施的建设无法同步。

第三节　城市公共服务设施可达性对居民福利的影响

研究结果表明，随着城市快速扩张和单位生活圈的逐渐瓦解，新建社区的交通、娱乐、医疗、购物设施便利性都显著下降。更为重要的是，福利住房分配制度的取消以及房地产市场的快速发展为居民提供了自由选择住宅区位的可能性，掌握资源丰富、支付能力较强的群体更可能在市场中实现其公共服务设施可达性的偏好，因此居民支付能力的差异有可能在住房市场中显现出来，导致公共服务设施的居民福利出现巨大差异（图8-3）。

一、关键指标的测度

1. 居民福利

本节采用满意度作为刻画居民福利的指标，作为反映居民获取的客观福利

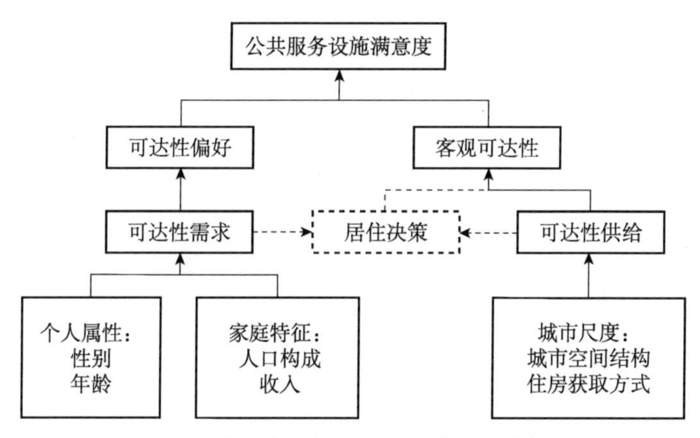

图 8-3　公共服务设施可达性满意度的分析框架

与其期望水平的函数，能够帮助解释居民物质生活与其主观感知存在的相关关系。在居住研究中，居住满意度常常被用来测度居住环境对居民需求的满足程度（Campbell et al.，1976；Andrews，1980；Yang，2008）。本书在问卷中选取和公共服务设施可达性有关的教育、医疗、购物、餐饮、休闲和公共交通等 6 项指标，满意度从低到高分别赋值为 1、2、3、4、5 分，综合公共服务设施可达性满意度为这 6 项指标得分的均值。

服务设施可达性满意度的均值比较结果如表 8-3 所示。被调查者的平均满意度为 3.420，满意程度仅为一般。依据前面的理论框架，由于偏好和现实的错位在郊区中表现得更明显，郊区的可达性满意度会低于内城，调研的结果验证了这一假设，即内城到郊区的满意度不断显著降低。从住房获取方式来看，福利房中的居民服务设施可达性满意度最高，商品房和自建房中的居民满意度均显著低于福利房，其中自建房的满意度最低。从搬入现有住房的年代来看，满意度在 1995 年后有所降低，但 2000 年之后出现反弹。由于对满意度的影响还来自其他有关家庭因素（如家庭构成、收入、职业等），下面将采用多元回归来检验与中国城市发展和住房改革相关的空间和时间因素对可达性满意度的独立影响。

表 8-3　服务设施可达性满意度比较

分项		均值	显著性
合计		3.420	
区位	二环以内	3.501	（参照组）
	二环至四环	3.424	**
	四环以外	3.322	***

续表

分项		均值	显著性
住房获取方式	福利房	3.448	(参照组)
	商品房	3.364	***
	经济适用房	3.388	
	自建房等	3.259	***
搬入时间	1995年及以前	3.435	(参照组)
	1995～2000年	3.354	**
	2000年及以后	3.372	**

注：采用均值 t 检验，$N=2800$； ** 表示 0.01 水平显著；*** 表示 0.001 水平显著；其他表示不显著

资料来源：2005年北京问卷调查（谌丽等，2013）

2. 基于GIS的客观设施可达性指标

设施可达性的计算方法有多种，常用的有缓冲区分析法，最小邻近距离法、行进成本法和吸引力指数法等。此处采用缓冲区分析法①来测度公共服务设施可达性，这是基于两方面的考虑：其一，设施的质量、等级各不相同，居民在承受距离之内的设施数量表明居民可以在多个设施之间做出选择，更能反映公共服务设施的完善程度；其二，居民的出行方式和能力存在差异，直接考虑最近距离有失偏颇。缓冲区的半径根据人们的日常活动范围决定。普遍认为5分钟路程是较舒适的步行距离，若按5千米/小时步速行走距离为416米，15千米/小时骑车速度距离为1000米左右，这也符合新城市主义及TOD模式的构想②。因此，本研究选择500米、1000米为半径的缓冲区较为合理。

表8-4分别展示了不同区位、不同住房获取方式和不同搬入时间分类下，客观设施可达性与其对应参照组的比值。首先可以看出，除运动场馆以外，从内城到郊区服务设施可达性呈现显著下降趋势，小学、中学、公园、购物中心的可达性降低程度尤为剧烈，这和设施的空间分布特征一致。其次就住房获取方式而言，商品房周边除地铁、公园和运动场馆外，其他服务设施的可达性都显著低于福利房；经济适用房和自建房等周边的部分服务设施可达性也显著低于福利房。就搬入现住房的年代而言，1995～2000年小学、中学的可达性显著降低，其余可达性的差异不显著；2000年之后除运动场馆外，其余几乎所有设施

① 采用GIS10.0软件中的“buffer”功能，可以以居民调查点为基础，自动建立其周围一定宽度范围内的缓冲区多边形图层，然后采用“spatial join”功能，将该图层与不同服务设施的点状图层叠加分析，计算出落在每一个缓冲区范围内的各服务设施数量。

② 新城市主义提倡者倡导把半径400～500米步行圈作为重点设计居民的活动空间，提出“5分钟步行区”的邻里规划模式；TOD构想则是以公共交通站为核心，基于设施均衡布局和内部服务的自足性，倡导在1000米范围内实现各种功能活动较均衡混合。

的可达性与1995年前相比都有不同程度的降低，这可能是由2000年之后城市扩张和商品房建设的速度大大加快所致。

表 8-4　客观服务设施可达性比较

500/1000m缓冲区范围内的服务设施	区位（二环以内为参照）		住房获取方式（福利房为参照）			时间（1995年之前为参照）	
	二环至四环	四环以外	商品房	经济适用房	自建房等	1995～2000年	2000年以后
公交_500	0.90***	0.38***	0.84***	0.89**	0.83**	1.03	0.92**
公交_1000	0.78***	0.35***	0.84***	0.92**	0.87***	1.01	0.92***
地铁_500	0.47***	0.61***	0.92	0.34***	0.95	0.77	0.78*
地铁_1000	0.39***	0.33***	0.82**	0.65***	0.93	0.87	0.88
小学_500	0.50***	0.19***	0.85*	0.66***	1.05	0.76*	0.93
小学_1000	0.37***	0.11***	0.75***	1.03	0.90	1.07	0.91**
中学_500	0.63***	0.12***	0.77***	0.90	0.99	0.79**	0.92
中学_1000	0.55***	0.14***	0.79***	0.95	0.90	0.91*	0.86***
公园_500	0.37***	0.11***	1.17	0.93	0.76	1.11	0.93
公园_1000	0.49***	0.22***	0.89*	0.83*	0.70	1.07	0.86**
运动场馆_500	1.28**	1.26***	1.22**	1.26*	1.23	1.09	1.38***
运动场馆_1000	0.94	0.77***	1.03	1.08	0.95	1.09	1.20***
购物中心_500	0.82***	0.14***	0.78***	0.93	0.84	1.00	1.01
购物中心_1000	0.78***	0.17***	0.86***	0.95	0.83**	1.01	0.91**
诊所_500	0.55***	0.28***	0.82***	0.91	0.90	1.07	0.89**
诊所_1000	0.55***	0.26***	0.85***	0.88**	0.82***	1.04	0.91***
医院_500	0.44***	0.25***	0.88**	1.03	0.98	1.03	0.95
医院_1000	0.51***	0.25***	0.86***	0.99	0.96	0.93	0.92**
餐馆_500	0.90***	0.25***	0.84***	0.83***	0.93	1.06	0.98
餐馆_1000	0.84***	0.26***	0.86***	0.92**	0.95	1.02	0.94**

注：采用均值t检验，$N=2800$；*表示0.1水平显著；**表示0.01水平显著；***表示0.001水平显著；其他表示不显著

资料来源：2005年北京问卷调查

二、模型构建与变量描述

现利用多元回归模型，重点考察中国城市发展和住房改革相关的时空间因素对城市公共服务设施可达性满意度的影响（图8-3）。使用综合公共服务设施可达性满意度作为回归模型的因变量，自变量则包括以下四方面因素。

（1）客观设施可达性。模型中引入一组反映客观设施可达性差异的指标，即居民样本点周边500米、1000米范围内公共服务设施的数量。

（2）与中国城市发展和住房改革相关的空间和时间因素。为了考察城市扩

张的影响，引入了区位变量，分别是内城（二环以内）、近郊（二环至四环）、远郊（四环以外）。根据问卷中被调查者对住房产权类型的回答，将居民的住房获得方式分为四种类型，分别是：①从过去的福利分配制度继承而来的非市场性住房；②商品房或市场租住房；③经济适用房；④自建房、继承房、回迁房等。这些类型意味着居住决策过程中所拥有的自由选择度，以及不同的公共服务设施配置水平。其中，商品房或市场租住房居民能够自由选择住房的区位和大小；经济适用房居民对住房具有有限的决策自由；福利房由单位分配，居民选择余地不大。此外，居民在原址重建的自建房、从亲属处继承而来的继承房，以及居民被动拆迁获得的回迁房居民对住房区位和大小的选择余地也很小。为了体现城市发展在时间轴上的变化，还引入了居民搬入现有住宅年份的变量，分为 1995 年之前、1995～2000 年、2000 年以后 3 个类型。

(3) 个人及家庭属性。根据前面的理论分析，模型中还引入了被调查者的性别、年龄、职业类型变量，以及家庭人数、家庭月收入、是否拥有私家车等变量。

(4) 此外，考虑到住房特征和就业通勤情况等可能对公共服务设施可达性具有一定的替代作用，我们还引入了通勤时间和住房面积 2 个变量。

模型变量选择及样本统计描述见表 8-5。模型的结构为

公共服务设施可达性满意度＝f（客观设施可达性，居住区位，住房获取方式，入住年代，性别、年龄、职业等个人属性，家庭人口构成、家庭收入、私家车拥有率等家庭属性，住房面积，通勤时间）

表 8-5　模型变量选择及样本统计描述

变量		样本数	比重（均值）	变量		样本数	比重（均值）
性别	女性	1424	50.9%	家庭月收入	3000 元以下	689	24.6%
	男性	1376	49.1%		3000～4999 元	1085	38.8%
年龄	＜30 岁	1194	42.6%				
	30～39 岁	662	23.6%		5000～10 000 元	804	28.7%
	40～49 岁	613	21.9%				
	＞50 岁	331	11.8%		10 000 元以上	222	7.9%
职业类型*	公务员	273	10.7%	区位特征	二环以内	547	19.5%
	专业人员	580	22.7%		二环至四环	1397	49.9%
	白领	418	16.4%		四环以外	856	30.6%

续表

变量		样本数	比重（均值）	变量		样本数	比重（均值）
职业类型*	工人	590	23.1%	住房获取方式	商品房	790	28.2%
	服务人员	235	9.2%		经济适用房	294	10.5%
	自由职业	460	18.0%		自建房等	151	5.4%
是否拥有私家车	是	290	10.4%		单位福利房	1565	55.9%
	否	2510	89.6%	搬入时间	1995年以前	1672	59.7%
家庭人数（均值）		2800	2.6人		1995～2000年	288	10.3%
					2000年以后	840	30.0%
				住房面积（均值）		2779	74.4m^2
				通勤时间（均值）		2800	35.8分钟

注：专业人员是指教师、科研人员、律师、医生等；白领指在金融、保险、房地产、高科技等行业就业的人员

资料来源：2005年北京问卷调查

三、分析结果

由于客观设施可达性与城市发展的结构和制度等存在较大相关性，所以针对仅引入客观可达性变量、仅引入城市发展结构和制度变量两种情况分别构造模型，回归结果如表8-6所示。

表8-6　公共服务设施可达性满意度影响因素的多元回归模型

变量		模型1			模型2		
		非标准化系数	标准系数	t Sig.	非标准化系数	标准系数	t Sig.
常量		3.376		49.143***	3.663		51.366***
基于GIS的客观可达性	公交_500	0.002	0.030	1.099			
	公交_1000	0.000	0.018	0.557			
	地铁_500	−0.003	−0.002	−0.063			
	地铁_1000	0.058	0.062	2.390**			
	小学_500	0.028	0.024	1.143			
	小学_1000	−0.006	−0.027	−0.831			
	中学_500	0.000	0.000	0.000			
	中学_1000	0.023	0.069	1.941*			
	公园_500	−0.010	−0.005	−0.196			
	公园_1000	0.063	0.062	2.669***			
	运动场馆_500	−0.023	−0.023	−0.928			
	运动场馆_1000	−0.003	−0.005	−0.219			
	购物中心_500	0.011	0.015	0.566			
	购物中心_1000	−0.010	−0.034	−1.061			
	诊所_500	0.022	0.055	1.979**			
	诊所_1000	0.009	0.065	1.906*			
	医院_500	−0.008	−0.011	−0.425			

续表

变量		模型 1			模型 2		
		非标准化系数	标准系数	t Sig.	非标准化系数	标准系数	t Sig.
	医院 _ 1000	−0.011	−0.032	−1.066			
	餐馆 _ 500	−0.004	−0.025	−0.704			
	餐馆 _ 1000	0.000	0.003	0.082			
区位（二环以内为参照）	二环至四环				−0.089	−0.071	−2.692***
	四环以外				−0.179	−0.132	−4.969***
住房获取方式（单位福利房为参照）	商品房				−0.088	−0.063	−2.885***
	经济适用房				−0.063	−0.032	−1.515
	自建房等				−0.180	−0.066	−3.280***
搬入年份（1995 年前为参照）	1995～2000 年				−0.081	−0.040	−1.960*
	2000 年以后				−0.068	−0.050	−2.294**
性别（女性为参照）		0.028	0.022	1.126	0.026	0.021	1.054
收入（低收入为参照）（3000 元以下为参照）	中低收入（3000～4999 元）	0.141	0.110	4.273***	0.133	0.104	4.051***
	中高收入（5000～10 000 元）	0.172	0.125	4.686***	0.170	0.124	4.649***
	高收入（10 000 元以上）	0.270	0.117	4.974***	0.268	0.117	4.922***
年龄（30 岁以下为参照）	30～39 岁	−0.039	−0.027	−1.216	−0.027	−0.019	−0.855
	40～49 岁	−0.097	−0.065	−2.797***	−0.095	−0.063	−2.736***
	50 岁以上	−0.104	−0.054	−2.373**	−0.119	−0.062	−2.722***
职业（服务人员为参照）	公务员	−0.060	−0.029	−1.070	−0.072	−0.036	−1.300
	专业人员	−0.095	−0.064	−1.965*	−0.124	−0.083	−2.571**
	白领	−0.121	−0.072	−2.355**	−0.137	−0.081	−2.669***
	工人	−0.120	−0.081	−2.482**	−0.147	−0.099	−3.042***
	自由职业者	−0.148	−0.091	−2.969***	−0.163	−0.100	−3.286***
家庭构成		−0.014	−0.021	−0.957	−0.011	−0.016	−0.738
私家车拥有（无车为参照）		−0.011	−0.006	−0.269	−0.010	−0.005	−0.244
通勤时间		−0.001	−0.043	−2.184**	−0.001	−0.039	−1.988**
住房面积		0.000	−0.011	−0.524	0.000	0.008	0.376
R^2		0.058			0.047		
调整 R^2		0.044			0.038		

注：N=2542；* 表示 0.1 水平显著；** 表示 0.01 水平显著；*** 表示 0.001 水平显著；其他表示不显著

（1）模型 1 表明不同公共服务设施的客观可达性对居民服务设施满意度的影响程度不同。其中，影响显著的有 1000 米缓冲区范围内的地铁站、中学、公园数量，以及 500 米、1000 米范围内诊所的数量，而且其回归系数均为正，表明周边的公共服务设施数量越多，公共服务设施可达性满意度越高。其中，除诊所外，地铁站、中学、公园的服务半径都相对较大，而地铁站和公园是北京市公共服务设施建设的短板（缓冲区范围内的数量最少）。同时还可以看出，对于居民而言，1000 米缓冲区的公共服务设施可达性比 500 米缓冲区更为重要。

（2）模型 2 中区位变量显示出对公共服务设施可达性满意度的显著且强烈的影响，表现在标准化回归系数的绝对值最大，表明了该变量的重要性。居住在二环以外的居民对公共服务设施可达性的满意度低于内城居民，其中，四环以外的居民满意度最低。同时，住房分配制度和搬入时间均对公共服务设施可达性满意度存在显著的影响。首先，居住在自建房、继承房、回迁房中的居民，由于对居住环境没有自由选择的权利，其公共服务设施可达性满意度最低，并且回归系数的绝对值远远大于商品房和经济适用房。而同时，尽管理论上商品房房主能够在市场上自由选择满足自身偏好的住房，其公共服务设施满意度应该更高，但是实际上他们对公共服务设施可达性的满意度也显著低于单位福利房中的居民，从而验证了我国单位福利房到商品房转变过程中公共服务设施可达性的剧烈下降。从搬入现住房的年份来看，1995 年之后搬入的居民公共服务设施可达性满意度显著低于 1995 年之前搬入的居民。西方文献指出，由于居住偏好是动态的，居住年限越长，满意度越有可能降低。显然本研究的分析结果与此并不相符。唯一的解释是，1995 年以后的客观设施可达性与 1995 年以前相比显著降低（表 8-4），从而导致公共服务设施可达性满意度降低。

（3）部分个人及家庭的社会经济属性也对公共服务设施可达性满意度产生了显著的影响。其中，家庭月收入的影响最大，其回归系数的绝对值大于其他多数变量。和文献结论一致，收入越高的居民公共服务设施可达性满意度越高，因为他们更有能力满足其公共服务设施可达性偏好。年龄对服务设施可达性满意度的影响系数为负，即与 30 岁以下的年轻人相比，40 岁以上的居民服务设施可达性满意度更低。可以从两方面理解：一方面，40 岁以上的居民大多已经成家抚育小孩，承担的家庭任务繁重，对于公共服务设施的需求更高；另一方面，老年群体在住房市场上的资源掌握能力较弱，因此更不容易获得令人满意的公共服务设施可达性。职业类型对居民的职住分离程度也存在显著影响。相比于服务人员，白领、专业人员、工人和自由职业者的服务设施可达性满意度显著更低。这可能是因为服务人员在工作中能够兼顾家庭，而其他职业的居民更需要获得公共服务设施的支援，因此在相同情况下，他们更容易产生公共服务设施可达性偏好与现实的错位，从而满意度更低。

（4）通勤时间与公共服务设施可达性满意度存在统计显著但系数较小的负相关，表明居民的通勤时间越短，公共服务设施可达性满意度越高，即通勤时间和公共服务设施可达性并不是相互替代的关系，与文献中的结论不符。这可能与我国的单中心城市结构有关，由于城市功能过于集中，公共服务设施丰富的地区通常也是就业机会集中的地区。回归结果没有显示出住房面积对公共服务设施可达性满意度具有显著影响，也就是说住房面积与公共服务设施可达性的权衡还不显著。相应地，家庭是否拥有私家车对公共服务设施可达性也没有显著影响。

本章小结

城市公共服务设施在居民的居住决策中占据重要的地位，对于三口之家、女性、中低收入等群体尤其如此。从内城到郊区服务设施数量呈现显著下降趋势，小学、中学、公园、购物中心的减少尤为明显，主要原因是城市空间扩张和住房制度改革。关于居民福利的回归模型进一步证明，城市空间扩张导致居民对公共服务设施的满意度显著且剧烈地降低。而在单位福利房到商品房的转变过程中，尽管居民自主选择余地增大，但是由于商品房服务设施配套滞后，居民满意度也有降低的趋势；不能自由选择居住环境的自建房、继承房和回迁房中的居民满意度最低。此外，住房市场化的影响还体现在个体偏好及资源掌握能力的差异逐渐凸显，低收入、高龄、需要兼顾专业工作的居民满意度最低。

对此我们提出以下建议：①实证研究发现影响居民服务设施可达性满意度的缓冲区半径主要是1000米，因此建议城市规划重点建立1000米半径的居民生活圈，在此范围内配备各种服务设施。②城市扩张会导致居民服务设施可达性满意度降低，因此，规划中要加强郊区公共服务设施建设力度。建议在郊县推进区县级—乡镇级—社区级公共服务设施体系，首先加强郊县政府所在街道或乡镇的公共服务设施建设，完善其城市综合职能，其次街道/乡镇应承担一定区域的综合服务职能，基本实现内部自我平衡和自给自足，最后结合我国居民当前的生活和出行方式，在1000米生活圈范围内配建较完善的能满足单元内部居民物质与文化生活需要的公共服务设施。③政府在商品房建设初期应做好规划，明确职能，实现和市场的多方协作。对于交通、学校、医疗等公益性服务设施，政府作为投资建设和经营的主体，规划中应依据用地的城市职能、人口规模和发展需求等，对设施的职能级别、用地规模和选址布局予以明确规定并贯彻落实；对于休闲、购物、餐饮等由市场配给的经营性公共设施，需要政府从城市整体需求的角度控制用地总量和配置比例。④公共服务设施规划需要强化公共资源属性，在设施布局中坚持人文关怀和社会公正的原则，切实保障公益性公共设施的建设用地和服务供给。传统的公共设施配置仅以用地和人口总量作为参考依据显然是不够的，应根据各类社区所承载的社会群体构成及其需求的不同，以人口密度、年龄构成、社会经济地位等社会特征作为配套标准的修正性参数，共同构成体现差异化的设施配置标准。对于面向学龄儿童、老龄人口等特定群体的服务设施，需要进行群体总量分析和发展预测，同时结合人口流动和分布趋势，判断该类人群的相对密集聚集区，尽量集中配置服务设施。

第四篇

用地与人居环境

在美好城市中，存在着活动融合体：生活、工作、购物，以及公共的、精神上的和娱乐活动的场所彼此距离都很近。

——艾伦·雅各布斯（2011）

按照经济学理论，居民对居住区位选择是依据居民自身需求和支付能力来决定自己最满意的居住空间。假定居民的收入分为住房消费和其他消费两部分，当住房消费支出较大时，只能缩减其他消费支出，否则，将超出居民的预算约束。事实上，不同收入阶层的单位货币支出的边际效用是有差别的。高收入阶层与低收入阶层相比较，在总收入中，由于可支出的总量较高，用于住房消费支出的比例也就较大。因此，在选择居住区位时，受区位约束要比低收入阶层小，居住区位选择的自由度相对较大，一般选择城市中区位条件最好的住宅。中低收入阶层受收入的约束大，用于住房消费的支出相对较低，在居住区位选择时，只能选择适合于自己购买能力的区位，如城市的郊区或环境质量较差的区位，或者降低居住面积，购买区位条件较好的住宅区。

第九章

居住用地价格的时空演变格局与特征

土地市场的空间性一直是城市地理学和城市经济学研究的重要议题之一。改革开放以来，伴随着城市化进程的加快和土地有偿使用制度的推行，市场机制在我国城市土地资源空间配置方面作用日益突出，城市土地市场的形成和发展加速了城市内部旧城区的更新改造和郊区化的发展，城市居住用地的时空格局演变对城市发展的影响逐渐成为城市地理学界关注的热点问题，并主要形成了以下研究方向：①从城市地理学的角度出发，研究居住用地在城市内部的实际分布格局和特征要素；②基于城市社会学的研究，以经典的理论模型为指导，研究不同社会阶层选择居住用地的空间分布状况及居住空间结构模型；③立足经济学的研究视角，综合分析城市区位要素与居住地价格的深层关系，揭示地价空间分异规律及其驱动机制；④应用地理信息系统等空间技术，对土地价格的空间特性及其影响因素进行定量分析。本章研究基于对北京市居住用地市场的长期数据追踪，运用 GIS 空间分析和计量统计等方法，同时通过检验投标租金模型在转型期土地市场有效性及发展变化规律，解析交通条件的改善、城市次中心的形成及城中村与小产权房等因素对投标租金曲线的差异性影响，进而用以探讨中国转型期城市内部土地市场中不同土地开发区位之间的价格空间差异性及其影响机制。

第一节　研究数据与方法

一、研究区域

本研究区域范围主要集中在北京六环内，包括由东城区、西城区、石景山区、海淀区、朝阳区、丰台区组成的中心城区，以及昌平区的回龙观、天通苑、通州新城、大兴黄村等4个远郊区的重点居住用地开发区域，共134个街道。该区域是北京市居住用地的开发和建设的主要地区，占北京全市土地交易量的80%以上。其中，五环内区域（包括东城区、西城区、宣武区、崇文区，以及石景山区、海淀区、朝阳区、丰台区核心部分）目前是北京市居住用地开发和建设的重点地区，尽管土地面积仅占北京市的8.3%，但常住人口数却占到62.0%，人口密度远超过963人/千米^{2}的全市平均水平[①]。

二、研究数据

选取1992～2009年的居住用地出让地块进行了数据的预处理，剔除数据断缺及无效地块，筛选得到研究区域内有效居住用地地块样本3431个，数据信息包括地块位置、价格、面积等。根据研究进度的不同采用的数据量有所差别，其中对居住用地出让价格的格局演变研究使用1992～2006年的数据，使用筛选出有效居住用地地块样本2666个，研究居住用地投标租金曲线特征时使用1992～2009年全部数据。

同时，对2005年出版的《北京市行政区划地图集》，通过数字化手段得到北京市行政区划图，并将居住用地出让地块数据与其对应。

三、研究方法

除了采用常用的统计分析方法以外，城市土地投标租金曲线分析也是关注城市土地开发区位配置及其空间结构的演变及其影响因素，特别是其中居住用地市场的空间结构与演化模式的最具代表性的方法之一。利用这一方法也可以探讨城区内交通条件的改善、城市次中心的形成、城中村与小产权房等条件变化对居住用地价格格局带来的特征性影响。

（一）投标租金曲线的一般形式

经典的土地投标租金模型是解释城市土地市场的基本理论。该理论认为，某一地块的最终用途取决于不同竞标者愿意支付的价格，从而将土地用途与城市经济活动的生产相结合，为城市空间结构的分析提供了最基本的理论依据。城市空间结构研究的两个核心问题就是厂商以收益最大化为目标的企业选址行为和家庭以效用最大化为目标的居住选址行为。在市场力量与制度力量的共同作用下，最终，企业的选址决策会体现在企业用地的投标租金函数（简称竞租

---

① 数据来源：《北京市统计年鉴2007》

函数，bid-rentfunction）上，而家庭的选址行为则会以居住用地投标租金函数的形式得以体现。当企业和家庭的选址行为均达到最优时，城市空间结构也就达到了均衡。国内外许多大都市的空间演变过程，都验证了土地投标租金模型对城市土地利用模式的预测。

依据土地投标租金模型，单中心城市理论框架一直在解释城市空间结构及其演变方面占据着主导性地位。单中心城市模型描述了一个简单的静态城市空间结构：假定就业活动集中在CBD，家庭会权衡不同区位的通勤成本和地价水平从而进行选址决策，其对城市土地价格（租金）空间分布规律的一个重要推论是，地价随着到CBD距离的增加而减小。在利用该推论进行实证研究时，通常将地价与到CBD的距离之间关系设定为指数函数的形式：

$$p(x)=\exp(ax)+f(\theta) \tag{9-1}$$

其中，$p(x)$ 代表到CBD的距离为 x 处的地块价格，通常用a来表征价格梯度，$f(\theta)$ 代表除到CBD的距离以外的其他影响因素与地价之间的函数关系。

土地投标租金模型及其衍生的单中心城市思想为学者提供了一种通过对土地价格与其开发区位之间关系的研究来描述和解释城市空间结构特征及其演变的方法，被广泛应用于城市土地市场和空间结构的研究中，为城市规划和城市土地政策的制定提供了有效参考。

（二）土地投标租金模型在城市土地市场的应用

在制度转型与城市空间重构的共同作用下，转型期中国城市土地投标租金曲线的表现形式与影响机制更为复杂。结合北京实例，通过分析技术进步、城市蔓延与新区开发及城中村等特殊城市化现象对土地投标租金曲线空间形态与模式的影响，试图透视转型期中国大城市土地开发区位及其空间结构演变的过程与机制。首先对地价杠杆对土地区位配置的影响机制进行归纳，并依此对影响中国城市土地价格与开发区位关系的特殊城市化现象进行梳理。

1．土地市场化背景下地价对土地区位配置的影响机制

20世纪80年代开始的城市土地使用制度与住房制度改革共同构成了影响中国土地市场与城市空间重构的两大制度性力量。城市土地无偿划拨逐渐被有偿出让机制所替代，特别是2004年以来，“招拍挂”方式逐渐成为城市居住用地出让市场上的主要出让方式，市场机制逐渐被引入到城市土地出让和开发中。与此同时，房地产开发商成为城市房地产市场的主体，是城市住宅的主要建设者和供给者，同时也是城市土地一级市场的需求方。居住用地出让价格可以被认为是反映了作为土地竞租者的开发商在对不同居住用地区位特征评估基础上

所愿意支付的开发成本。

作为新兴土地市场国家，中国城市居住用地价格受1992～1993年全国房地产热潮的影响呈现爆发式增长态势，但随着房地产泡沫的破灭，在1994～1998年出现不稳定的下降态势。1998年后国家住房分配制度的改革促进了住房市场的快速发展，但由于历史原因使得其对土地价格的变化未产生实质性影响。2004年后“招拍挂”土地出让制度的推行，促进了土地市场化机制的健全，使得价格信号能够在城市土地资源的稀缺性等因素的约束下充分体现其在土地区位配置中的重要作用。从图9-1可以看到，地价杠杆通过地价的变化，形成了不同的地价区位，从而影响家庭和企业的区位选址。

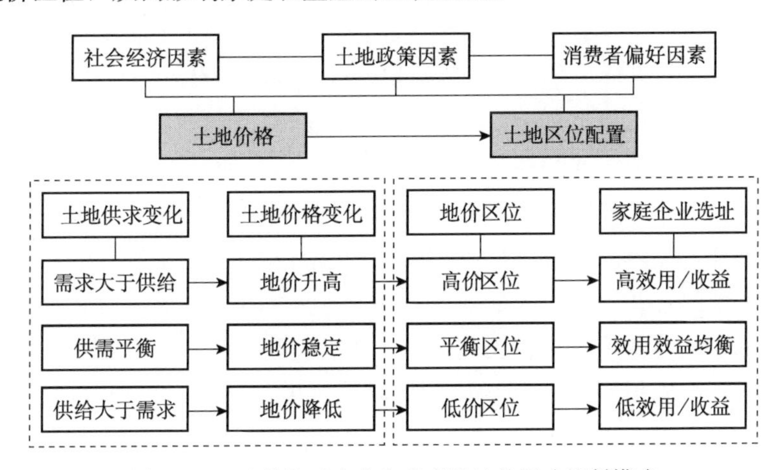

图9-1　土地价格对企业和家庭选址的影响机制模式

资料来源：武文杰等（2011）

2. 城市土地投标租金曲线的改进形态

伴随我国城市化进程的加快，交通进步、城中村等因素对土地投标租金曲线的理论形态产生了重要影响，具体影响的作用机制涉及以下三个方面。

（1）交通改善的影响

交通技术的进步，一方面降低了通勤成本，使得土地价格梯度变缓；另一方面提高了城市郊区的交通区位可达性，促使距离市中心较远的土地价值得到提升，从而使市中心区域的土地相对价格有所下降（由P1降至P2），形成新的城市土地投标租金曲线。

（2）城市次中心的影响

随着城市郊区化进程的加快，城市用地范围从Q1扩展到Q4，土地价格梯度变缓，在城市中的土地价值出现一定幅度的上升。但为了获取土地价值的最大收益，地方政府将进一步通过构建城市次中心，形成新的城市人口-产业聚集区，引致土地投标租金曲线的改变，最终实现土地租金剩余最大化。假设地方政府将城市新区范围设定为从 Q2 至 Q4，Q3 为新城区的中心。在新区开发过程中，政府将通过基础设施建设，改善该区域的交通、生活便利性和居住环境质量，提升规划土地的潜在区位价值。同时，政府通过在 Q3 的大型公共设施项目建设引导市场对中心土地价值的预期租金上升。当基础设施和大型公共设施建设到一定程度时，根据投标租金曲线的原理，Q2 和 Q4 段地租曲线将出现以 Q3 为中心的上凸曲段，并进而改变原有投标租金曲线的空间形态。

（3）城中村现象的影响

城中村的形成和发展对城市土地竞租曲线的空间形态亦具有显著影响，其作用机制如下：一方面，城市在扩展初期，城市政府在财政支出有限的情况下，为了最低成本的获取土地租金剩余，选择了获取低成本的农村耕（土）地、绕开需要支付巨额经济成本的村落居民点的发展模式。同时，为了减少对农村集体耕地的补偿费用，政府给予被征地农民一定比例的农村建设用地。因此，在城市国有土地范围内存在部分农村集体产权土地，如图 9-2 中的 Q2Q3 部分。但由于集体土地的公共服务设施配建质量相对较差，集体建设用地的土地租金剩余总量远低于同等区位的城市土地租金水平，使得在城市竞租曲线中出现了一个凹形区段。随着城市化进程的加快，城中村周边的国有土地价值开始上升，并对集体土地产生正的外部性，这将促使村委会等农村管理组织通过加大非农产业的发展，如建设小产权房等，把国有土地的外部性内部化，最大限度地提高了土地租金剩余。另一方面，城中村地区的土地租金往往低于城市平均土地租金水平，这是由于低产值、小规模乡镇企业和大量租房户集聚的城中村地区，亦使之成为城市社会问题的集中区，对周边的城市土地租金产生负的外部性。

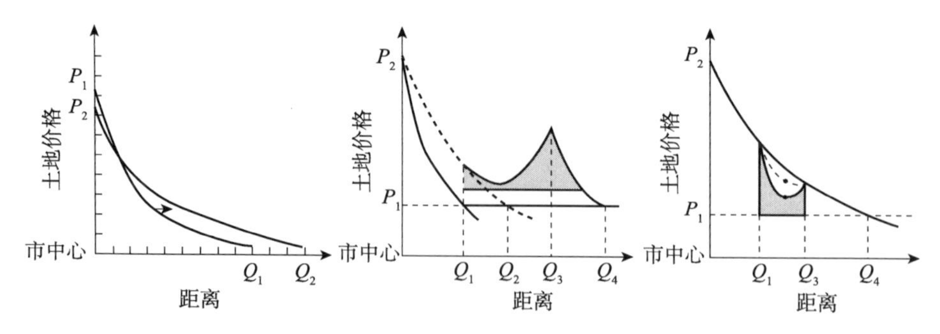

图 9-2　快速城市化背景下土地投标租金曲线理论形态的改进模式

资料来源：武文杰等（2011）

研究区域内居住用地单位面积的可比价格采用在房地产市场的分析中有着广泛应用的克里格（Kriging）空间插值法。价格空间插值分析是通过已知居住用地出让地块的价格数据推求同一区域其他未知项目的计算方法，突出了土地出让市场中“空间区位”这一核心要素，对居住用地价格的空间分布特征的把握具有重要的作用。克里格法作为一种精确的局部空间插值法是用随机表面对空间连续性变化的属性给予恰当的描述，能够保持其内插值或最佳局部均值与数据点上的值一致，是一种较理想的空间分析方法，在房地产市场的分析中有着广泛应用。

第二节　居住用地出让价格的时空格局

长期以来，北京市居住用地出让的数量和价格与城市空间扩展和城市功能完善有密切的关系。居住用地出让价格随着与城市中心距离的增大而逐渐降低，居住用地出让数量在时间序列上呈现出同心圆圈层式扩展态势，与城市人口密度的空间分布状况也基本一致。本节内容首先对五环内居住用地的时空格局演变特征进行宏观层面的分析，然后以天安门为中心，选择东西、南北两大剖面，具体分析两个剖面带上居住用地出让价格的时空规律和模式。

一、出让数量总体增加，出让价格呈“扁平化”趋势

从居住用地的出让数量来分析，北京市土地出让数量随时间呈递增趋势。2004～2006 年 3 年的出让数量占全部出让用地的 45％，略高于 1998～2003 年（所占比重为 43％）。并且，2004～2006 年居住用地的平均出让面积最高（约 1.8 平方米），反映出 2004 年后我国土地利用和住宅产业的高速发展态势。从居住用地的出让价格分析，居住用地价格在空间上随至市中心距离增大而降低，呈现“扁平化”趋势，表现为价格的均值不断降低，方差逐渐缩小，这主要是由于居住用地出让的集中区和高值区由内城区向外城区不断扩展，从而使得居住用地出让的整体均值降低、方差的浮动区间减小。如表 9-1 所示。

表 9-1　不同时段的居住用地出让情况

时段	出让数量		出让面积/平方米		单位面积出让价格/（万元/米^2）	
	地块个数	所占比重/％	均值	方差	均值	方差
1992～1997 年	423	0.12	15 880.17	31 073.80	0.62	0.88
1998～2003 年	1491	0.43	10 043.56	19 413.40	0.46	0.82
2004～2006 年	1537	0.45	17 936.17	29 380.04	0.38	0.42

二、东部、北部城区的用地出让力度大于西部和南部城区

在居住用地的出让数量和面积上存在“北多南少”“东多西少”的空间差异，而在居住用地的出让价格上呈现“北高南低”“东高西低”的空间格局，与北京不同城区人口聚集状况和经济发展水平基本相符。如表 9-2 所示。

表 9-2　不同城区方向的居住用地出让情况

城区方向	出让数量		出让面积/平方米		单位面积出让价格/（万元/米²）	
	地块个数	所占比重/%	均值	方差	均值	方差
东北城区	1419	0.41	14 475.05	26 825.89	0.66	0.99
西北城区	1180	0.34	12 055.38	18 377.56	0.36	0.45
西南城区	350	0.10	14 300.96	26 027.01	0.23	0.25
东南城区	502	0.15	16 979.16	35 145.61	0.24	0.21

为了便于分析，根据地价插值图，以天安门为原点，构建了东西、南北两个轴线方向的居住用地价格剖面曲线，从南北和东西两个剖面带来揭示北京市居住用地出让价格的时空演变特征（图 9-3）。

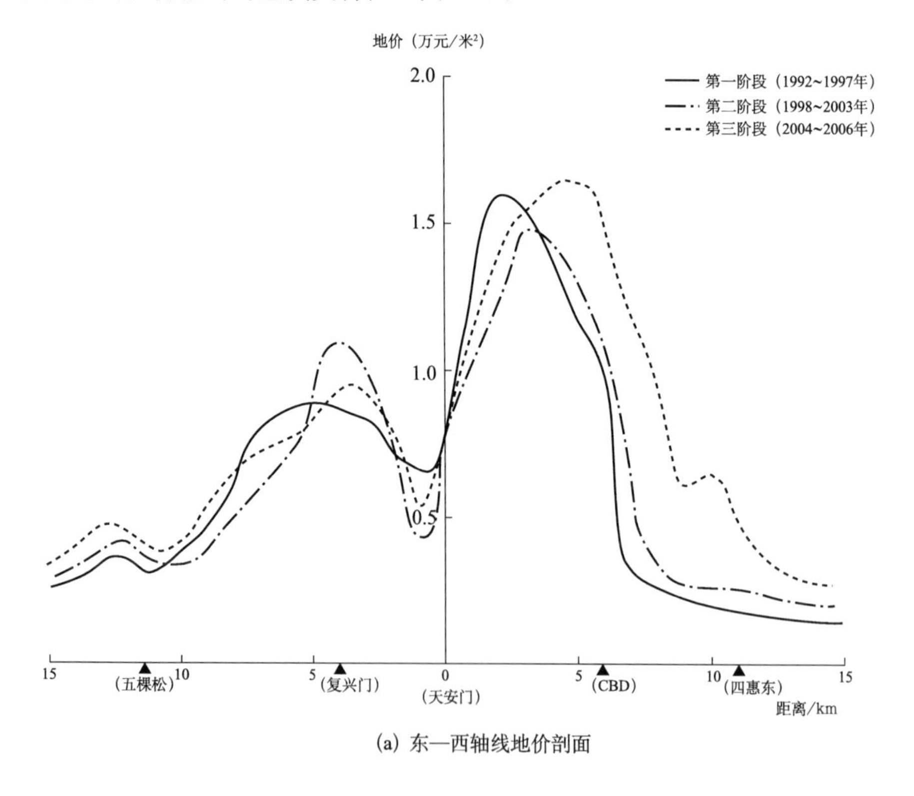

(a) 东—西轴线地价剖面

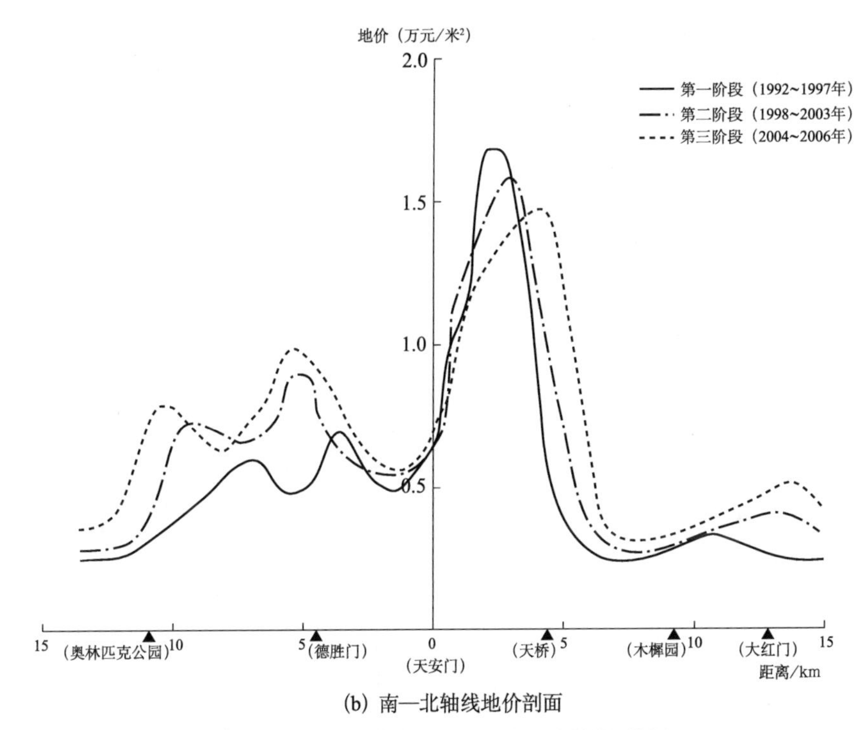

(b) 南—北轴线地价剖面

图 9-3 北京市居住用地出让价格的剖面分析

1. 东—西剖面“东高西低”，且高值区出现向外侧推移的趋势

东—西轴线出让地价剖面以 CBD 为核心向周围递减，东部地区的总体地价水平高于西部地区，揭示出房地产开发商在东—西部轴线方向上的居住用地支付意愿存在空间差异。

(1) CBD、复兴门成为东西剖面的主要高值区。从空间尺度来讲，东部的高值区段主要集中在东三环至东四环的 CBD 周边地区和东四环外的四惠东地区；西部的高值区段集中在西二环的复兴门至西三环的公主坟之间，以及西四环附近的五棵松地区。

(2) 东—西轴线上的居住用地出让价格呈现增长态势，且高值区出现外推趋势。1992～2003 年，传统商圈（西单至东单）周围是居住用地出让价格高值区；而 2004～2006 年的出让价格剖面高值区逐渐由二环向四环扩展。随着国贸地区被正式确立为北京 CBD，该区段的出让地价呈现快速增长态势，并成为整个东—西轴线上的高值区。

2. 南—北剖面“北高南低”，且由中心向南北两侧出现梯度递减的趋势

南—北轴线地价剖面基本以天桥为核心向周围递减，北部地区比南部地区

的平均价格水平高，并在南—北轴线方向上呈现出价格梯度递减趋势。

（1）北部地区出现多个高值区。北部的高值区段集中在北三环外的德胜门外地区，以及北四环外的亚运村-奥运村地区（以下简称“亚奥”地区），而南部地区的高值区段并不明显。

（2）高值区出现向南北两侧推移的趋势。从时间尺度分析，1992～1997 年，居住用地价格的峰值区段出现在北三环附近的德胜门地区、北四环附近的亚运村地区，而南部城区的居住用地出让地价衰减速度较快，没有明显的高值区段；而在 1998～2006 年，居住用地出让价格在北四环至北五环之间增长明显，特别是在北五环附近的奥林匹克公园地区呈现出明显的一个峰值区段，其原因是北京奥运会的成功申办使得该地区基础设施和居住环境得到有效改善，带动了该地区地价水平的整体升高；而在 2004～2006 年，南部轴线地区在南三环附近的木樨园地区至南四环附近的大红门地区呈现出一个峰值区段，这与北京市政府这一时期在南城地区开发力度加大有关。

三、内城区用地扩展空间有限，外城区用地出让强度增大

内城区基本是位于二环路以内的北京旧城区，区内可供开发的土地量越来越少，且受到北京市城市总体规划限制，居住用地的出让比重从第一时段的 18.2%逐步减少至第三时段的 13.7%，但该地区的区位条件较好，总体地价水平仍然较高。

随着城市空间的扩展，三环路以外的外城区居住用地出让比重达到 50%以上，四环路以外出让的居住用地也逐步增加。而随着五环和六环、城市轻轨和放射状地铁的建成通车，以及生活配套设施的完善，外城区居住环境已经发生了明显改善，外城区已成为北京居住用地出让的主要空间。

利用 ArcGIS9.2 软件的空间分析功能对居住用地价格进行插值，并在 Surfer7.0 软件中进行了三维处理，得到其整体时空演变情况。自 1992 年以来，北京居住用地出让的空间特征在不同时段和不同地区有着不同的表现形式，并且反映出北京的城市空间扩张逐渐由单中心向多中心演变的趋势（表 9-3）。其中，1992～1997 年居住用地的出让主要集中在三环路以内的城区，居住用地出让价格的高值区主要集中在东二环朝阳门至和平桥一线（图 9-4）；1998～2003 年居住用地出让开始向四环扩展，但出让价格的高值区仍然相对集中在三环以内城区的东北部，相对上一时期的出让价格高值区有所扩展，同时西北方向中关村高值区有所显现（图 9-5）；而 2004～2006 年居住用地出让价格高值区范围进一步扩大，且居住用地的出让主要分布在五环附近的外城区，此时多个居住用地出让价格高值区的轮廓基本形成，主要包括 CBD、“亚奥”地区、中关村、阜成门外、广安门、潘家园等（图 9-6）。

表 9-3　各环线内的居住用地出让情况

时段	二环内		三环内		四环内		五环内	
	地块个数（地块比重/%）	地块均价[①]	地块个数（地块比重/%）	地块均价	地块个数（地块比重/%）	地块均价	地块个数（地块比重/%）	地块均价
1992～1997年	36 (18.2)	1.26	92 (46.3)	0.89	164 (82.7)	0.56	199 (100)	0.62
1998～2003年	248 (14.8)	0.85	668 (39.9)	0.52	1306 (77.8)	0.41	1676 (100)	0.46
2004～2006年	109 (13.7)	0.81	304 (38.1)	0.53	519 (64.8)	0.43	801 (100)	0.38

注：此处地块均价是指各环线内居住用地出让单位面积价格的平均值（万元/米^2）。

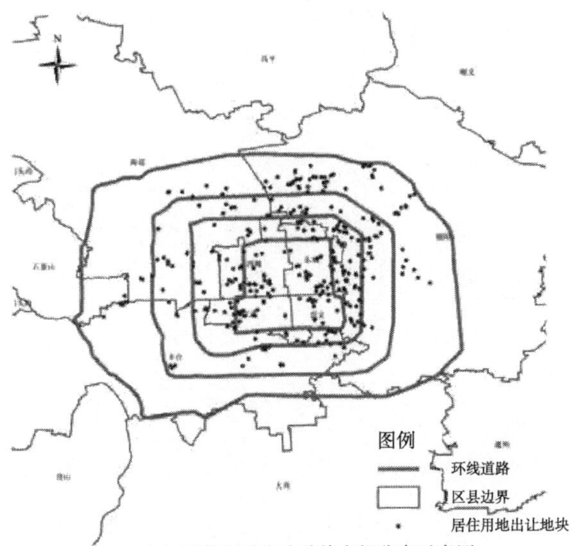

(a) 居住用地出让地块空间分布示意图

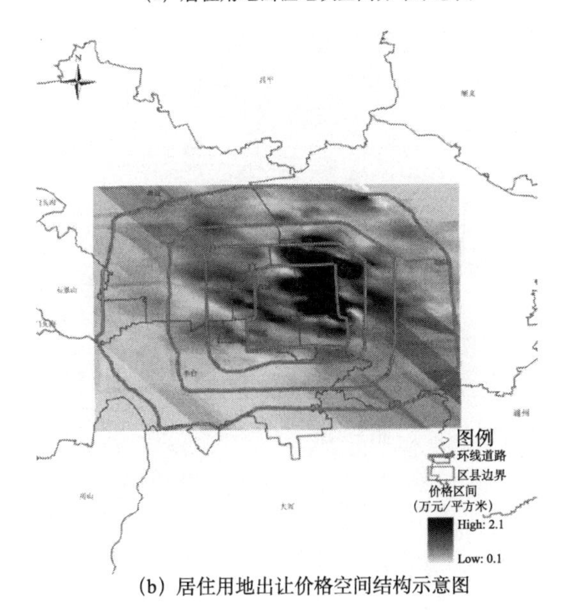

(b) 居住用地出让价格空间结构示意图

图 9-4　1992～1997 年北京市居住用地出让的空间分布示意图

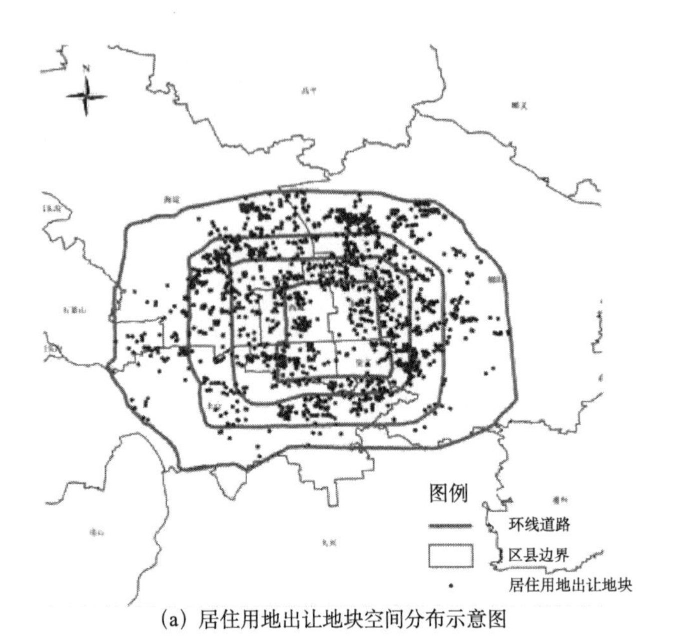

(a) 居住用地出让地块空间分布示意图

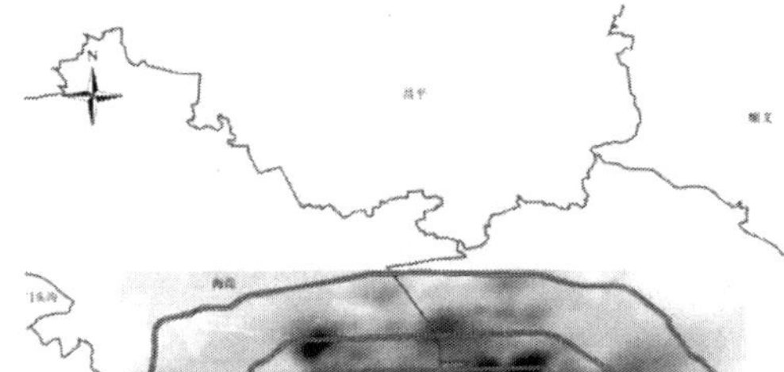

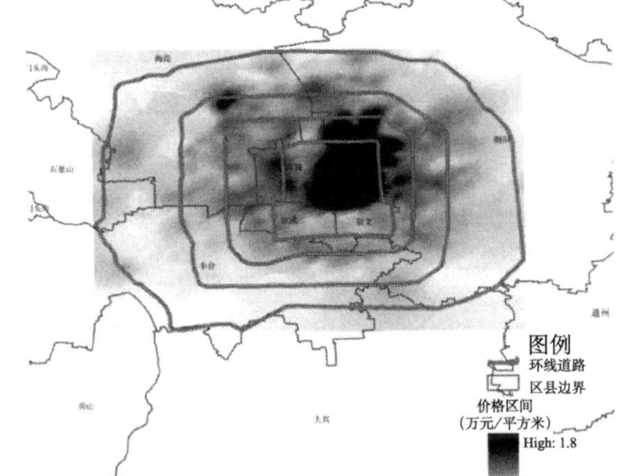

(b) 居住用地出让价格空间结构示意图

图 9-5　1998～2003 年北京市居住用地出让的空间分布示意图

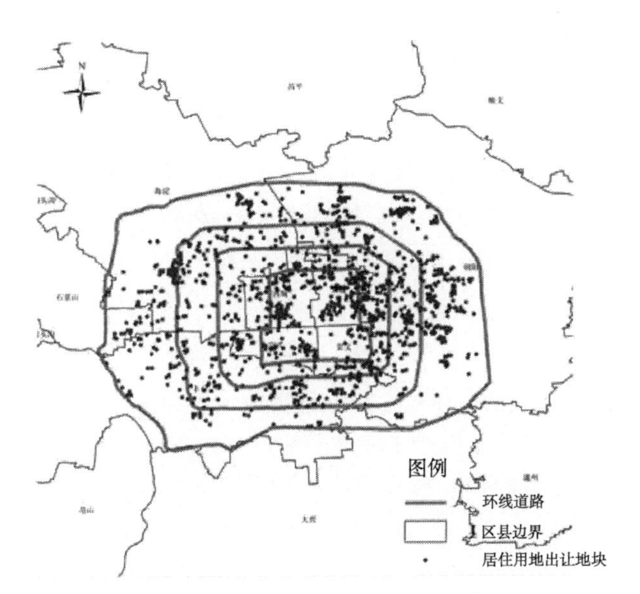

(a) 居住用地出让地块空间分布示意图

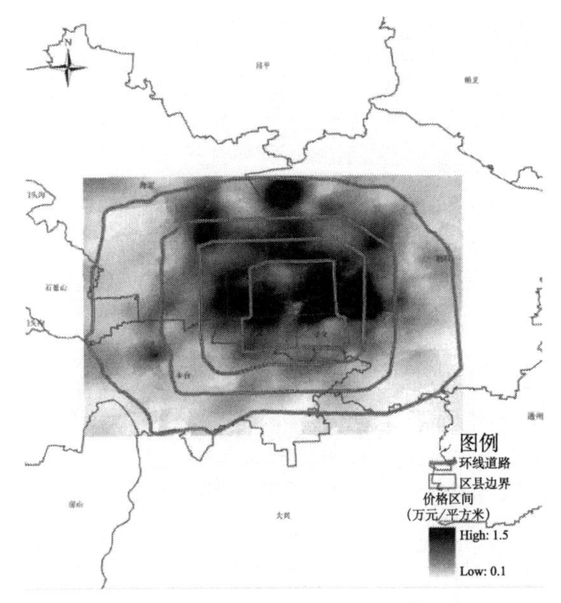

(b) 居住用地出让价格空间结构示意图

图 9-6　2004～2006 年北京市居住用地出让的空间分布示意图

资料来源：武文杰等（2011）

四、不同时段的用地出让重点区域差别明显

在不同时段东南城区居住用地出让数量发展较为稳定，占全市的比例维持在 14％～16％；东北城区居住用地出让比例高达 40％～45％，已成为北京市居住用地出让的核心地区；西北城区在 1998～2003 年居住用地出让数量所占比重出现了大幅增加，由 23％增至 43％，但在 2004～2006 年该地区所占比重大幅下降（降至 28％）。这主要是由于在 1998～2003 年，中关村地区的迅速发展带动了西北城区居住用地出让数量的增加，使其所占比重超过了东北城区，成为北京居住用地出让最多的地区；而在新一轮的北京城市总体规划中，西北地区作为城市生态功能区，该地区的土地供应总量受到控制，致使其所占比重有所下降；西南城区作为居住用地出让比重最小的地区，虽然其出让数量在不断增加，但其所占比重呈现了负增长态势，由 19％降至 10％。如图 9-7 所示。这一现状与北京城市人口、社会和经济发展空间分布差异有一定的关系，但在未来一定时期内，随着北京新一轮城市发展向南向西扩展的战略调整，以及西南部城区土地供应量的大幅提升，这一地区的居住用地出让具有一定的增长潜力。

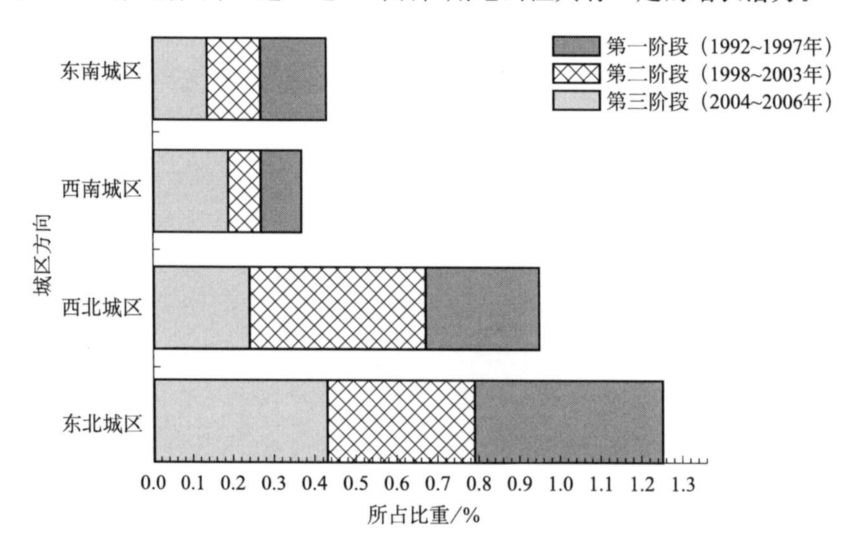

图 9-7　不同时段四个城区方向的居住用地出让情况

资料来源：武文杰等（2011）

五、居住用地总体空间架构逐渐清晰

1. 多个居住中心的轮廓基本形成

随着北京市不同特色商圈和居住区的形成，居住用地的出让呈现多中心的

空间发展态势。目前北京市围绕CBD、“亚奥”地区、中关村地区和复兴门—公主坟地区基本形成了4个较为明显的居住、商务中心（表9-4）。

表9-4　北京核心居住组团的居住用地出让情况

居住中心	1992～1997年			1998～2003年			2004～2006年		
	地块个数	地块比重/%	地块均价（万元/米²）	地块个数	地块比重/%	地块均价（万元/米²）	地块个数	地块比重/%	地块均价（万元/米²）
CBD	31	15.8	0.75	408	24.4	0.55	258	32.3	0.68
“亚奥”地区	24	12.2	0.36	365	21.8	0.43	263	32.9	0.54
中关村	20	10.1	0.34	581	34.6	0.48	203	25.4	0.41
复兴门—公主坟	28	14.1	0.61	355	21.2	0.52	212	26.5	0.45

（1）依托CBD优越的区位条件形成了居住用地出让集中区和高值区。北京市CBD周边地区，商业、娱乐、文化、交通设施齐全，加之国际化交往的人文环境使得就业者对该区域有特殊的偏好，因而在土地购置成本较高的情况下，房地产开发商对CBD周边地区的居住用地开发强度仍然较高。该地区居住用地的出让数量呈现相对稳定的增长态势，所占比重由15.8%上升至32.3%，从而在CBD周边地区形成了居住用地出让的密集区。

（2）奥运效应使得“亚奥”地区成为房地产开发商进行居住用地开发的核心地区。“亚奥”地区经过10多年的发展，其居住、商务环境已经比较成熟。同时，奥运会主要设施的建设，使得该地区公共服务设施建设相对领先于其他地区。在这个区域里不仅能享受到政府投资给区域带来的快速增值，同时也可以享受到绿色奥运带来的低密度、高绿化率的优质区域环境。因此，2004年后该地区居住用地的出让数量快速增加，并形成了全市居住用地出让价格高值区。

（3）中关村地区得天独厚的科技和人文环境使其成为居民择居的理想区域。中关村地区是我国著名高校和科研院所的聚集地，其特殊的教育文化优势促使其成为重视教育环境的购房者的优先选择区位，而这种消费倾向也使房地产开发商在中关村地区购置了较多的居住用地，形成了居住用地价格的高值区。特别需要指出的是，中关村地区居住用地的开发数量在1998～2003年所占比重最为显著，但在2004年之后出现了下滑趋势，这与城市总体规划的调整有关。另外，受到奥运的影响，居住用地的开发重点由西北方向“亚奥”地区的转移也可能与之相关。

（4）位于西二环至西三环区段的复兴门-公主坟地区是北京三环以内较早大规模集中开发的居住区。该地区公共服务设施配套齐全，交通便利，距主要政府机关、公主坟商圈、西单商圈较近，这些有利的区位条件使得该地区的居住用地开发得到快速发展。

2. 十大边缘居住组团发展良好

北京市总体规划中所设计的10个边缘居住组团均位于五环附近的外城区。随着城市基础设施配建程度的提高，这些边缘居住组团的发展态势良好。从居住用地的出让数量和面积看，可以将10个边缘居住组团分为三个阶梯。其中，石景山、定福庄、酒仙桥（包括望京）属于第一阶梯，这些居住组团均已形成规模，居住用地出让的总量大；南苑和丰台边缘居住组团属于第二阶梯；其他边缘居住组团的总供应量不大，属于第三阶梯。从居住用地出让价格分析，由于区位优势明显，位于东北方向的酒仙桥和西北方向的西苑平均价位最高，是第一阶梯；北部方向的清河、北苑，以及南部的丰台出让价格处于中游，是第二阶梯；其他边缘集团仍处于较低水平，是第三阶梯。

第三节　居住用地投标租金曲线的空间演化与发展机理

一、投标租金曲线的空间演化

投标租金理论是建立在微观经济学基础上，加入了距离或说区位的因素对城市均衡形态进行的分析，但缺乏对空间维度的抽象来研究土地市场的波动和不平衡现象。需要结合地理空间统计方法对这些城市转型与制度方面的影响进行实证分析。本节将着重分析北京居住用地投标租金曲线的总体演化规律，并依此折射居住用地出让市场的时空结构特征。

本节内容将8个象限（自正东方向开始，逆时针旋转依次为：E-EN、N-NE、N-NW、W-WN、W-WS、S-SW、S-SE、E-ES）与城市区域进行叠加，形成8个扇面区域，根据空间位置提取出这些扇区的地价均值并采用克里格插值构造北京市1992～1998年、1999～2003年、2004～2009年3个时间段的居住用地价格曲面。

研究表明，北京居住用地投标租金曲线形态基本符合单中心城市模式下的土地投标租金曲线理论预期，居住用地价格梯度总体呈现扁平化趋势，但在特定时段表现出多种曲线形态并存的空间特征。其中，1992～1998年，除了西北方向2个扇区外，其余6个扇区的地价均随着至市中心距离的增加而减少。1999～2003年，各扇区的投标租金曲线基本形态保持不变，但土地价格梯度相比前一个时期更加平缓。2004～2009年，在城市扩张与房地产市场快速发展背景下，各扇区居住用地投标租金曲线的形态发生明显变化，显示出该时期地价空间变化更加复杂多样（图 9-8）。土地投标租金曲线的变化体现了资本与土地之间的替代性。资本与土地之间的可替代性说明土地竞租者（房地产开发商）有较大的自由度，在土地价格上涨时选择加大单位土地面积上的资本投入来获得较高的土地租金剩余回报，这是验证土地市场有效性的基本前提。

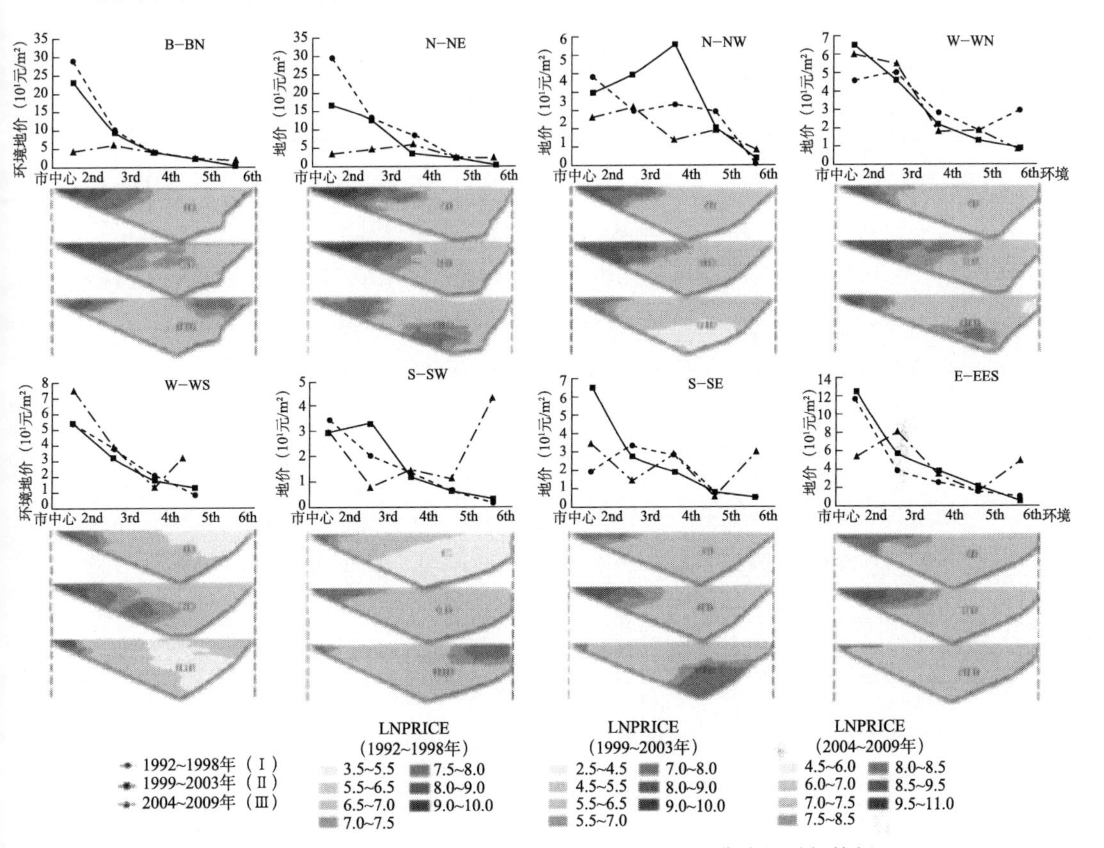

图 9-8　北京市 8 个等分扇区的居住用地投标租金曲线的时相特征

注：2nd：二环；3rd：三环；4th：四环；5th：五环；6th：六环

资料来源：武文杰等（2011）

二、快速城市化因素对投标租金曲线形态的影响机理

20 世纪 80 年代，北京进入居住郊区化的阶段，至 90 年代居住郊区化的强度与速度均有所增加。进入 21 世纪以来，伴随城市 CBD 的快速崛起和城市空间的扩张，北京城市的整体空间结构正在由单中心向多中心的空间结构转变，城市职住空间分离现象显化。与此同时，中国的城市土地制度是二元制，在北京实际房地产开发中，城市次中心区、城中村与小产权房等一些城市化特殊现象使得城市居住与农业土地利用的界限变得模糊，形成了具有中国特色的城市土

地投标租金曲线改进模式。

1. 投标租金曲线对交通条件改善的空间响应机理

随着近年来北京四环外城区交通可达性的提高，城市郊区的居民通勤成本下降，望京、天通苑、回龙观、苹果园等城市远郊区的居住用地土地资源成为有效供给的同时，使得市中心居住用地资源稀缺度降低。在此背景下，E-EN、N-NE、S-SW、S-SE、E-ES5 个扇区的居住用地投标租金曲线形态在土地市场不同时段内，市中心区域的土地价格逐步下降，郊区价格上升，土地价格梯度变缓，与单中心城市模式下土地投标租金曲线理论预期基本一致。与此同时，由于北京西北、西南方向的城郊地区快速交通干线建设和经济发展相对滞后，N-NW、W-WN、W-WS 3 个扇区内的市中心区域的居住用地价格反而呈现出上升态势。但随着 2008 年后西六环、阜石快线、京石高速、地铁 10 号线等西部城区快速交通干线的改扩建完成，这些扇区的土地投标租金曲线形态将逐步恢复常态。

2. 投标租金曲线对城市次中心形成的空间响应机理

随着土地市场化进程的推进，N-NE 和 N-NW 扇区在三环与四环之间、W-WS 扇区在四环与五环之间、W-WN、S-SW、S-SE 和 E-ES 扇区在五环与六环之间均呈现出居住用地价格的异常高值区。这是由于伴随着城市用地蔓延与城市次中心的形成，大量居民与企业选择在这些新兴城市次中心进行空间聚集。与此同时，地方政府在财政激励作用下进行大规模的基础设施建设，改善该区域的交通便利性和居住环境质量的同时，带动了城市次中心等新兴城区的土地区位价值提升，从而形成了特殊的居住用地投标租金曲线形态。

3. 投标租金曲线对城中村现象的空间响应机理

由于城市和乡村在土地利用、社区文化等方面表现出强烈的差异及矛盾，城中村现象对北京城市居住用地投标租金曲线具有一定的波段式影响，形成了具有中国特色的居住用地土地投标租金曲线特殊模式及其空间结构演化进程。其中，位于西北方向 N-NW、W-WN 扇区的四季青镇、西北旺镇，西南方向 S-SW 扇区的花乡、黄村镇，以及东南方向 S-SE、E-ES 扇区的王四营乡、亦庄镇等六环内的城中村地区的投标租金曲线在特定时段内呈“U”形模式，反映出投标租金曲线已不再是通勤距离与居住用地价格的简单线性关系，而农村与城市土地产权的不同以及城中村地区的公共服务设施配建质量差异成为影响居住用地投标租金曲线的主要因素。特别是 2004～2009 年，为了规避高开发成本，作为土地竞租者的房地产开发商在北京城中村地区新建的“小产权房”影响了土地区位配置及其空间结构的客观规律，对周边地区土地市场的健康发展产生了负外部性影响，已成为制度转型与空间重构背景下社会关注的焦点议题。

本章小结

基于大量的问卷调查数据与北京数字城市要素集成数据，从行为空间与实体空间结合的研究视角，采用了 GIS 空间数据库集成方法和数据统计模型，揭示了人居环境构成要素对人居环境空间分异的影响及其机制。研究结果表明，人居环境构成要素空间差异对人居环境空间分异的形成与发展起到基础性作用和引导作用。自然环境条件、人文环境状况、环境的安全性和健康性直接影响着居住环境的质量，自然环境的生态服务功能对居住环境具有最为基本的保障作用，绿色空间格局演化直接影响城市居住空间的分异。本文构建人居环境要素"约束—功能"影响概念模型，从影响机制上解释了兼容性约束、资源承载力约束、历史文物保护约束、安全性约束以及生态服务功能、安全健康功能、便利舒适功能等影响对人居环境空间分异的作用关系。研究结果为北京市改善人居环境、优化城市空间布局和加快宜居城市建设提供科学依据。

第十章

居住用地价格的影响因素分析

城市土地经济学的基本理论假设认为，在处于均衡状态下，土地价格反映了不同土地利用类型的竞租能力，而土地与住房价格受到地块的区位、可达性和城市形态等空间因素的影响。目前，地理学对城市土地市场的研究主要关注土地利用结构与效益、土地开发与空间扩张的空间格局，以及城市土地使用制度与政策演变等问题。由于数据可获得性等问题，对于市场化背景下中国城市土地出让价格的影响因素研究甚少。本章研究内容基于对北京市进行的大规模调查问卷数据，针对各类居住用地价格的影响因素进行探讨，一方面可以科学地刻画北京市的居住用地市场状况，为政府进行土地市场调控提供科学依据；另一方面可补充和完善利用特征价格模型研究土地和住房市场的方法论框架。

第一节　研究数据与方法

一、研究区域

本研究区域范围主要集中在北京六环内，包括由新东城区、新西城区、石景山区、海淀区、朝阳区、丰台区组成的中心城区，以及昌平区的回龙观、天通苑、通州新城、大兴黄村等 4 个远郊区的重点居住用地开发区域，共 134 个街道。该区域是北京市居住用地开发和建设的主要地区，占北京全市土地交易量的 80%以上，其中，五环内区域（包括东城区、西城区、宣武区、崇文区，以及石景山区、海淀区、朝阳区、丰台区核心部分）目前是北京市居住用地开发和建设的重点地区，尽管土地面积仅占北京市的 8.3%，但常住人口数却占到 62.0%，人口密度远超过 963 人/千米^2 的全市平均水平。

二、研究数据

通过北京市全域 2004～2009 年出让的居住用地地块数据，筛选得到研究区域内的用地地块数据，最终得到有效数据样本 708 个。根据数据标示将地块空间位置与北京市行政区划底图相匹配，得到北京城市居住空间分布图。为了消除区域面积因素对模型估计的干扰，采用郑思齐等（2005）对北京市街道区块的划分方案，将研究区域内北京 134 个街道划分为 46 个街道区块，结合北京市第五次人口普查和 2001 年经济单位普查数据，提取各个街区的社会经济属性作为区块特征的代理变量。

本研究中，表征教育、医疗、金融、邮局、商业、公交枢纽、地铁站、公共广场、公园等社会公共服务设施的研究数据分别来源于国家和北京市颁布的各类文件；政府机构的数据来源于北京市政府网站；大中型企业的数据来源于 2004 年北京市经济普查数据，并将这些数据标注在北京市行政区划 GIS 地图上，以反映其总量水平和空间位置。如图 10-1 所示。

三、研究方法

1. 结构方程模型

结构方程模型（SEM）是在 20 世纪 60 年代才出现的统计分析手段，被称为近年来应用统计学三大进展之一。它是一种建立、估计和检验因果关系模型的方法，模型中既包含有可观测的显在变量，也包含无法直接观测的潜变量。目前，主要有两大类估计技术来求解结构方程模型。一种是基于最大似然估计（ML）的协方差结构分析方法，该方法被称为“硬模型”（hard modeling），以 LISREL 方法为代表；另一种则是基于偏最小二乘（PLS）的结构方程模型，被称为“软模型”（soft modeling），以 PLS 方法为代表。这是一种检验观测变量和潜变量、潜变量和潜变量之间关系的多元先验模型。带有潜变量的结构方程模型由测量模型和结构模型两部分组成。由于本章的研究目的是反映对于居住用地价格具有重要影响的各种因素以及这些变异量对居住用地价格影响程度的解释，并不是探究居住用地出让数据与理论模型的拟合程度；同时，由于在样本的预处理过程中发现，样本并不符合联合正态分布，达不到用 LISREL 方法来做结构方程的要求，因而选用 PLS 方法来求解结构方程模型，从而得到相对稳健的评估。结构方程模型一般需要用专用软件进行分析，本章中基于 PLS 的结构方程模型的计算过程选用 Smartpls2.0 软件进行。

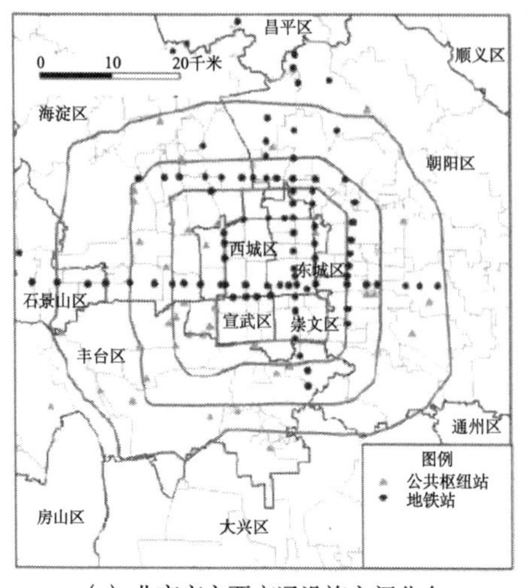

(a) 北京市主要交通设施空间分布

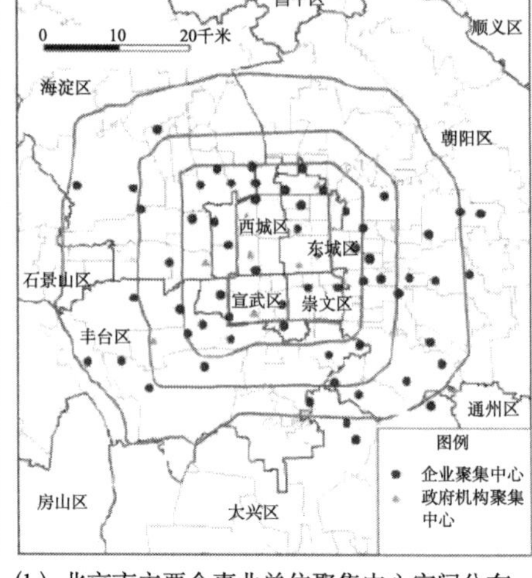

(b) 北京市主要企事业单位聚集中心空间分布

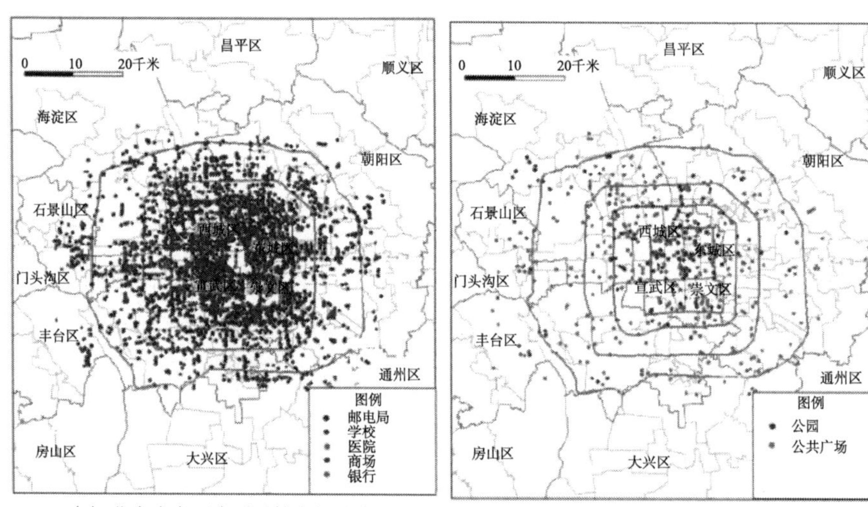

(c) 北京市主要生活设施空间分布

(d) 北京市主要环境设施空间分布

图 10-1 北京市主要设施空间分布图

资料来源：武文杰等（2010）

（1）测量模型

测量模型描述潜变量 ζ、η 与观测变量（测量指标）X、Y 之间的关系。

$$y = \Lambda_y \eta + \varepsilon \tag{10-1}$$

$$x = \Lambda_x \xi + \delta \tag{10-2}$$

其中，Y 为内生观测变量组成的向量；X 为外生观测变量组成的向量；η 为内生潜变量；ξ 为外生潜变量，且经过标准化处理；Λ_y 为内生观测变量在内生潜变量上的因子负荷矩阵，表示内生潜变量与内生观测变量之间的关系；Λ_x 为外生观测变量在外生潜变量上的因子负荷矩阵，表示外生潜变量与外生观测变量之间的关系；ε、δ 为测量模型的残差矩阵。

（2）结构模型

结构模型描述潜变量之间的因果关系。其方程表达式为

$$\eta = B\eta + \Gamma\xi + \zeta \tag{10-3}$$

其中，B 为内生潜变量之间的相互影响效应系数，Γ 为外生潜变量对内生潜变量的影响效应系数，也称为外生潜变量对内生潜变量影响的路径系数，ξ 为 η 的残差向量。

（3）参数估计

与 LISREL 方法估计结构方程模型不同，PLS 方法旨在使测量方程和结构方程的误差项达到最小化。运用 PLS 方法估计结构方程模型分为两个步骤：第一步，通过反复迭代得到潜变量估计值；第二步，通过普通最小二乘法进行线性回归，得到测量模型和结构模型的参数估计值。得到潜变量的估计值后，运用普通最小二乘的线性回归方法，来估计测量模型和结构模型中的各项参数。参数估计能够得到变量之间、模型未能解释部分、变量测量上误差等指定参数，其数值亦反映各关系的强弱。

（4）模型结构

居住用地价格影响因素的结构方程模型包括一个测量模型和一个结构模型。表 10-1 对模型中涉及的变量进行了定义和描述。其中，测量模型反映了 4 类外生潜变量和其观测变量之间的关系，结构模型用于表示 4 类外生潜变量和内生潜变量（居住用地出让价格）之间的关系。本章主要目的是确定测量模型中观测变量对 4 类外生潜变量影响程度大小的“标准因子负荷”数值，并确定结构模型中体现 4 类外生潜变量对居住用地价格影响程度大小的路径参数 Γ 值。

表 10-1　模型变量指标体系的描述

潜变量	观测变量	
内生变量	名称	定义
居住用地出让价格（Price）	Sig _ Price	居住用地的单位面积价格/（万元/米^2）
外生变量		
工作便利性	D _ Government	地块至政府机构的距离/千米
(Work place)	D _ Enterprise	地块至企业的距离/千米
交通设施便利性	D _ Subway Station	地块至地铁站的距离/千米
(Traffic)	D _ PublicTransportion Hub	地块至公交枢纽站的距离/千米

续表

潜变量	观测变量	
内生变量	名称	定义
环境设施便利性(Environment)	D _ Park	地块至公园的距离/千米
	D _ Publicsite	地块至公共广场的距离/千米
生活设施便利性(Living)	D _ Market	地块至商场的距离/千米
	D _ School	地块至学校的距离/千米
	D _ Hospital	地块至医院的距离/千米
	D _ Post Office	地块至邮局的距离/千米
	D _ Bank	地块至银行机构的距离/千米

2. 特征价格模型

通过建立特征价格模型来估计居住用地特征的隐含价格，模型设定形式为

$$\mathrm{PRICE}_i = \beta_0 + \sum\nolimits_{i\in D}\beta_i q_i + \sum\nolimits_{j\in N}\beta_j q_j + \varepsilon_i \tag{10-4}$$

其中，PRICE_i为居住用地出让价格，β_0为常数项，D为地块区位特征、公共服务设施便利性等变量集，N为地块区位社区社会经济属性变量集，q_i和q_j为具体变量，β_i和β_j为相应的估计系数，ε为随机误差项。该模型假定地块的区位、公共服务便利性等特征的隐含价格在空间上是均质的，不随地块社区属性的变化而变化，可以称为同质特征价格模型。为了反映居住用地特征价格的社区分异特征和控制地块区位、公共服务设施便利性等特征与社区属性的交互作用，建立异质特征价格模型

$$\mathrm{PRICE}_i = \beta_0 + \sum\nolimits_{i\in D}\beta_i q_i + \sum\nolimits_{j\in N}\beta_j q_j + \sum\nolimits_{k\in (D\times N)}\beta_{kij}(q_i \times q_j) + \varepsilon_i \tag{10-5}$$

其中，$q_i \times q_j$为地块区位、公共服务设施便利性等特征和社区属性的交互项，β_{kij}为交互项估计系数。表 10-2 为模型变量的简单描述。

表 10-2 模型变量的简单描述

解释变量	变量描述	均值	标准差
居住用地地块的区位特征			
D _ CBD	地块到 CBD 距离的对数值	9.07	0.74
居住用地地块的结构特征 AREA	地块面积/平方米	9.63	1.72
居住用地地块价格的空间依赖效应			
LAGPRICE	地块周围最近的 5 个住宅地块单位/万元	7.36	0.67
周围商业办公用地外溢效应			
COMM	地块周围最近的 5 个商业办公地块单位/万元	7.6	0.79
居住用地地块公共服务设施可达性			
公共交通便利性（D _ SUB）	地块到最近轨道交通站点距离的对数值	7.4	1.05

续表

解释变量	变量描述	均值	标准差
教育设施便利性 1（D_COLL）	地块到最近重点大学距离的对数值	7.88	0.88
教育设施便利性 2（D_MID）	地块到最近重点中学距离的对数值	7.85	1.11
公园设施便利性（D_PARK）	地块到最近公园距离的对数值	7.93	0.85
社区社会经济属性			
人口密度（POPDEN）	各个街道区块人口密度/（万人/千米^2）	1.55	1.76
工作密度（WJOBDEN）	各个街道区块内加权工作机会密度	0.14	0.16
教育状况（EDUSTATUS）	各个街道区块内平均受教育程度（1＝初中；2＝高中、中专；3＝大专；4＝本科）	1.72	1.59
公共租房比例（RENTPUBLIC）	各个街道区块租用公共住房的比例	0.32	0.14
犯罪率（CRIME）	各个街道区块犯罪率（案发个数/千人）	4.41	4.74
居住用地出让比例（RESIDR）	2004～2009 年出让的居住用地所占比例	0.62	0.17
年份虚拟变量			
Y2005	地块出让年份为 2005 年	0.07	0.13
Y2006	地块出让年份为 2006 年	0.11	0.25
Y2007	地块出让年份为 2007 年	0.09	0.32
Y2008	地块出让年份为 2008 年	0.10	0.24
Y2009	地块出让年份为 2009 年	0.04	0.16

第二节　基于结构方程模型的居住用地价格影响因素分析

一、测量模型分析

运用 Smartpls2.0 软件，首先求出测量模型的标准因子负荷系数，并对测量模型的合理性进行评价。标准因子负荷反映了各个观测变量与其所对应的外生潜变量之间的关系。从表 10-3 中可以看出，企业、政府机构等工作地的可达性对工作便利性的解释程度最好。其中，地块至企业聚集中心的距离和地块至政府机构聚集中心的距离两个变量均较好地测度了地块的工作便利性，分别达到 0.915 和 0.886，说明采用企业聚集中心和政府机构聚集中心的可达性这两个观测变量平均能够解释工作便利性的 85％以上。地块至地铁站的距离和地块至公交枢纽站的距离也较好地体现了地块的交通设施便利性（标准因子负荷系数分别为 0.881 和 0.791）。而邮局、银行等生活类公共服务设施的可达性对生活设施便利性的平均解释程度略低于 70％；公共广场、公园等环境类公共服务设施的可达性对环境设施便利性的解释程度平均在 75％左右。

表 10-3 测量模型的标准因子负荷

结构模型		测量模型	
土地价格	工作便利性	企业聚集地	0.915**
		政府聚集地	0.886**
	交通设施便利性	公交枢纽	0.792**
		地铁站	0.881**
	环境设施便利性	公共广场	0.711**
		公园	0.808**
	生活设施便利性	医院	0.736**
		商场	0.716**
		学校	0.745**
		邮局	0.631**
		银行	0.661**

下面利用复合信度系数（composite reliability，CR）、阿尔法系数（Cronbach's coefficient alpha，CCA）和区分效度等指标对测量模型进行信度和效度评价。

1）复合信度系数 ρ 可作为测量工具的信度系数。若信度系数高，表示各指标内部一致性高，即所选取的若干观测变量较为一致地测度了某一潜变量。其公式为

$$\rho_{\xi} = \frac{(\sum \lambda_{ij})^2}{[\sum \lambda_{ij}{}^2 + \sum \Theta]} \tag{10-6}$$

其中，ρ_{ξ} 为某一潜变量的复合信度；λ_{ij} 为标准因子负荷；Θ 为观察变量的测量误差。从表 10-4 可以看出，复合信度系数基本在 0.65 以上，说明了用观测变量来测量潜变量是合适的，测量模型内部一致性相对较好。

表 10-4 AVE 运算结论

	AVE	复合信度系数	阿尔法系数
工作便利性	0.839	0.848	0.782
交通设施便利性	0.756	0.779	0.736
环境设施便利性	0.631	0.679	0.701
生活设施便利性	0.718	0.702	0.712

2）阿尔法系数作为广泛使用的一种信度测量工具，用来评估观测变量能够解释其所建构的潜变量的程度。通常认为，当阿尔法系数的值等于或者大于 0.70 时，所建构的测量模型具有满意的信度和稳定性。表 10-4 看出，所选择的观测变量能够解释工作便利性变量的 78.2%、交通设施便利性的 73.6%、环境设施便利性的 70.1%和生活设施便利性的 71.2%，说明本章所建构的测量模型达到信度要求。

此外，测量模型的区分效度是检验各潜变量互相区别的程度，可通过比较潜变量平均萃取变异量（average variance extracted，AVE）的平方根值和潜变量之间的相关系数大小来判断两潜变量的区分程度，是否能够独立存在。AVE的计算公式为

$$AVE = (\sum \lambda_i^2)/((\sum \lambda_i^2) + (\sum 1 - \lambda_i^2)) \quad (10\text{-}7)$$

其中，λ_i^2 为观测变量在相应潜变量上的负载系数。

AVE 值表示用潜变量（LV）的方差解释相应的观测变量（MV）方差的百分比，指标数值越大，表明效果越好，一般认为 AVE 指标应至少大于 0.5。从表 10-4 中可以看出，各潜变量的 AVE 值大于 0.6，且大于各潜变量之间的相关系数，表明测量模型有相对较好的区分效度。

二、结构模型分析

结构模型在认识到外生潜变量之间可能存在相关关系的同时，仍然能够验证外生变量与内生变量之间的因果关系，这主要由外生潜变量的路径系数大小及外生潜变量之间的相关系数来检验。结论显示，尽管结构模型中的外生潜变量之间存在一定的相关关系，但均小于其 AVE 值，表明结构模型具有较好的区分效度。

路径系数的大小反映出不同潜变量对居住用地价格的影响程度。结果表明，工作便利性对于居住用地价格的影响程度相对最强，其可达性每增加一个单位，居住用地价格将相应增加 0.458 个单位；而交通设施便利性、生活设施便利性、环境设施便利性对于居住用地价格的影响程度依次减弱，其可达性每增加一个单位，居住用地价格将分别相应增加 0.411 个单位、0.298 个单位、0.245 单位。在结构模型的参数估计中，R-Square 为 0.785，表明生活设施便利性、交通设施便利性、环境设施便利性、工作便利性这 4 类外生潜变量对于居住用地价格有 78.5%的解释能力，从而反映出模型整体拟合度较好。如表 10-5 所示。

表 10-5　结构模型路径系数的参数估计

内生潜变量	外生潜变量				R-Square
	工作便利性	交通设施便利性	环境设施便利性	生活设施便利性	
居住用地价格	0.458**	0.411**	0.245*	0.298**	0.785

** 表示在 5%的置信度下显著；* 表示在 10%的置信度下显著

第三节　基于特征价格模型的居住用地价格影响因素分析

一、城市建设因素对用地价格的影响

根据特征价格模型 A，将居住用地的结构特征、区位特征、公共服务设施便利性和周围商业办公用地外溢效应、社会经济特征、空间依赖效应逐渐进入模型 1～模型 5。研究居住用地价格的影响因素以反映城市土地市场的空间性及其价格决定机制，一直都是经济学、地理学等学科关注的热点问题。本章以北京市居住用地出让市场为例，采用了基于 PLS 的结构方程模型进行建模，并将其应用于居住用地价格影响因素的分析中，具有较强的实践价值，体现了房地产开发商所关注的居住用地地块特征及其重要程度。研究结论显示，生活、交通、环境设施便利性和工作便利性这 4 类外生潜变量对观测变量的解释能力均较强。一方面，这 4 类外生潜变量分别对学校、地铁站、公园和企业单位聚集中心的可达性的解释能力相对较好。另一方面，生活、交通、环境设施便利性和工作便利性均显著性地影响北京市居住用地出让价格，但其影响力程度不同。其中，工作便利性对居住用地价格的影响程度相对最强，而交通、生活和环境设施便利性对居住用地价格的影响程度依次减弱。重点中学的距离对本地家庭中的子女就学来说有着实质性的影响，而重点大学基本没有影响。居住用地周边的商业办公等用地对其本身价格有正向的影响作用，周围商业办公用地的价格越高，则说明该区域各项环境条件较好，同时提高了居住用地的开发环境，导致居住用地价格提高。

二、社会经济属性因素对用地价格的影响

将区块的社会经济属性特征纳入模型后可以看出，地块所在街道区块的人口密度对单位面积地价的正向影响在 10%水平上显著，人口密度增加一个单位，单位面积地价约上升 0.057%。一方面，人口密度大说明该区位对居住用地需求量大；另一方面，人口密度越大，后开发土地获得已有道路、基础设施等外部效应的概率较大，相应地价也越高。租用公共住房比例越高会显著拉低居住用地价格，租用公共住房比例每增加 1 个百分点，单位面积地价约降低 37 元。租用公共住房的比例越高，该区域的居住环境、房屋结构特征等越差，居住用地开发的吸引力和需求较小，从而降低了土地价格。居住用地出让比例对地价有显著的负向影响。居住用地出让比例较高的地区一般也是居住用地出让总量较

多的地区，如天通苑和回龙观所在的街道区块 15 和 35 等，这些地区原来生活性基础设施较差或者用地供给相对充足，稀缺性较小，使得单位面积地价较低。通过对模型 1～模型 4 的残差进行空间自相关检验可发现，Moran's I统计量均在 1%水平显著，说明需要对居住用地价格中存在的空间依赖效应进行控制，因此将居住用地价格的空间滞后量加入模型 5。空间滞后项的内生性特征，使得模型的 OLS 估计的无偏性和渐近一致性丧失，而极大似然估计（MLE）的渐近一致性仍然存在，故模型 5 采用极大似然估计。LAGPRICE 在 1%水平上显著，说明北京市居住用地价格存在显著的空间依赖效应，当前居住用地地块的价格与周边地块价格具有相当的可比性，周边地块对当前地块的价格溢出效应较强（表 10-6）。

表 10-6　特征价格模型 A 的运算结果

	模型 1	模型 2	模型 3	模型 4	模型 5
常数项	7.808***	11.899***	8.796***	9.278***	6.924***
地块结构特征					
地块面积（AREA）（对数值）	0.074***	0.042	0.099***	0.101***	0.104***
地块区位特征					
到 CBD 距离（D_CBD）（对数值）		−0.577***	−0.092	−0.080	−0.056
地块的公共服务设施可达性					
公共交通便利性（D_SUB）			−0.225***	−0.215***	−0.157***
教育设施便利性 1（D_COLL）			0.022	0.042	0.011
教育设施便利性 2（D_MID）			0.103*	0.117*	0.086
公园设施便利性（D_PARK）			−0.290***	−0.312***	−0.243***
周围商业办公用地外溢效应					
商业用地外溢效应（COMM）（对数值）			0.257***	0.243***	0.132**
区块社会经济属性					
就业可达性（JOBACCESS）				0.281	0.041
人口密度（POPDEN）				0.057*	0.053*
公共租房比例（RENTPUBLIC）				−1.115***	−0.718**
犯罪率（CRIME）				0.009	0.009
居住用地出让比例（RESIDR）				−0.815***	−0.607***
地块价格的空间依赖效应					
周边居住用地均价（LAGPRICE）					0.367***
年份虚拟变量	yes	yes	yes	yes	yes
样本数	708	708	708	708	708
Adj. R-square	0.153	0.253	0.351	0.375	0.375
Moran's I (error)	0.264	0.216	0.115	0.082	0.008
p	0.000	0.000	0.000	0.000	0.352

*、**、*** 分别表示显著水平为 10%，5%和 1%

三、各类用地特征价格的社会经济属性影响

根据特征价格模型 B，从模型 1～模型 5 中筛选出在 1%和 5%水平上显著的

地块面积、空间滞后量、周围商业办公用地溢出效应、轨道交通和公园便利性5个变量与地块所在区域的社会经济属性形成交互项，进入模型6～模型11，因为模型估计结果中除交互项以外，其他变量的系数与模型5基本相同。模型6～模型11依次给出了区域就业可达性、人口密度、教育水平、租用公共住房比例、犯罪率和居住用地出让比例对地块5个特征价格的影响（表10-7）。除人口密度外，区域就业可达性、居民教育水平、租用公共住房比例、犯罪率和居住用地出让比例等因素会显著影响居住用地的特征价格。居住用地空间滞后量的特征价格几乎受区域所有社会经济属性的显著影响，其中受就业可达性和租用公共住房比例的影响最强。就业可达性越好的地区，由于区域人员交流程度的提高居住用地价格的空间依赖效应越强，周边地块对自身地价格的影响增强，而租用公共住房比例高的地区，由于住房特征和居住环境较差等原因，地块周围较低的居住用地价格会更大程度地降低自身的价格。居住用地出让比例较高的区域，商业办公用地对居住用地的溢出效应越大，主要是因为在居住用地开发较多的地区，商业设施的稀缺性较高，临近这些商业设施的居住用地可以获得更多的溢出效应，如天通苑区域居住用地开发较多，在商业设施集中的龙德广场附近其居住用地的地价会显著提高。犯罪率较高的区域，公园便利性的特征价格会显著降低，说明区域负外部效应会降低居住用地的特征价格。区域的居民教育水平对轨道交通便利性特征价格的负向作用在10%水平上显著，这或许是由于居民教育水平较高的地区，如中关村、清华园等地区，距离重点大学和重点中学等公共服务设施的距离特征较明显，从而在模型估计中压低了轨道交通便利性的特征价格。

表10-7 特征价格模型B的运算结果

	就业可达性交互项	人口密度交互项	居住用地出让比重交互项	租用公共住房比例交互项	犯罪率交互项	教育水平交互项
	模型6	模型7	模型8	模型9	模型10	模型11
常数项	8.445***	7.614***	9.331***	8.135***	7.770***	7.735***
用地面积（AREA）（对数值）	0.192	−0.021	−0.076	−0.223	−0.011*	−0.096**
公共交通便利性（D_SUB）（对数值）	−0.044	0.027	−0.055	0.372	0.005	0.114*
公园设施便利性（D_PARK）（对数值）	0.467	0.028	0.006	0.498	0.045***	0.014
商业用地外溢效应（COMM）（对数值）	0.355	0.063	0.482***	−0.518	−0.014	0.130
周边居住用地均价（LAGPRICE）	1.796***	0.049	0.542***	1.182***	0.052***	0.210**
年份虚拟变量	yes	yes	yes	yes	yes	yes
样本数	708	708	708	708	708	708
Adj. R-square	0.414	0.387	0.414	0.411	0.411	0.406

*、**、*** 分别表示显著水平为10%，5%和1%

四、居住用地特征价格的空间特征

以特征价格模型A中对居住用地价格影响程度最明显的公园设施便利性的特征价格为例，对北京市居住用地特征价格特征进行空间分析。从图10-2可以看出，北京市内公园设施便利性的特征价格与北京市的平均地价空间分布特征具有很强的相似性，这说明平均地价较高的地区，其公园设施便利性的特征价格也同时较高。但公园设施便利性的特征价格的空间极化现象更为明显，以南二环为分界线，界限以北地区的公园设施便利性特征价格明显高于界线以南地区。东西方向上公园设施便利性的特征价格空间分异现象不明显。鼓楼到奥运村沿线地区、西北向三环以外地区、回龙观地区、通州地区、大兴黄村周边地区、亦庄地区的公园设施便利性特征价格值较高。这里大部分地区是近年来北京集中建设水平较高、速度较快的地区，公园建设数量和质量呈现明显上升趋势，同时这些地区也处于城市近郊，居民对公园设施便利性的要求较为强烈，故而其公园设施便利性特征价格值较高。

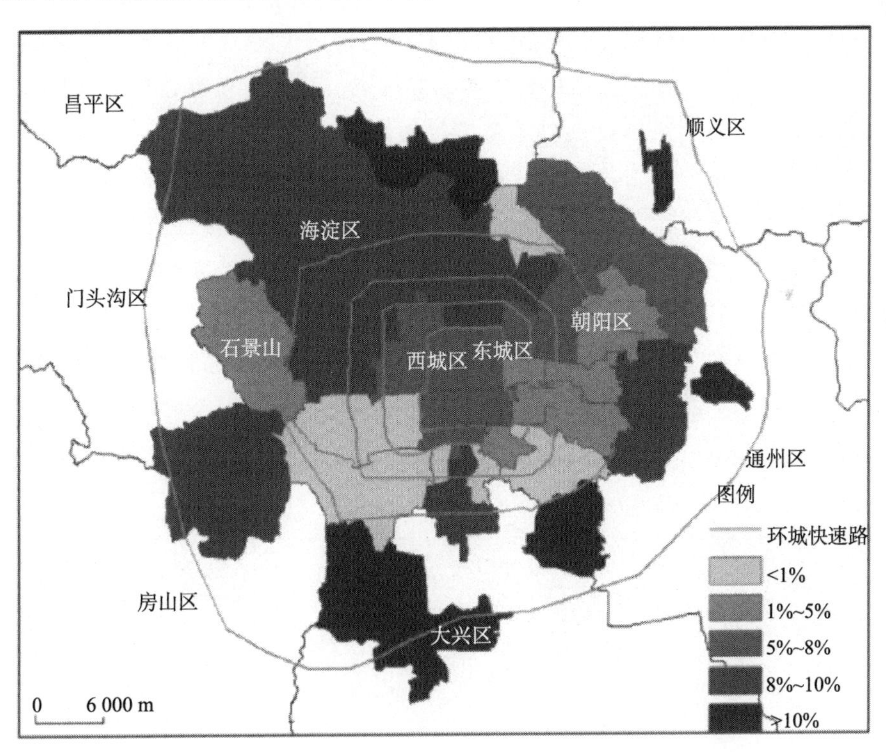

图10-2 公园设施便利性特征价格占平均地价比例的空间特征

资料来源：余建辉等（2013）

本章小结

鉴于以往居住用地特征价格估计和土地市场研究中缺乏对区域社会经济属性特征的关注，本研究在简略叙述其可能导致的问题的基础上，将居住用地社会经济属性及其和其他地块特征的交互作用引入传统的特征价格模型，研究了北京市居住用地特征的隐含价格及其空间分异的特征，主要结论如下：①居住用地价格存在显著的空间依赖效应，轨道交通和公园便利性能够显著提高居住用地价格。周边商业办公用对居住用地价格有明显的溢出效应，合理的土地混合利用有利于提升居住用地价格。②人口密度增加能够提高居住用地价格，说明目前北京市人口集聚对城市土地开发所带来的基础设施共享等集聚经济效益要大于集聚不经济。租用公共住房比例较大的区域，由于区域人居环境较差，居住用地价格较低。居住用地出让比例较高的地区，由于商业等生活服务设施配套程度较低，土地价格较低。因此，政府在进行大规模居住用地开发时，应注意相应商业等其他生活服务设施的配套建设，适度提高土地利用的混合度，提高土地利用效率。③居住用地的空间依赖效应、周围商业办公用地溢出效应、轨道交通和公园便利性的特征价格随着区域就业可达性、教育水平、租用公共住房比例、犯罪率和居住用地出让比例的变化存在较大分异。以公园设施便利性的特征价格为例，南二环以北地区的公园设施便利性特征价格明显高于以南地区。鼓楼到奥运村沿线地区、西北向三环以外地区、回龙观地区、通州地区、大兴黄村周边地区、亦庄地区的公园设施便利性特征价格值较高。当然，由于居住小区尺度的社会经济属性缺乏相应统计数据，本研究只能将根据街道尺度汇总得到的街道区块的属性作为地块区域属性的代理变量。如何将普查数据和调查问卷数据结合，更为准确地衡量区块的社会经济属性，是刻画居住用地特征价格空间分异的难点，也是下一步重点研究的问题。

第五篇

职住空间与人居环境

永远不要忘记，真正的城市是由居民而不是由混凝土组成的。

——爱华德·格莱泽（2011）

美国城市社会学家雷·奥尔登巴克认为，城市存在三个场所，第一场所是居住的空间，第二场所是工作的空间，第三场所是可供人们轻松聚集娱乐的空间。居住与就业过度分离也会带来巨大的社会成本，解决职住空间匹配问题不仅涉及城市空间结构的调整，也是城市管理公共政策的重要研究内容。

第十一章

北京市居民职住分离基本特征

合理的职住空间关系对减少居民通勤成本、提高城市宜居性和优化城市空间结构等具有十分重要的意义。通勤活动是联系居住和就业空间的重要纽带，通常采用通勤时间或通勤距离作为衡量职住空间分离程度的主要工具。本章在阐述北京市居民职住空间整体分布特征的基础上，着重从北京市居民通勤行为特征视角来透视北京市职住空间结构对居民职住分离程度的影响。

第一节　北京市居民职住分布整体特征

一、居住空间分布特征

运用2010年北京市第六次人口普查数据，对北京城区各街道居住人口空间分布特征进行统计分析（图11-1），结果显示：北京市居住人口密度分布呈现出内城高外城低、北城高南城低的特点。具体特征为：①高人口密度街道（高于28 687人/平方千米）主要分布在四环内长安街以北地区，包括中关村、团结湖、北太平庄、交道口和朝阳门等街道；②较高人口密度街道（18 767～28 687人/千米^2）也多分布于四环内北城地区，包括建国门、呼家楼、月坛和花园路等街道，并在四环外有零星分布，包括学院路、上地、马连洼和八角等街道；③较低人口密度街道（7978～18 767人/千米^2）主要集中在二环内、四环至五环之间地区，包括什刹海、东华门、大屯、望京等街道，另外在城市近郊区的回龙观、天通苑和通州等典型居住区也有少量分布；④低人口密度街道（低于7978人/千米^2）主要集中于四环外的城市远郊区，包括四季青、东坝、花乡和亦庄等乡镇。值得一提的是，建外街道由于是北京市CBD所在区域，主要以就业功能为主，致使该街道居住人口密度也相对较低。

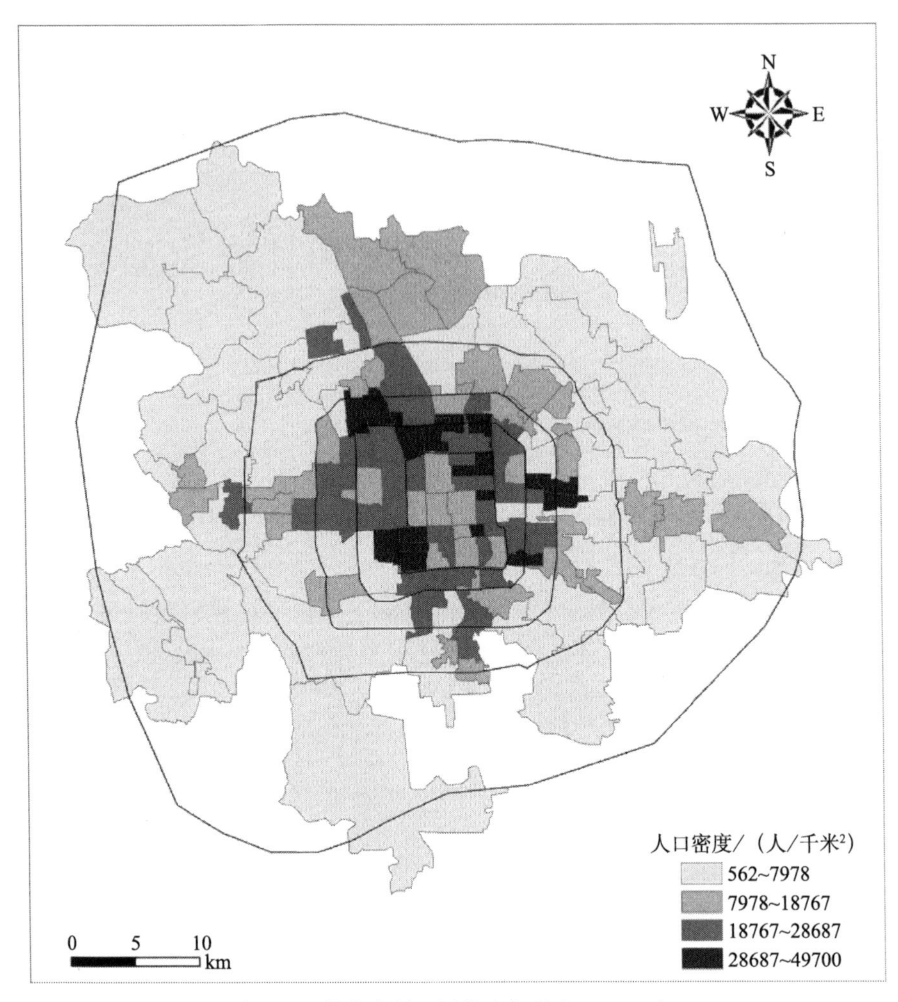

图 11-1 北京市居民居住空间分布（2010 年）

二、就业空间分布特征

运用 2010 年北京市工商企业登记数据，对北京城区各个街道企业空间分布特征进行统计分析（图 11-2），结果显示：北京市企业密度呈现出东西两翼高四周低的特点，且高企业密度街道分布相对集中。具体特征为：①高企业密度街道（超过 2474 个/千米²）主要分布在东二环和东三环之间、北三环和北四环之间地区，包括建外、朝阳门外、海淀、中关村四个街道；②较高企业密度街道（1409～2474 个/千米²）多分布于三环附近及三环以内的城市东部和西北部地区，包括建国门、呼家楼、展览路和北下关等街道，另外，北五环外的上地街道也有大量企业分布；③较低企业密度街道（593～1409个/千米²）主要集中在四环内地区，并在北四环和北五环间及通州城区也有少量分布，包括甘家口、花园路、白纸坊和学院路等街道；④低企业密度街道（低于1409个/千米²）多集中于四环外城市近郊区，包括奥运村、十八里店、香山和三间房等地区或乡镇。

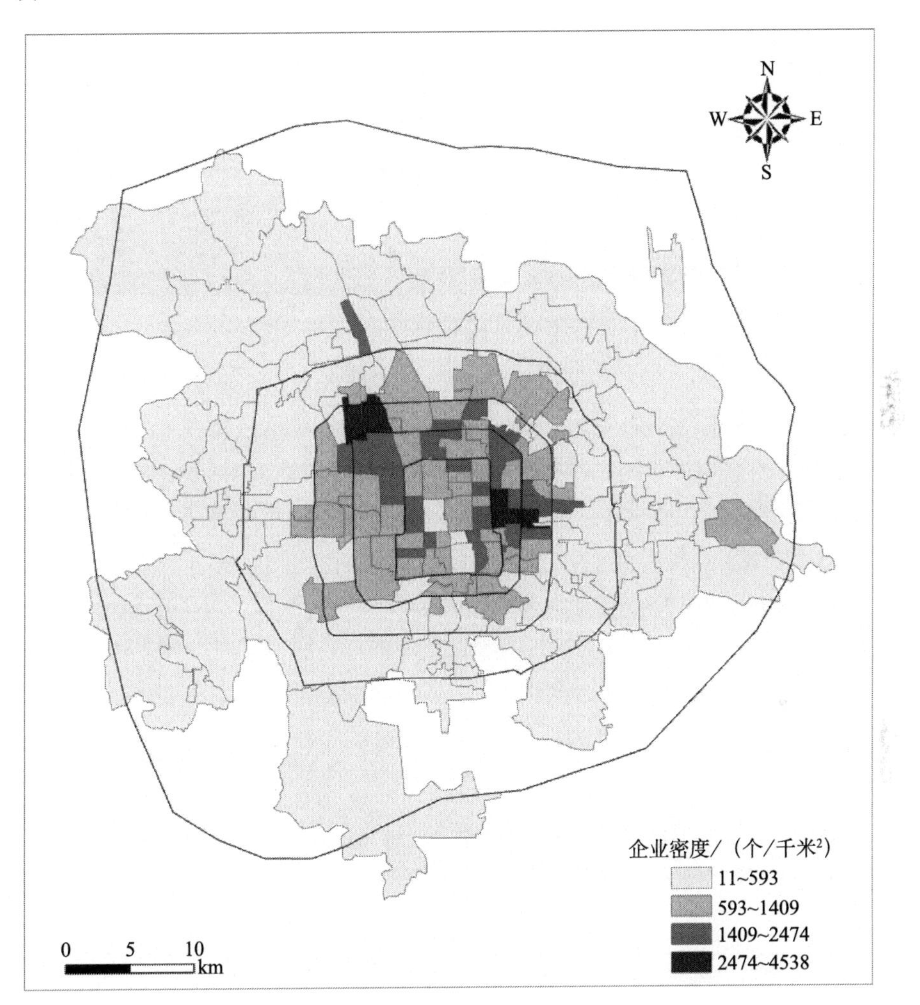

图 11-2　北京市居民就业空间分布（2010年）

三、居住与就业空间错位现象明显

从北京市居民居住与就业空间分布来看，二者在整体上均呈现出中心高外围低的特点，但就业空间分布相对居住空间分布则明显更为集中，且各街道居住与就业功能相对强度存在差异性，导致居住与就业空间错位现象产生。

用人口密度和企业密度颜色深浅表征各街道居住和就业功能相对强度（图11-1、图11-2），可以发现北京城区存在明显的居住功能主导区和就业功能主导区。前者居住功能明显强于其就业功能，容易形成大量的外出通勤流，主要包括北太平庄、和平街、六里屯、八角、回龙观和天通苑等街道；后者就业功能明显强于其居住功能，容易吸引大量的外来通勤流，主要包括朝外、建外、金融街等街道。

第二节　北京市居民通勤行为特征解析

一、北京市居民职住分离特征明显

对2005年和2009年北京市居民通勤时间和通勤距离进行统计分析（表11-1），可以发现：①2005年北京市居民平均通勤时间为38.26分钟，2009年平均通勤时间略有降低，为34.78分钟，但两个年份通勤时间标准差均较大，超过20分钟；②从通勤直线距离来看，北京市居民平均通勤距离由2005年5.89千米降低到2009年4.93千米，而标准差显示，2009年北京市居民通勤距离内部差异却比2005年有所增加。

分析可得，与2005年相比，2009年北京市居民通勤时间和通勤距离虽略有缩短，但北京市居民职住分离特征仍比较明显，且居民职住分离程度内部差异较大。另外，与国内其他学者研究相比（表11-2），再次验证了北京市居民职住分离程度较国内其他城市更为严重，仅有少数城市研究的通勤时间或通勤距离超过北京。

表11-1　通勤时间和通勤距离比较（2005年和2009年）

年份	通勤时间/分钟	标准差	样本数	通勤距离/千米	标准差	样本数
2005年	38.26	26.44	7475	5.89	5.04	6015
2009年	34.78	21.66	3350	4.93	5.24	1989

数据来源：2005年和2009年问卷调查

表11-2　国内各城市居民职住分离特征文献梳理

城市	通勤/分钟	通勤距离/千米	样本数	调查年份	文献出处	作者
北京	36.7	6.15	842	2007年	地理研究	张艳
北京公交通勤者	36	8.2	221773	2008年	地理学报	龙瀛
北京外来农民工	26.37	5.66	1445	2010年	城市规划学刊	刘保奎
上海	29.8	6.9		2004年	城市规划学刊	孙斌栋

续表

城市	通勤/分钟	通勤距离/千米	样本数	调查年份	文献出处	作者
上海第四次交通报告	40.8	5.4		2010年	城市交通	袁君
广州	26.1	4	1500	2001年	地理科学	刘望保
广州	27	5	1500	2005年	地理科学	刘望保
广州	17.5		1550	2010年	地理科学	刘望保
南京		10.1	477	2011年	地理科学进展	翟青
杭州城西9个街区	30.9～33.1	6.9	1339	2009年	城市规划	韦亚平
济南3个案例地	30～34	8.7～12.6	950	2013年	城市发展研究	王宏
西安	36	5.1		2011年	地理学报	周江评
兰州		2.34		2010年	干旱区地理	刘定惠
乌鲁木齐	31.15	4.9	536	2011年	地理科学进展	石天戈
芜湖	25	4	651	2009年	地理科学	焦华富

二、由内向外职住分离呈增长态势

从2009年北京市各街道平均通勤时间来看（图11-3），街道通勤时间空间差异明显，从内城向外城呈现出明显的递增趋势。其中，三环以内街道平均通勤时间多短于37.5分钟，而平均通勤时间超过37.5分钟街道主要集中在四环道路以外的城市远郊区。另外可以发现，天通苑、回龙观和通州等典型居住区域居民的职住分离现象比较严重，平均通勤时间均超过40分钟。

北京市街道通勤时间空间差异根本原因在于街道土地利用方式引起的居住与就业机会空间错位。另外，城市交通基础设施供给，交通方式和就业空间选择等个体行为因素也会对街道层面通勤时间产生一定影响。

三、不同交通方式居民的职住分离程度差异显著

从不同交通方式居民的职住分离特征比较来看（表11-3），不同交通方式居民的平均通勤时间差异明显，并通过0.05置信水平下的显著性检验（$F=153.527$，$p=0.000<0.05$）。其中，地铁/轻轨、单位班车和公交车出行居民的平均通勤时间超过40分钟，居民所承受的职住分离程度较大；出租车、私家车和单位配车出行居民职住分离程度相当，平均通勤时间在33～38分钟；摩托车出行居民平均通勤时间为30分钟左右，相对于其他机动车出行居民而言，其职住分离程度相对要小；自行车和步行出行居民的职住分离程度尚不严重，平均通勤时间分别为23.63分钟和12.63分钟。

通勤方式选择反映通勤距离，并制约通勤时间。调查显示，地铁/轻轨和公

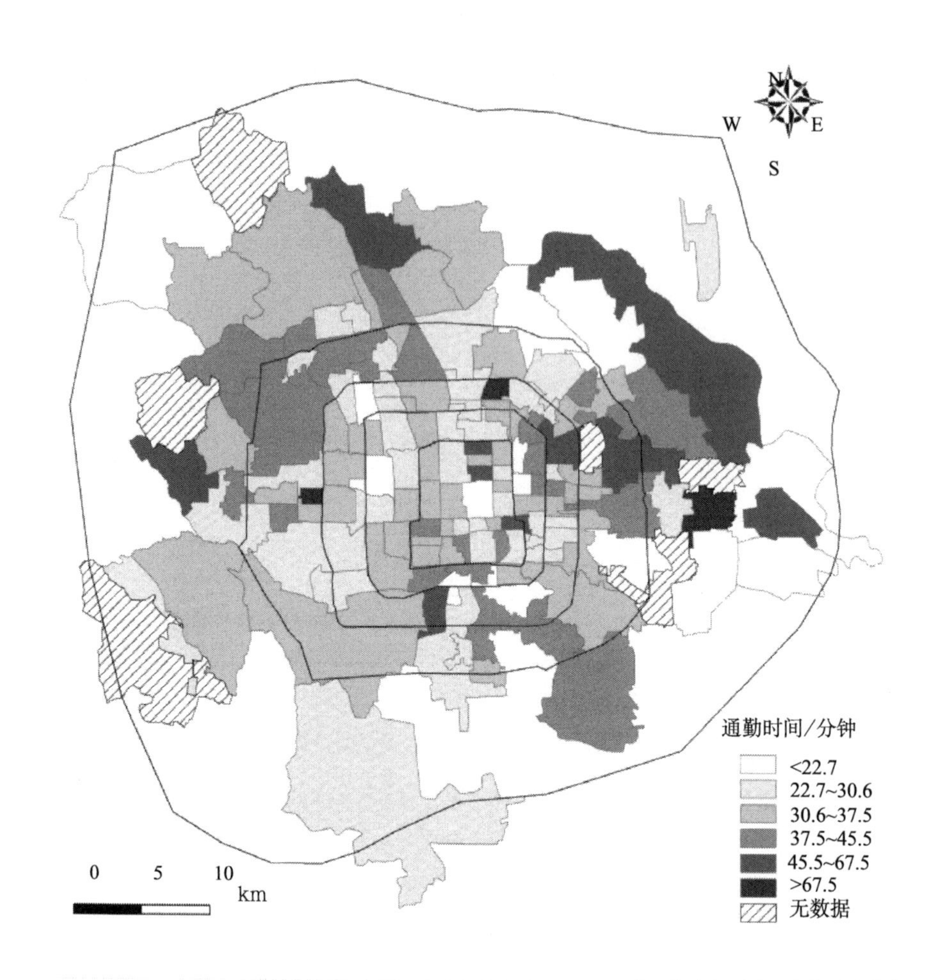

图 11-3 北京市各街道通勤时间（2009 年）

交车为主的公共交通出行已占有较高比例，其职住分离程度也最为严峻。因此，应从加强快速公交和地铁线路建设、优化公共交通空间布局等方面着手，尽力减少公共交通居民的通勤出行时间，提高北京城市的宜居性。

表 11-3 不同交通方式居民的职住分离特征比较（2009 年）

主要交通方式	通勤时间/分钟	标准差	样本数	所占比例/%
步行	12.63	12.55	417	12.8
自行车	23.63	15.94	492	15.1
摩托车	30.38	20.61	105	3.2
出租车	33.57	19.95	42	1.3
私家车	35.63	22.50	497	15.3

续表

主要交通方式	通勤时间/分钟	标准差	样本数	所占比例/%
单位配车	37.39	21.10	67	2.1
公交车	42.26	12.48	1081	33.2
单位班车	43.23	18.75	155	4.8
地铁/轻轨	49.02	12.18	400	12.3
方差分析	F=153.527	Sig=0.000		

四、城市远郊区居民跨区通勤比例较高

按照北京城市地域空间结构，把北京城区分为内城区、近郊区和远郊区 3 个区域进行通勤流向分析（表 11-4），结果显示：远郊区居民跨区通勤比例超过半数，达到 58.4%；内城区居民跨区通勤比例次之，比例为 38.2%；近郊区居民跨区通勤比例最小，仅为 13.6%。分析表明，城市远郊区由于就业机会相对缺乏，居民外出通勤比例较高，该区域居民不得不忍受较大程度的职住分离现象。

三大区域尺度通勤流向从宏观上勾勒出北京城区居民通勤流向特征，但由于尺度空间范围过大，不利于揭示区域内各行政区间的通勤流向与强度，图 11-4 则对此进行了弥补。结果表明，北京市居民通勤方向仍以向心通勤流为主，除内城区外，海淀和朝阳两区也是重要的就业吸纳地，吸引不少外来通勤流量。

表 11-4　通勤方向比例（2009 年）　　（单位：%）

出发地＼目的地	内城区	近城区	远城区
内城区	61.8	37.6	0.6
近郊区	12.8	86.4	0.8
远郊区	4.2	54.2	41.7

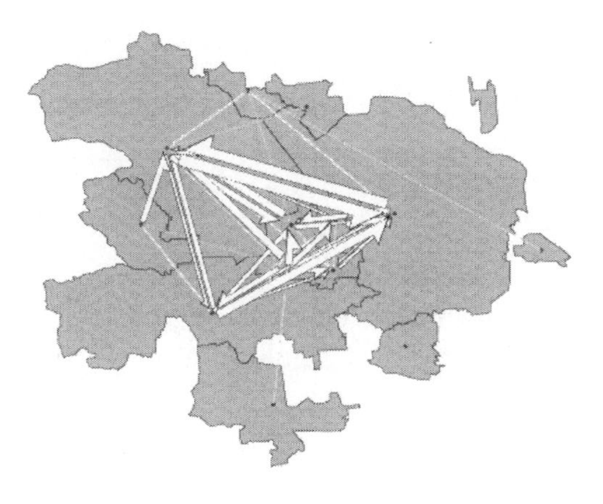

图 11-4　北京市各行政区通勤流向与强度（2009 年）

本章小结

从北京城市内部居住与就业空间结构来看，居民居住与就业空间分布密度均呈现出内高外低的特征，但就业空间分布明显要更为集中，同时各街道的居住与就业功能相对强度存在差异性，导致居住与就业空间错位现象产生，并对居民通勤行为产生深刻影响。

与国内其他城市相比，北京市居民职住分离特征明显，2009 年平均通勤时间为 34.8 分钟，并且居民通勤时间内部存在较大差异。其中，公共交通出行居民承受的职住分离程度相对较大，平均通勤时间已超过 40 分钟。街道通勤时间空间差异显著、向心为主的通勤流向等特征则进一步体现北京市单中心为主导的城市空间结构性因素对宏观通勤流向特征的塑造作用。

第十二章

北京市居民职住分离影响因素与形成机制

职住分离的影响因素众多，本章着重从制度性因素、城市空间结构性因素和个体家庭因素等方面选取变量探讨职住分离差异的形成原因，以期明晰转型期北京市居民职住分离形成的主要因素。

第一节　北京市居民职住分离影响因素

一、变量选取与描述分析

研究中共选取了 10 个自变量，包括性别、年龄、家庭月收入、学历、职业、户口、住房性质和居住区等 8 个分类变量，以及到天安门距离、住房面积 2 个连续变量。对各分类变量的职住分离特征进行描述统计发现（表 12-1），女性、40 岁以下、家庭月收入 15 000～20 000 元、高学历、非劳动密集型、京籍、购买房、远郊区等社会属性群体的通勤时间明显偏长，承受较大程度的职住分离。

表 12-1　变量选取与职住分离特征描述分析

变量	类别	通勤时间/分钟	样本量	变量	类别	通勤时间/分钟	样本量
性别	男	34.39	1685		5000～9999 元	35.44	1314
	女	35.17	1641		10 000～15 000 元	34.22	455
年龄	30 岁以下	35.08	1356		15 000～20 000 元	39.66	104
	30～39 岁	35.69	1038		20 000 元以上	35.11	65
	40～49 岁	34.30	747	学历	初中及以下	27.35	172
	50～59 岁	30.35	191		高中	32.25	805
	60 岁及以上	31.73	11		大学大专	36.18	2097
家庭月收入	3000 元以下	33.10	441		研究生	36.97	261
	3000～4999 元	34.46	909	职业	劳动密集型	34.54	1046

续表

变量	类别	通勤时间/分钟	样本量	变量	类别	通勤时间/分钟	样本量
	非劳动密集型	35.18	2169		租用	33.09	1074
户口	外地	30.52	405	居住区	内城区	33.25	914
	京籍	35.39	2921		近郊区	34.82	2081
住房性质	购买	35.69	2221		远郊区	38.87	350

二、结果分析

分别建立3组回归模型对职住分离影响因素进行分析（表12-2），模型1为所有变量分析，模型2为除职业类型外的其他变量分析，模型3为除家庭月收入外的其他变量分析。模型结果显示：3组模型均通过F值显著性检验，决定系数R^2分别为0.056、0.060、0.055。

对模型结果进行详细分析可得如下结论。

（1）城市空间结构性与制度性因素对职住分离的影响显著。鉴于北京城市经济适用房、拆迁安置房等类型居民主要分布于近郊区和远郊区，而单位房居民分布仍然以内城区或近郊区为主，可以通过“到市中心距离、居住区位置”两个变量透视北京城市职住空间结构和住房市场化改革等因素对居民通勤行为的影响。3组模型结果均显示，到市中心距离越远，居民通勤时间相对越长；与内城区居民相比，近郊区、远郊区居民通勤时间较长，其中远郊区居民承受的职住分离程度更为严重。

（2）居住和就业特征对职住分离具有显著影响。住房面积与通勤时间呈显著的微弱正相关，3组模型的偏回归系数均为0.001，验证了北京市居民住房成本与通勤成本替代性结论的有效性，同时反映出住房市场化力量对通勤时间的作用开始显现。就住房性质而言，购买房居民的通勤时间显著长于租房群体，可能由于租房居民选择住房区位的弹性相对更大，有利于其就近就业。从职业特征来看，非劳动密集型职业居民的通勤时间要显著短于劳动密集型职业居民，可能与两种类型居民的交通方式差异有关。

（3）社会经济属性也是影响职住分离差异的重要因素之一。从性别来看，模型1和模型3中性别影响不显著，但模型2结果表明男性居民通勤时间显著长于女性居民，这与西方家庭责任假说结论相一致，可能由于女性更多地承担家务和照顾子女等任务所决定的。从户籍来看，与外地户口相比，北京户口居民的通勤时间显著较长，偏回归系数为0.144～0.162，可能的解释有两点：一方面，主要由于外地户口居民所从事的职业类型提供住宿的比例相对较高；另一方面，主要与外地户口的住房选择自由度更大有关。从年龄来看，与30岁以下居民相比，50～59岁居民通勤时间显著要短，说明年长群体承受的职住分离程度相对较小。从学历来看，高中、大学大专和研究生三类群体居民的通勤时间均显著长于初中以下学历居民，且随着学历提高，居民通勤时间也逐渐增加，表明学历程度可能对居住和就业选择范围产生一定的限制作用。然而，3组模型结果均显示，家庭月收入和人口规模对职住分离的影响不显著，这与柴彦威等（2011）对北京案例研究结论有所不同，有待后续研究进一步验证。

表 12-2 职住分离影响因素分析结果

自变量	维度	模型1		模型2		模型3	
		系数	t	系数	t	系数	t
常量		2.201***	6.961	2.025***	6.505	2.156***	6.899
到市中心距离		0.081**	2.2	0.09**	2.496	0.087**	2.399
住房面积		0.001**	2.473	0.001**	2.483	0.001**	2.434
住房性质	租房为参照	0.066*	1.844	0.074**	2.126	0.069**	1.97
性别	女性为参照	0.041	1.373	0.06**	2.016	0.041	1.385
户口	外地为参照	0.15***	3.128	0.162***	3.458	0.144***	3.068
年龄	30～39岁	0.014	0.376	0.015	0.422	0.008	0.232
	40～49岁	−0.021	−0.5	−0.025	−0.607	−0.019	−0.465
	50～59岁	−0.152**	−2.078	−0.161**	−2.251	−0.144**	−2.022
	60岁及以上	0.033	0.148	0.042	0.191	0.037	0.167
学历	高中	0.212***	2.867	0.376***	5.382	0.189***	2.612
	大学大专	0.35****	4.851	0.249***	3.469	0.324***	4.663
	研究生	0.434***	4.883	0.435***	5.012	0.419***	4.902
人口规模	二口之家	0.005	0.087	0.004	0.075	−0.014	−0.257
	三口之家	0.012	0.237	0.013	0.244	0.000	−0.005
	四口之家	0.036	0.545	0.052	0.799	0.023	0.373
	五口以上	−0.053	−0.647	−0.054	−0.677	−0.064	−0.822
家庭月收入	3000～4999元	−0.042	−0.812	−0.031	−0.607		
	5000～9999元	−0.06	−1.13	−0.052	−1.011		
	10 000～15 000元	−0.027	−0.425	−0.043	−0.677		
	15 000～20 000元	0.036	0.353	0.029	0.289		
	20 000元以上	−0.053	−0.468	−0.109	−0.982		
职业	非劳动密集型	−0.06*	−1.802			−0.058*	−1.76
居住区	近郊区	−0.146***	−2.883	−0.154***	−3.076	−0.152***	−3.038
	远郊区	−0.152*	−1.866	−0.161**	−2.006	−0.161**	−1.998
模型结果	R^2	0.056		0.060		0.055	
	样本数	1912		1989		1947	

注：因变量＝ln（通勤时间）（单位：分钟）；到市中心距离＝ln（居住地到天安门距离）（单位：米）；*** 为0.01置信水平下显著；** 为0.05置信水平下显著；* 为0.1置信水平下显著

第二节　北京市居民职住分离形成机制

本节从制度性因素、结构性因素和个体家庭因素等视角对北京市居民职住分离形成机制进行了归纳总结，如图 12-1 所示。

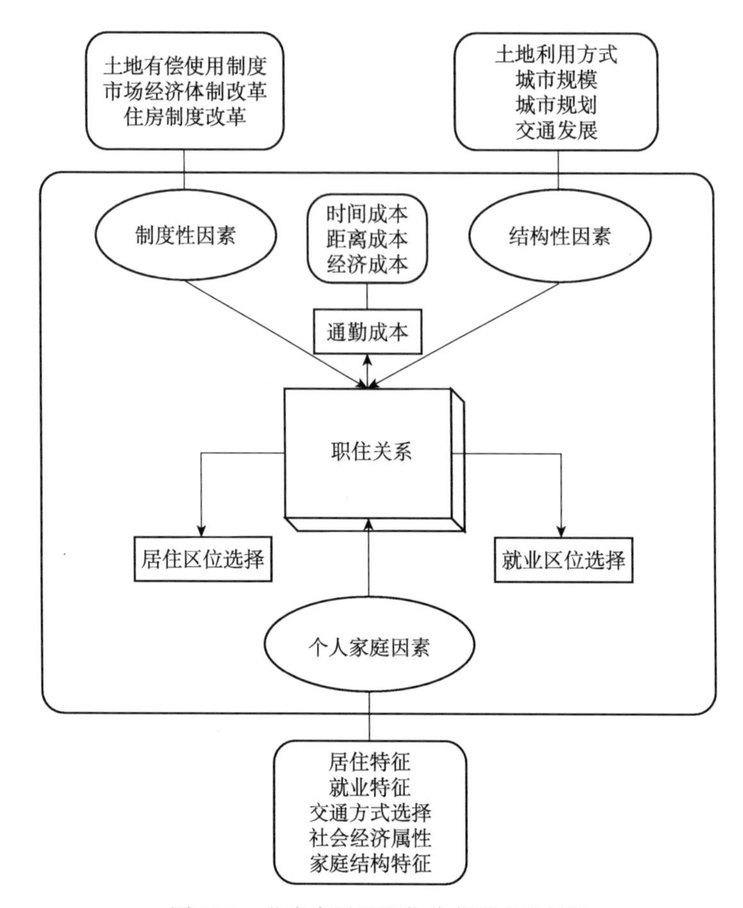

图 12-1　北京市居民职住分离形成机制图

一、制度性因素

从 20 世纪 80 年代，我国开始实行城市土地使用制度改革，土地利用方式由免费无偿行政划拨向有偿出让和转让转变，“招拍挂”成为出售和转让土地的主要形式。土地有偿使用制度建立导致级差地租的形成，由于不同功能的城市活动支付地租的能力有所差别，受益较高的服务业一般占据城市中心有利位置，工业用地则被置换出来，逐渐向郊区迁移，而新建居住用地受地价限制，主要集中于近远郊区域。可见，土地市场化后形成的不同城市功能分区是职住分离形成的重要驱动力。

20 世纪 90 年代市场经济体制建立后，市场在生产资源配置中发挥着越来越重要的作用，企业成为自负盈亏的经营单位，企业竞争和劳动力竞争强度均比计划经济时期大幅增加，企业人事制度也由“固定工”向“劳动合同制”转变，职工与企业的黏着性明显降低，居民就业选择广泛性与流动性显著增强，为职住分离形成创造了条件。

1998年，国家开始实施住房制度改革，标志着单位福利分房制度开始走向解体，住房市场化成为一种新的趋势，商品房成为城市住房供给的主要来源。同时，为了保障城市低收入人口的住房可获得性，国家相继实施了经济适用房、两限房和公租房等社会保障住房政策。但受地价因素影响，商品房和政策性住房用地多集中于地价较低的城市近远郊区，就业郊区化却相对滞后，致使城市外围居住区的职住分离现象比较普遍。

二、结构性因素

土地市场化建立助推了城市内部土地利用方式的差异，并形成了不同的城市功能分区，居住功能和就业功能在城市空间上分割和不同步发展是北京城市职住分离形成的重要因素。

城市规模大小决定着居民居住和就业空间区位的可选择范围大小。伴随北京城市空间迅速向外扩展，职住选择空间区位选择范围随之扩大，长时间通勤的可能性也会增加。因此，相对于中小城市来说，类似北京这种大城市的职住分离现象往往会更为严重。

城市规划作为一项公共政策，对城市居住和就业空间结构具有明显的引导与调解作用。因此，科学合理地规划配置城市内部居住、就业和交通等土地利用形态，有助于形成高效、合理的职住空间组织模式，缓解职住分离程度，实现经济社会效益最大化。

交通建设投资和管理水平提高，对北京市居民职住分离的影响具有双重性。一方面，在通勤距离确定的情况下，交通发展可以缩短居民通勤时间，缓解职住分离程度；另一方面，居民由于考虑房价或环境等因素，交通改善又会进一步引导居住区位选择向城市外围扩展，对居民职住分离具有加剧效应。

三、个体家庭因素

上一节分析结果表明，居住区位、住房面积、住房性质和职业等居住和就业偏好因素均对北京市居民职住分离具有显著影响，主要表现为远郊区、较大住房面积、购买房和非劳动密集型等属性居民的通勤时间相对较长。柴彦威等（2011）对北京市研究还表明，与单位居住区居民相比，商品房和政策性住房居民通勤时间普遍更长，其中政策性住房居民的职住分离程度最大。

交通方式选择受通勤距离影响，并对居民通勤时间产生明显的制约作用。前面研究得出，非机动车出行居民的通勤时间相对较小，其他机动车类型的通勤时间居中，公共交通出行居民通勤时间最长。刘志林和王茂军（2011）对北京案例研究得出类似的结论。

性别、户口、年龄和学历等社会经济属性特征对北京市居民职住分离具有显著影响，主要表现为男性、北京本地户口、年轻和高学历群体的通勤时间相对较长。另外，不同交通方式居民所承受的职住分离程度也具有显著差异性，其中，非机动车出行居民的通勤时间较短，而公共交通出行居民的通勤时间较长。研究得出的社会经济属性影响效应与柴彦威（2011）、刘志林和王茂军（2011）的分析结论基本一致，有所区别的是，柴彦威等（2011）研究还发现，家庭月收入和家庭人口规模对职住分离程度的影响。其中，家庭月收入对职住分离程度的影响呈现出倒“U”形的变化，即低收入和中低收入居民职住分离程度最小，中等收入居民职住分离程度最大，中高收入和高收入居民的职住分离程度居中；家庭人口规模越大，居民职住分离程度则越大。

本章小结

本章通过构建多元回归模型实证得出，“到市中心距离”“居住区位置”等相关的制度性和空间结构性因素对北京市居民职住分离程度影响是显著的。制度性因素改革为凸显住房、企业区位选择的市场化力量创造了有利条件，一定程度上提高了北京城市土地资源配置效率，刺激了职住分离现象的产生。结构性因素通过宏观的住房和就业供给配置方式和数量影响着居民职住分离强度，同时城市交通发展对居民职住分离具有双重影响，即缓解与刺激作用并存。性别、户口、年龄和学历等社会经济属性因素也对职住分离程度产生显著影响。社会经济属性不同，导致居民居住和就业需求和选择行为存在差异性，进而呈现出不同程度的职住分离特征。交通方式选择通常受职住空间距离和交通成本等因素影响，但在职住空间距离恒定的情况下，选择快速便捷的交通方式则有助于减少居民通勤时间，缓解居民职住分离程度。

第六篇

居民行为与人居环境

人们对自己社区的外观环境、休闲设施及风景评价越高，他们对社区的总体满意度也就越高。

——理查德·弗罗里达（2008）

理查德·佛罗里达曾在《你属于哪座城市》中写道：选择在哪儿居住是我们生活中的关键，这一决定将影响我们的所有其他决定——事业、教育和爱情。居住空间选择行为受到人居环境的影响，如城市空间中的教育设施、自然环境、公共交通设施、人文环境等有或强或弱的影响。居住空间选择行为反映了居民对人居环境的某种程度上的心理期望，这种心理期望与客体环境的感知形成了人居环境的评价。居民居住区位的再选择，体现了居民对现人居环境与未来人居环境的心理预期，而这些心理期望与客体环境的差异对比形成了城市人居环境的评价。

第十三章

居民居住满意度影响机理

宜居北京必须建立在以人为本的基础之上，因此需要从居民居住现实需求出发，来正面探讨北京城市居民居住满意度现状、存在问题及影响机理，并可为当前北京宜居城市建设与实践提供科学依据。本章分别从微观尺度（社区层面）和中观尺度（城市层面）对北京市居民居住满意度特征与影响机理进行详细探讨。

第一节　北京市居民居住满意度感知与行为意向

一、数据来源与研究方法

1. 数据来源

以北京城市居民为研究对象，2012 年 7 月在北京城区进行“职住关系”为主题的问卷调查。为了更好地把握转型期北京城市居民的职住特征现状，使研究更具有代表性，借鉴柴彦威（张艳和柴彦威，2009）团队研究成果，把城市居民居住区类型分成胡同社区、单位社区、经济适用房社区、商品房社区 4 类分别进行调查，调查区域如图 13-1 所示。调查方式主要采用进入社区或社区周围的随机调查和交叉控制配额抽样调查为主，共发放问卷 679 份，回收有效问卷 604 份，有效率为 89.0%。样本详细构成见表 13-1，被访者包含了不同社会经济属性类型居民，样本整体上具有较好的代表性。

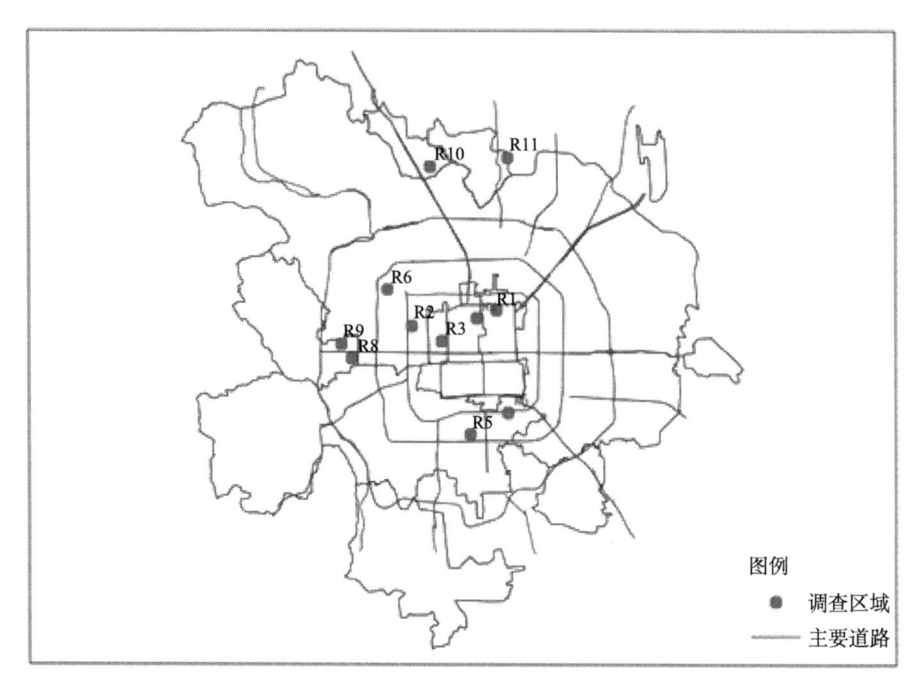

图 13-1　调查区域

表 13-1　调查样本构成

	属性	样本数	比例/%		属性	样本数	比例/%
性别	男	301	49.8	家庭月总收入	3000 元以下	38	6.3
	女	301	49.8		3000～4999 元	77	12.7
	缺失	2	0.3		5000～9999 元	237	39.2
年龄	30 岁以下	225	37.3		10 000～15 000 元	109	18
	30～40 岁	263	43.5		15 000～20 000 元	71	11.8
	41～50 岁	98	16.2		20 000 元以上	67	11.1
	51～60 岁	12	2	家庭构成	单身独住	102	16.9
	60 岁以上	3	0.5		单身和父母同住	69	11.4
	缺失	3	0.5		夫妻独住	102	16.9
学历	初中及以下	17	2.8		夫妻和父母同住	24	4
	高中	73	12.1		夫妻携子女	213	35.3
	大专	137	22.7		三代以上同住	53	8.8
	大学	239	39.6		其他（合租、借宿）	37	6.1
	研究生	135	22.4		缺失	4	0.7
	缺失	3	0.5	住房性质	自有房	426	70.5
户口所在地	北京	462	76.5		租赁房	142	23.5
	其他地区	138	22.8		其他	29	4.8
	缺失	4	0.7		缺失	7	1.2

问卷内容主体设计包括 4 个部分，分别为居民通勤特征、居住特征、工作

特征、个人属性特征。其中，居住满意度感知评价包含在居住特征调查之中。在梳理前人研究的基础上，居住满意度感知因素共设计了 17 个题项，主要涉及住房质量、居住物质环境、居住邻里环境、附近基础设施和交通出行等方面；居住满意度包括 3 个测量题项，分别为“居住总体满意度”“对目前居住社区的喜爱程度”“如果可能，是否愿意长久居住在该社区”3 项。问卷回答均采用李克特 5 级量表形式，按“满意”“喜爱”或“愿意”程度的高低分别赋值 5～1 分。居住流动性意向的测量题项为“您是否考虑过更换居住地”，问卷回答按“是”“否”分别赋值为“1”和“0”。

2. 研究方法

（1）探索性因子分析

首先，运用 SPSS17.0 软件对问卷中个别缺失数据进行预处理，采用均值替代法把原始数据补充完整。再利用主成分分析法进行探索性因子分析，并按最大方差法进行因子旋转，以特征值大于 1 为标准提取公因子，并剔除因子载荷小于 0.5 或提取共同度小于 0.4 的题项。

（2）结构方程模型

结构方程模型是在 20 世纪 60 年代发展起来的一种验证性多元统计分析技术，用以处理复杂多变量之间因果关系，它整合了因子分析和路径分析的功能。近年来，结构方程模型方法已被广泛应用于国内旅游地理和交通出行等领域研究。本章之所以选择结构方程模型方法，主要由于居住满意度感知因素中包含一些潜在变量不利于直接观察和测量，但可以通过其他观察变量进行间接测量，并且该方法允许自变量和因变量含有测量误差。由此可见，与传统方法相比，结构方程模型具有明显优越性。结构方程模型包括测量模型和结构模型两部分。

测量模型反映的是潜变量和观察变量之间的关系。公式为

$$y=\Lambda_y\eta+\varepsilon \tag{13-1}$$

$$x=\Lambda_x\xi+\delta \tag{13-2}$$

其中，y 为内生关系变量组；Λ_y 为内生观察变量在内生潜变量上的因子负荷矩阵，反映内生观察变量和内生潜变量之间的关系；η 为内生潜变量。x 为外生关系变量组；Λ_x 为外生观察变量在外生潜变量上的因子负荷矩阵，反映外生观察变量和外生潜变量之间的关系；ξ 为外生潜变量。ε、δ 为测量模型的残差项，即未能被潜变量解释的部分。

结构模型反映的是潜变量和潜变量之间的关系。公式为

$$\eta=B\eta+\Gamma\xi+\zeta \tag{13-3}$$

其中，B 为内生潜变量之间的影响关系；Γ 为外生潜变量对内生潜变量的影响；ζ 为方程 η 残差项。

基于探索性因子分析结果构建居住满意度结构方程模型，并对模型进行检验、修正，主要探讨北京城市居民居住满意度感知因素及其对后向行为意向产生的影响。

二、实证结果分析

1. 探索性因子分析

在因子分析前，首先对影响居住满意度的 17 个变量做 KMO 和 Bartlett 球形检验，结果显示，KMO 值为 0.816，大于 0.7，Bartlett 球形检验显著性值为 0.000，小于 0.05，表明数据相关性较好，适合进行因子分析。

初步进行因子分析得到，累计贡献率为 59.114%，其中，“社区活动”在各项因子上载荷均小于 0.5，“距工作地距离”因子载荷较好，但提取的因子共同度仅为 0.362，小于 0.4，为了改善因子分析结果，把这两项题目删除。对剩下变量再次进行 KMO 和 Bartlett 球形检验，得到 KMO 值为 0.804，Bartlett 球形检验显著性值为 0.000，也比较适合进行因子分析。

采用主成分分析方法再进行因子分析，选择方差最大法进行因子旋转，依据特征值大于 1 的原则从 15 个变量中共提取了 4 个主因子，累计贡献率达到 63.906%（表 13-2）。其中，第一主因子的贡献率为 18.249%，在“治安管理”“物业服务”“卫生环境”“居民素质”“邻里关系”上因子载荷系数较高，主要反映居民的“居住环境”；第二主因子的贡献率为 17.745%，在“住房面积”“建筑质量”“户型结构”“通风采光”上具有较高载荷，主要反映居民的“住房条件”；第三主因子的贡献率为 15.441%，与“医疗教育方便性”“购物餐饮方便性”“休闲娱乐方便性”相关性较强，主要反映居民的“配套设施”；第四主因子的贡献率为 12.471%，在“距公交站方便性”“距地铁站方便性”“距市中心距离”上载荷系数较高，主要反映居民的“交通出行”。

表 13-2　居住满意度探索性因子分析结果

潜变量	测量题项	因子载荷	均值	标准差	贡献率/%
住房条件	X1 住房面积	0.804	3.55	0.823	18.249
	X2 建筑质量	0.729	3.51	0.794	
	X3 户型结构	0.844	3.51	0.811	
	X4 通风采光	0.712	3.75	0.853	

续表

潜变量	测量题项	因子载荷	均值	标准差	贡献率/%
居住环境	X5 治安管理	0.659	3.57	0.844	17.745
	X6 物业服务	0.621	3.28	0.839	
	X7 卫生环境	0.648	3.53	0.860	
	X8 居民素质	0.836	3.69	0.751	
	X9 邻里关系	0.746	3.82	0.725	
配套设施	X10 医疗教育方便性	0.736	3.48	0.912	15.441
	X11 购物餐饮方便性	0.807	3.62	0.845	
	X12 休闲娱乐方便性	0.775	3.40	0.859	
交通出行	X13 距公交站方便性	0.771	3.66	0.970	12.471
	X14 距地铁站方便性	0.867	3.56	1.002	
	X15 距市中心距离	0.537	3.30	0.887	
居住满意度	Y1 总体满意度		3.65	0.692	
	Y2 对目前居住社区的喜爱程度		3.67	0.718	
	Y3 如果可能，是否愿意长久居住在该社区		3.67	0.928	

基于上述分析，可以发现居住满意度存在 4 个维度感知因素：居住环境、住房条件、配套设施、交通出行。通过探索性因子分析结果构建居住满意度初始模型，预设模型中共包括 4 个外生潜变量和 15 个外生观察变量，2 个内生潜变量和 4 个内生观察变量（图 13-2）。本研究提出以下假设。

H1：住房条件对居住满意度有显著的正向影响。

H2：居住环境对居住满意度有显著的正向影响。

H3：配套设施对居住满意度有显著的正向影响。

H4：交通出行对居住满意度有显著的正向影响。

H5：居住满意度对居住流动性有显著的负向影响。

2. 居民社会经济属性特征与潜变量相关分析

首先，按照一定逻辑顺序把居民社会经济属性特征量化处理（表 13-3），再对社会经济属性量化值和 6 个潜在变量进行相关分析，结果表现为以下几个方面（表 13-4）。

（1）年龄与住房满意度呈现显著的正相关性，主要由于年龄越大居民的居住时间往往相对较长，对居住社区产生地方情感也越深厚，居住满意度随之提高。年龄与住房条件、交通出行呈微弱的负相关性，与居住环境、配套设施、居住流动性意向呈现微弱的正相关性，但相关性均不显著。

（2）学历与住房条件呈显著的正相关性，说明高学历人群的住房条件比较优越。学历与配套设施、交通出行均呈现显著的负相关性，可能由于学历较高居民对配套设施和交通出行的要求亦相对较高，对二者的感知评价就可能越低。

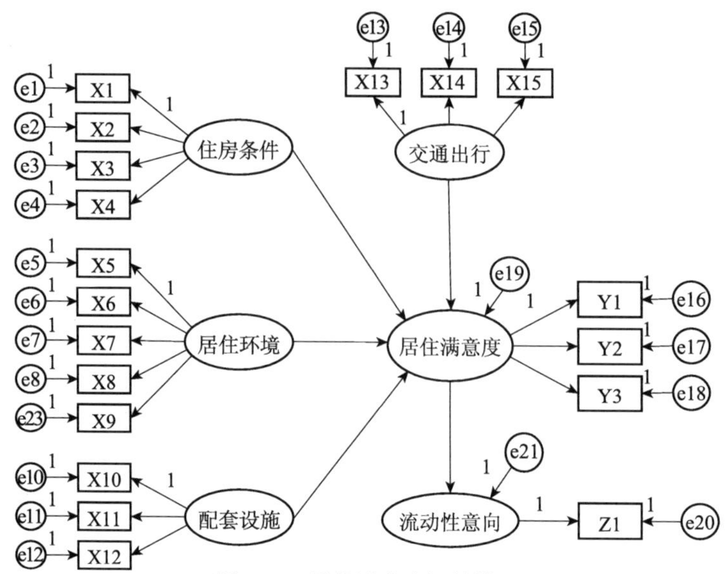

图 13-2　居住满意度初始模型

资料来源：湛东升等（2014）

表 13-3　居民社会属性数据量化标准表

属性	赋值
年龄	1=30 岁以下；2=30～39 岁；3=40～49 岁；4=50～59 岁；5=60 岁以上
学历	1=初中及以下；2=高中；3=大专；4=本科；5=研究生
家庭规模	1=单身；2=两口之家；3=三口之家；4=四口之家；5=五口及以上
家庭月收入	1=3000 元以下；2=3000～4999 元；3=5000～9999 元；4=10 000～15 000 元；5=15 000—20 000 元；6=20 000 元以上
住房性质	1=自有房；2=租赁房
户口所在地	1=北京；2=其他地区

注：家庭规模数据由家庭构成整理而成

表 13-4　社会经济属性和各潜变量相关性

	年龄	学历	家庭规模	家庭月总收入	住房性质	户口所在地
住房条件	−0.02	0.12**	0.02	0.191**	−0.27**	−0.14**
居住环境	0.04	0.01	−0.08	0.05	−0.06	−0.09*
配套设施	0.03	−0.13**	−0.14**	−0.01	0.08*	−0.05
交通出行	−0.02	−0.13**	−0.06	−0.01	0.08*	−0.01
居住满意度	0.08*	0.00	−0.08	0.18**	−0.15**	−0.14**
流动性意向	0.01	0.11**	0.09*	0.07	0.15**	0.05

*表示 90%水平上显著；**表示 95%水平上显著

学历与居住满意度相关性十分微弱，接近于 0，与居住环境呈正相关性，但不显著。另外，居民学历越高，居住流动性意向相对越强，二者具有显著的正相关。

（3）家庭月收入与住房条件和居住满意度呈现显著的正相关性，相关性相对较强，说明家庭月收入增加，对住房条件改善和居住满意度提高具有明显的促进作用。家庭月收入对居住流动性意向具有微弱的正向影响，但相关性并不显著。

（4）家庭规模与配套设施呈现显著的负相关，主要由于家庭成员越多，面临的休闲娱乐、子女教育、老人看病等需求越多，容易降低其对配套设施服务的评价。家庭规模和居住流动性意向存在显著的正相关，和住房条件呈正相关性，但不显著。

（5）住房性质与配套设施、交通出行呈现显著的正相关，可能由于租赁房居民的配套设施和交通出行需求相对较低，对配套设施和交通出行服务更容易获得满足。住房性质与住房条件、居住满意度具有显著的负相关，说明与自有房居民相比，租赁房居民的住房条件相对较差，居住满意度也相对较低。住房性质和居住流动性意向存在显著的正相关，说明与自有房居民相比，租赁房居民居住不稳定性相对更大。

（6）户口所在地与住房条件、居住环境、居住满意度呈现显著的负相关，说明与北京本地居民相比，外来人口住房条件、住房环境均相对较差，居住满意度也相对较低。户口所在地与配套设施、交通出行也呈现微弱的负相关性，但不显著。户口所在地和居住流动性呈不显著的正相关性。

上述分析可见，居民社会经济属性特征不同，居住满意度感知评价和居住流动性意向具有明显差异，表明居民社会经济属性是影响居住满意度感知评价和居住流动性意向的重要因素。

3. 结构方程模型结果分析

（1）模型拟合检验与修正

结构方程模型的拟合优度主要通过相对卡方（CMIN/DF）、近似误差均方根（RMSEA）、残差均方根（RMR）、拟合优度指数（GFI）、调整拟合优度指数（AGFI）、规范拟合指数（NFI）、非规范拟合指数（TLI）等指标来反映。

初始模型运算结果中，除AGFI、TLI、NFI 3项指标略小于0.9外（表13-5），其余指标均达到建议值标准，说明初始模型勉强可以接受，但模型还需要进一步改进。因此，可以参考修正指标对初始模型进行修正，以提高模型整体精度。从修正指标值来看，“X8居民素质”和“X9邻里关系”两个变量的残差相关后，可以使卡方值降低125.139以上，表明这两个测量题项存在较高相关性，可以选择从这两个变量中删除1题，通过两个变量残差与其他残差之间的修正指标值大小发现，删除“X9邻里关系”后可以使模型卡方值降低更多，模型改善更好。因此，在删除“X9 邻里关系”这一题项后再次建模，并得到修正模型适配值。

修正后的模型运算结果显示，各项评判指标均达到建议值范围，说明模型整体拟合优度较好。

表 13-5　模型拟合度检验

	CMIN/DF	RMSEA	RMR	CFI	GFI	AGFI	TLI	NFI
建议值	2～5	<0.08	<0.05	>0.9	>0.9	>0.9	>0.9	>0.9
初始模型	4.122	0.072	0.040	0.898	0.908	0.877	0.877	0.870
修正模型	3.332	0.062	0.039	0.928	0.931	0.905	0.912	0.901

（2）信效度检验

剩余 14 个外生观察变量总体信度分析得到 Cronbach's Alpha 值为 0.800，大于 0.7，说明问卷整体信度较好。再对各个潜变量分别进行信度分析发现，Cronbach's Alpha 值均大于 0.7，说明问卷内容设计合理，各个构面均具有较好的内部一致性。

测量模型中的标准化因子载荷系数处于 0.52～0.91（表 13-6），因子载荷均大于 0.4 一般标准，表明各观察变量对潜变量具有较好的解释效果。组合信度值在 0.731～0.813，均大于 0.7；除“居住环境”这一项的平均变异抽取量为 0.496，略小于 0.5 正常标准外，其余潜变量的平均方差抽取量均符合要求，模型总体具有较好的信度和效度。

表 13-6　模型信效度检验结果

潜变量	观察变量	标准化因子载荷	信度	CR	AVE
住房条件	X1 住房面积	0.68	0.810	0.812	0.520
	X2 建筑质量	0.70			
	X3 户型结构	0.78			
	X4 通风采光	0.72			
居住环境	X5 治安管理	0.73	0.793	0.797	0.496
	X6 物业服务	0.71			
	X7 卫生环境	0.75			
	X8 居民素质	0.62			
配套设施	X10 医疗教育方便性	0.57	0.758	0.771	0.535
	X11 购物餐饮方便性	0.81			
	X12 休闲娱乐方便性	0.79			
交通出行	X13 距公交站方便性	0.91	0.728	0.749	0.511
	X14 距地铁站方便性	0.66			
	X15 距市中心距离	0.52			
居住满意度	Y1 总体满意度	0.69	0.811	0.828	0.618
	Y2 对目前居住社区的喜爱程度	0.85			
	Y3 如果可能，是否愿意长久居住在该社区	0.81			

注：组合信度（CR）$=(\sum\lambda^2)/(\sum\lambda)^2+\sum\delta$，平均方差抽取量（AVE）$=(\sum\lambda^2)/n$，式中 λ 和 δ 分别为因子载荷量和误差变异量，n 为测量指标数目

(3) 模型结果解释

修正模型结果表明（表 13-7 和图 13-3），住房条件对居住满意度有显著的正向影响（$p<0.01$），且影响效应最大，住房条件每增加 1 个单位，居住满意度会提升 0.37 个单位，H1 假设成立。住房条件反映了居民住房消费的最基本需求，也是居民居住选择关注的首要因素，住房条件的好坏对居住满意度整体评价产生直接影响。在住房条件中，“X3 户型结构”和“X4 通风采光”的影响程度较大，解释值分别为 0.78 和 0.72，表明住房内部结构和通风采光等因素成为当前北京城市居民住房条件关注的重点，适当调整新建住房内部结构和改善通风采光有利于提高居民对住房条件的感知质量。

居住环境的影响效应次之，并对居住满意度有显著的正向影响（$p<0.01$），居住环境每增加 1 个单位，居住满意度会提高 0.35 个单位，H2 假设成立。居住环境不仅包括居住小区“硬”环境，还包括居住小区“软”环境，居住环境质量好坏直接关系到居民生活品质高低。这意味着，努力改善居住小区物质环境和文化邻里环境，有助于提高居民居住满意度。其中，“X7 卫生环境”和“X5 治安管理”对居住环境的影响程度最大，解释值分别为 0.75 和 0.73，表明卫生环境和安全因素是居住环境需求的核心元素，应当大力加强居住区附近保洁和治安工作。

配套设施也是居住满意度感知的重要因素之一，并对居住满意度有显著的正向影响（$p<0.01$），配套设施每增加 1 个单位，居住满意度会提升 0.22 个单位，H3 假设成立。配套设施状况是衡量居民生活方便程度与舒适性的重要标准之一，居住区附近拥有良好的医疗教育、购物餐饮、休闲娱乐等配套设施可以显著改善居民居住满意度。在配套设施中，“X11 购物餐饮方便性”的影响程度最大，解释值为 0.81，表明购物餐饮方便性是居住配套设施的关键因素，在居住小区附近适当增加部分便民的商业活动对居住满意度改善具有重要意义。

交通出行对居住满意度的影响作用微弱，并且不显著（$p=0.16>0.01$），H4 假设不成立，表明居民交通出行改善，并不一定会使居住满意度有显著的提高。这与西方学者和国内其他学者以往研究结论有所不同。究其原因，可能由于近年来北京城市居民私家车数量快速增加和城市公交系统覆盖范围较为广泛，居民交通出行条件整体有明显改善，交通出行差异对居住满意度影响甚微，导致居住满意度感知评价中更关注于其他因素的影响。其中，“X13 距公交站方便性”对交通出行的影响程度最大，解释值为 0.91，表明距公交站方便性是居民衡量交通出行条件好坏的重要标准。在城市交通基础设施建设中，提高城市公交覆盖率和优化公交出行线路，有助于改善居民的交通出行感知评价。

居住满意度对居住流动性意向具有显著的负面感知效应（$p<0.01$），居住满意度每提高 1 个单位，居住流动性意向会降低 0.42 个单位，H5 假设成立（表 13-7）。这表明，提高居民居住满意度可以减少居住流动性的发生，有利于增加居住社区稳定性和凝聚力。

表 13-7　结构模型估计结果

			标准化系数	非标准化系数	S. E.	C. R.	p	结果
住房条件	→	居住满意度	0.37	0.29	0.04	6.88	***	支持 H1
居住环境	→	居住满意度	0.35	0.36	0.06	6.05	***	支持 H2
配套设施	→	居住满意度	0.22	0.15	0.04	3.55	***	支持 H3
交通出行	→	居住满意度	0.08	0.04	0.03	1.40	0.16	不支持 H4
居住满意度	→	居住流动性	−0.42	−0.43	0.05	−9.27	***	支持 H5

*** 表示在 $p<0.001$ 水平下显著

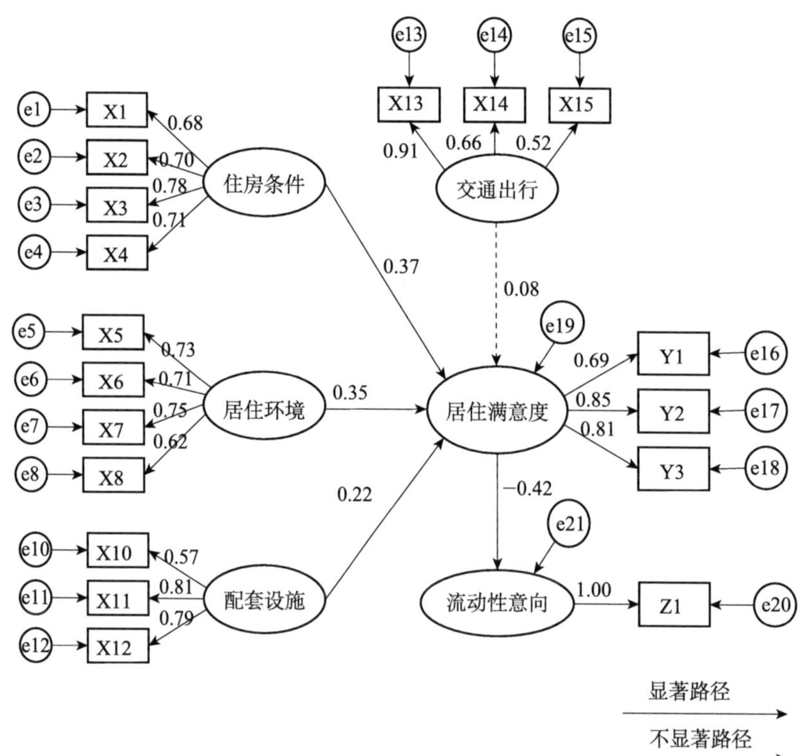

图 13-3　居住满意度修正模型结果

资料来源：湛东升，孟斌，张文忠，2014

第二节　基于地理探测器的居住满意度影响机理

一、数据来源与研究方法

1. 数据来源

课题组于 2013 年 7 月进行了新一轮的北京城市居民居住满意度调查，调查区域以北京市城六区为主，同时兼顾了周围大型居住区、亦庄经济开发区和通州新城等典型地区。按照街道人口比例采用分层抽样与方便抽样相结合的方案进行随机调查，共发放并回收问卷近 7000 份，其中有效问卷 5733 份，有效率达到 81.9%。被访者以北京市常住上班居民为主，同时包括少量退休和失业人员，重点围绕“居住环境评价”“通勤特征”“职住属性特征”个体与家庭属性等内容进行了详细调查。

其中，居住环境评价、个体与家庭属性等内容构成了本研究的数据基础。居住环境评价包括居民对居住满意度整体评价与要素评价。居住满意度整体评价由百分制构成，分项指标评价由李克特 5 级量表构成，同时增添了“不了解”这一项内容。个体与家庭社会属性主要包括年龄、性别、学历、婚姻状态、就业状态、职业类型、家庭人口数、家庭月收入、私家车拥有情况和户籍等基本信息，同时考虑了家庭的居住区位特征、住房性质、近 5 年内是否迁居等居住属性信息。

2. 研究方法

地理探测器是由中国科学院地理研究所王劲峰空间分析团队开发的探寻地理空间分区因素对疾病风险影响机理的一种方法（王劲峰，2010；Wang，2010，2012）。地理探测器包括风险探测、因子探测、生态探测和交互探测 4 部分内容。其中，风险探测主要探索风险区域位置在哪里；因子探测用于识别什么因素造成了风险；生态探测主要解释风险因子的相对重要性如何；交互探测可以解释影响因子是独立起作用还是具有交互作用。

(1) 风险探测通过 t 检验来度量，公式为

$$t_{ij} = \frac{R_i - R_j}{\sqrt{\sigma_i^2/n_i - \sigma_j^2/n_j}} \tag{13-4}$$

其中，R_i 和 R_j 分别为属性 i 和 j 的居住满意度均值，σ_i^2 和 σ_j^2 分别是属性 i 和 j 的居住满意度方差，n_i 和 n_j 为两个属性的样本量。

（2）因子解释力（power of determinant，PD），计算公式为

$$P_{D,H}=1-\frac{1}{n\sigma^2}\sum_{h=1}^{L}n_h\sigma_h^2 \tag{13-5}$$

其中，$P_{D,H}$ 为影响因子 D 对居住满意度 H 的解释力，n 、σ^2 分别为样本量和方差，n_h 、σ_h^2 为 h 层样本量和方差，$P_{D,H}$ 取值范围为［0，1］，数值越大表明分类因素对居住满意度的解释力越强，数值为 0 说明分类因素与居住满意度完全无关，数值为 1 说明分类因素可以完全解释居住满意度分布差异。

（3）生态探测通过 F 检验来度量，公式为

$$F=\frac{n_{C,p}(n_{C,p}-1)\sigma_{C,z}^2}{n_{D,p}(n_{D,p}-1)\sigma_{D,z}^2} \tag{13-6}$$

其中，$n_{C,p}$ 和 $n_{D,p}$ 分别为单元 p 内影响因子 C 和 D 的样本量，$\sigma_{C,z}^2$ 和 $\sigma_{D,z}^2$ 分别为影响因子 C 和 D 的方差，统计表达式服从 $F(n_{C,p}-1, n_{D,p}-1)$ 和 df $(n_{C,p}, n_{D,p})$ 分布。模型零假设为 H0：$\sigma_{C,z}^2=\sigma_{D,z}^2$ ，如果拒绝模型初始假设，且达到 0.05 显著性水平，说明影响因子 C 对居住满意度的控制作用显著大于影响因子 D。

（4）交互探测由以下表达式构成：若 $P(x\cap y)<\text{Min}(P(x), P(y))$，说明因子 x 和 y 交互后非线性减弱；若 $\text{Min}(P(x), P(y))<P(x\cap y)<\text{Max}(P(x), P(y))$，说明因子 x 和 y 交互后单线性减弱；若 $P(x\cap y)>\text{Max}(P(x), P(y))$，说明因子 x 和 y 交互后双线性加强；若 $P(x\cap y)>P(x)+P(y)$，说明因子 x 和 y 交互后非线性加强；若 $P(x\cap y)=P(x)+P(y)$，说明因子 x 和 y 相互独立。

二、居住感知因素提取

按照北京市居民对 34 个分项指标评价高低分别赋值 5～1 分，“不了解”选项采用均值替代法进行处理。首先对替换缺失值后的数据进行信度检验，克朗巴哈系数为 0.92，大于 0.7，说明问卷整体信度较好。再进行 KMO 和 Bartlett 球形检验，观察原始变量是否适合进行因子分析，计算得出 KMO 值为 0.924，大于 0.7 一般标准，Bartlett 检验卡方值为 71 548.59，显著性系数为 0.00，小于 0.05，说明原始变量适合进行因子分析。采用主成分分析方法，以特征值大于 1 为标准进行因子分析，并选择最大方差法进行因子旋转，最终提取了 7 个主成分因子，累计方差贡献率达到 60.019%（表 13-8），可以较好地解释原始变量的大部分信息。

表 13-8 居住感知因素主成分提取

主成分因子	反映指标信息（因子载荷系数＞0.5）	特征值	累计贡献率/%
F1 污染噪声因子	PM2.5、汽车尾气排放产生的污染、扬尘/工业等其他空气污染、雨污水排放和水污染、工厂/工地等生产噪声、商店/学校/道路等生活噪声、垃圾堆弃物污染	9.532	28.036
F2 生活设施因子	日常购物设施、大型购物设施、教育设施、医疗设施、银行网点、餐饮设施	3.180	37.388
F3 人文环境因子	居住区邻里关系状况、居住区物业管理水平、社区文体活动、社区认同感、建筑景观的美感与协调	2.439	44.560
F4 出行便捷因子	上下班出行的便利程度、生活出行的便利程度、商务出行便利程度、到市中心的便利程度、停车的便利程度	1.687	49.522
F5 自然环境因子	周边公园绿地绿带、居住区内绿化清洁、广场等公共活动场所、空间开敞性	1.309	53.371
F6 安全环境因子	社会治安、交通安全、紧急避难场所、防灾宣传管理	1.175	56.826
F7 休闲活动因子	休闲娱乐设施、老年活动设施、儿童游乐设施	1.086	60.019

7 个主成分因子详细构成特征如下：第一主因子的贡献率为 28.036%，在 PM2.5、汽车尾气排放产生的污染、扬尘/工业等其他空气污染、雨污水排放和水污染、工厂/工地等生产噪声、商店/学校/道路等生活噪声、垃圾堆弃物污染等指标上具有较高载荷，将其命名为“污染噪声因子”；第二主因子的贡献率为 9.352%，主要与日常购物设施、大型购物设施、教育设施、医疗设施、银行网点、餐饮设施等指标相关性较高，将其命名为“生活设施因子”；第三主因子的贡献率为 7.172%，更多地反映居住区邻里关系状况、居住区物业管理水平、社区文体活动、社区认同感、建筑景观的美感与协调等指标信息，将其命名为“人文环境因子”；第四主因子的贡献率为 4.962%，主要与上下班出行的便利程度、生活出行的便利程度、商务出行便利程度、到市中心的便利程度、停车的便利程度等指标有关，将其命名为“出行便捷因子”；第五主因子的贡献率为 3.849%，在周边公园绿地绿带、居住区内绿化清洁、广场等公共活动场所、空间开敞性等指标上载荷系数较大，将其命名为“自然环境因子”；第六主因子的贡献率为 3.455%，与社会治安、交通安全、紧急避难场所、防灾宣传管理等指标联系密切，将其命名为“安全环境因子”；第七主因子的贡献率为 3.193%，主要与休闲娱乐设施、老年活动设施、儿童游乐设施等指标有关，将其命名为“休闲活动因子”。

三、居住满意度影响机理分析

对居住感知因素得分进行离散化处理后，借助地理探测器方法分别对宜居感知因素、个体与家庭属性特征进行风险探测、因子探测、生态探测和交互探测分析，以期全面揭示北京市居民宜居满意度特征与影响机理。

1. 居住感知因素作用

风险探测发现（表 13-9），居住满意度与居住感知因素得分具有相对一致性，除生活设施因子、出行便捷因子和休闲活动因子中 C 类与 D 类居民居住满意度差异不显著外，其他各类居住感知因素居民的居住满意度得分均存在显著差异，并通过 0.05 水平显著性检验。对表 13-9 分析可得：居住感知因素得分与居住满意度均为 A 类最低，居住满意度得分低于 70 分；B 类次低，居住满意度得分均在 70 分左右，但休闲活动因子这一类略高；C 类次高，居住满意度得分在 72～74 分；D 类最高，除休闲活动因子略低外，其他 6 类居住感知因素居民的居住满意度得分均高于 74 分，处于相对较高水平。分析表明，居住满意度与居住感知因素得分存在对应性，任意维度居住感知因素得分较低，均可能对居住满意度整体评价产生制约作用。

表 13-9　各类居住感知因素得分与居住满意度比较

分类	F1 噪声污染因子		F2 生活设施因子		F3 人文环境因子		F4 出行便捷因子	
	主因子得分	居住满意度	主因子得分	居住意度	主因子得分	居住满意度	主因子得分	居住满意度
A	−1.73	64.26	−1.7	66.67	−1.76	66.03	−1.81	65.77
B	−0.53	69.11	−0.53	70.64	−0.55	70.64	−0.59	70.39
C	0.4	74.02	0.36	73.64	0.38	73.27	0.33	73.59
D	1.4	77.95	1.55	74.00	1.53	75.19	1.5	74.23

分类	F5 自然环境因子		F6 安全环境因子		F7 休闲活动因子	
	主成分得分	居住满意度	主成分得分	居住满意度	主成分得分	居住满意度
A	−1.72	65.28	−1.75	67.39	−1.73	69.38
B	−0.55	70.68	−0.56	70.44	−0.50	71.42
C	0.37	73.53	0.35	72.95	0.40	72.47
D	1.42	75.1	1.41	75.02	1.37	73.26

因子探测得到各居住感知因素的因子解释力大小（图 13-4），按对居住满意度控制性强弱排序依次为：F1 污染噪声因子＞F5 自然环境因子＞F4 出行便捷因子＞F3 人文环境因子＞F2 生活设施因子＞F6 安全环境因子＞F7 休闲活动因子。其中，噪声污染因子 PD 值最大为 0.123，说明北京市居民居住满意度主要受噪声污染因子的控制作用最为强烈。次要控制因素为自然环境因子，PD 值为 0.06，说明自然环境因子也是影响居住满意度的重要因素。出行便捷因子、人

文环境因子、生活设施因子和安全环境因子的因子解释力较为接近，PD值均在0.036～0.046；而休闲活动因子对居住满意度的因子解释力要明显偏弱，PD值不足0.02。

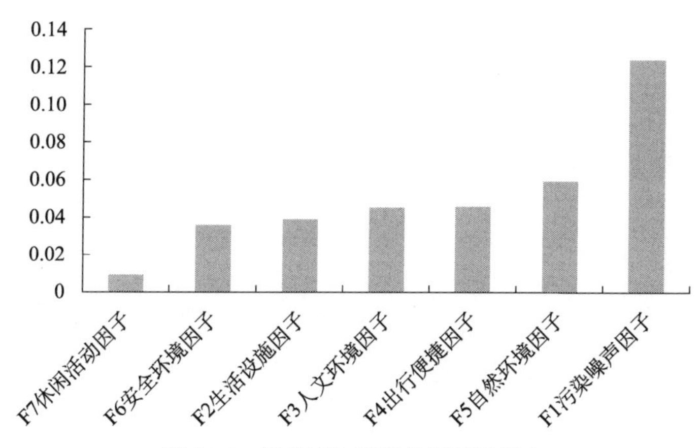

图 13-4　居住感知因素的因子解释力

生态探测显示，污染噪声因子对居住满意度控制性要明显强于其他6个居住感知因素，而其他居住感知因素对居住满意度因子解释力差异在统计上并不显著。这说明，提高北京市居民居住满意度重点在于改善污染噪声因子，应着力降低雾霾天气发生频率和交通污染程度，并减少居住区附近生产生活所产生的噪声与污染。

交互探测发现，居住感知因素中污染噪声因子、出行便捷因子与安全环境因子，生活设施因子、人文环境因子与自然环境因子交互后因子解释力为双线性加强，其他因素交互后因子解释力均为非线性加强，因子解释力增加更为明显，其中F1污染噪声因子和F5自然环境因子交互后因子解释力最大为0.187，显著大于PD_F1（0.123）与PD_F5（0.059）之和，说明任意两个居住感知因素交互后对居住满意度的控制作用均会显著提升。由此可得，居住满意度评价受到各维度分项居住感知因素评价的制约，两个居住感知因素相互叠加对居住满意度所产生的控制作用均明显强于原单个居住感知因素。

2. 个体与家庭属性作用

利用地理探测器进一步探讨个体与家庭属性对居住满意度影响机理，风险探测发现（表13-10），不同个体与家庭属性特征居民的居住满意度差别明显。在0.05置信水平下，居住满意度存在显著差异的个体与家庭因素主要为居住区、住房性质、近5年内是否迁居、性别、年龄、学历、家庭月收入、家庭人口数和户籍状态。其中，远郊区、租赁房、近5年内有迁居经历、男性、高中学历、50～59岁、家庭月收入5000元以下、家庭人口规模小和外地户口等社会群体的居住满意度明显偏低，说明社会弱势群体的居住环境需求更大程度上得不到满足，居住满意度亟待改善。

表13-10　不同属性特征的居住满意度比较

属性		居住满意度	属性		居住满意度
居住区	内城区	72.34	家庭人口数	1人	71.03
	近郊区	71.94		2人	70.78
	远郊区	70.02		3人	72.31
住房性质	自有房	72.23		4人	71.45
	租赁房	71.04		5人及以上	72.07
迁居经历	有	70.70	家庭月总收入	3 000元以下	69.16
	无	72.09		3 000～4 999元	69.61
性别	男	71.32		5 000～9 999元	72.28
	女	72.13		10 000～15 000元	73.20
年龄	20岁以下	74.65		15 000～20 000元	71.50
	20～29岁	71.53		20 000～30 000元	73.33
	30～39岁	71.01		30 000元以上	72.76
	40～49岁	73.29	职业	国家机关/党群组织/企事业单位负责人	72.09
	50～59岁	71.19		专业技术人员	70.99
	60岁及以上	71.43		办事人员和有关人员	72.40
学历	初中及以下	72.05		商业/服务业人员	71.60
	高中	71.00		农林牧渔水利业生产人员	71.49
	大学大专	71.89		生产运输设备操作人员及有关人员	69.83
	研究生及以上	72.23		军人	73.33
婚姻状态	已婚	71.89		不便分类的其他从业人员	72.15
	未婚	71.59	私家车拥有情况	有	71.54
	离异	67.45		无	71.98
就业状态	在业	71.72	户籍状态	本地户籍	72.36
	不在业	71.26		外地户籍	70.39

注：居住区位中，内城区包括东城区和西城区，近郊区包括朝阳区、海淀区、石景山区和丰台区，远郊区为其他区域；住房性质中，自有房包括已购房、未购公房或自建房，租赁房包括租房、借住或单位宿舍；就业状态中，在业包括全职或兼职，不在业包括家庭主妇、已退休或待业

因子探测分析得到个体与家庭属性对居住满意度的因子解释力高低排序为(图13-5)：家庭月收入＞户籍状态＞年龄＞居住区位＞家庭人口数＞近5年内是否迁居＞住房性质＞婚姻状态＞职业类型＞学历＞性别＞私家车拥有情况＞就业状态。分析可见，家庭月收入对居住满意度控制作用最强，PD值为0.014 286；户籍、年龄和居住区位因素对居住满意度具有次要控制作用，PD值

分别为 0.0059、0.0059 和 0.0040；家庭人口数、近 5 年内是否迁居、住房性质、婚姻状态和职业类型等因素的因子解释力相对较低，PD 值在 0.002～0.004，而性别和学历等其他因素对居住满意度的影响非常微弱，PD 值低于 0.002。另外，与居住感知因素因子解释力比较可以看出，个体与家庭属性因素对居住满意度的因子解释力普遍要弱很多，说明居住满意度差异更多地来源于居民居住感知因素作用，并非个体与家庭属性因素。

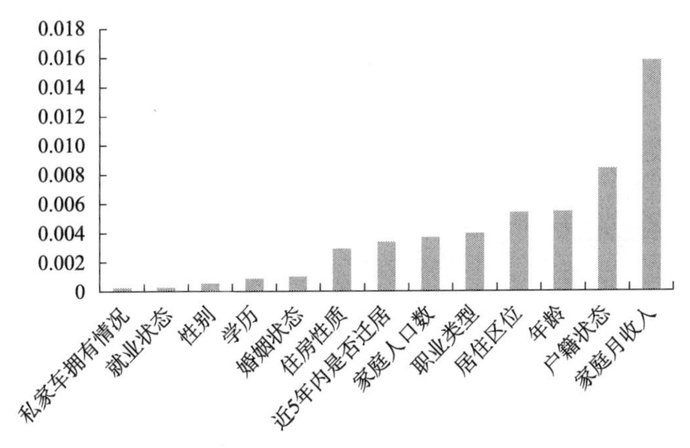

图 13-5　个体与家庭属性因子解释力

生态探测结果显示，个体与家庭属性因子解释力差异没有通过 0.05 水平显著性检验，说明个体与家庭因素对居住满意度的相对重要性差别并不明显。这可能与个体与家庭属性的因子解释力数值整体偏小有关，但仍需重视居住满意度存在的个体与家庭因素分异现象。

交互探测表明，任意两个个体与家庭属性因素交互后因子解释力均表现为双线性加强或非线性加强。其中，家庭月收入与年龄交互后因子解释力最强，PD 值达到 0.0312。也就是说，任意两个个体与家庭属性因素控制作用下，居住满意度内部差异会减小，交互后因子解释力也会明显增强。

本章小结

探讨转型期北京市居民居住满意度形成机理对改善居民生活品质、提高社会和谐度和加强北京宜居城市建设等具有重要的现实意义。本章的主要研究结论表现为以下两部分。

其一，从社区尺度来看，北京市居民居住满意度感知评价主要受住房条件、居住环境、配套设施和交通出行 4 个维度影响，按影响效应大小排序依次为住房条件、居住环境、配套设施和交通出行。这表明，改善居民住房条件是提高北京市居民居住满意度的关键，应该优先关注住房结构和通风采光等因素。居住环境和配套设施对居住满意度亦产生重要影响，但调查发现居民对“物业服务”“休闲娱乐方便性”“医疗教育方便性”等感知评价相对较差，应该引起重视。交通出行对居住满意度影响微弱且不显著，值得后续研究继续关注和验证，但就宜居城市建设而言，交通出行则是不可或缺的一部分。

居住满意度对居住流动性意向具有显著地负面感知效应，说明提高居住满意度可以减少居住流动性意向的产生，这对增加社区稳定性和凝聚力具有重要意义。

居民社会经济属性也是影响居住满意度和居住流动性感知评价的重要因素之一。相关分析结果表明，不同年龄、学历、家庭规模、家庭月收入、住房性质和户口所在地等因素对居住满意度感知因素和居住流动性意向均产生不同程度的影响。

其二，从城市尺度来看，北京市居民居住满意度主要由 7 个分项感知因素构成，按因子解释力强弱排序依次为污染噪声因子、生活设施因子、人文环境因子、出行便捷因子、自然环境因子、安全环境因子和休闲活动因子。另外，居住感知因素得分与居住满意度整体评价具有相对一致性，且居住感知因素交互后因子解释力会明显加强，说明居住满意度评价高低受到其他各类居住感知因素的共同影响与制约。

与居住感知因素相比，个体与家庭属性特征对居住满意度的因子解释力普遍要弱得多，其中，家庭月收入、户籍状态、年龄与居住区位等因素对居住满意度控制性相对较强。从风险探测来看，远郊区、租赁房、有迁居经历、男性、高中学历、50～59 岁、家庭月收入 5000 元以下、家庭人口规模小和外地户口等社会群体的居住满意度相对较低。另外，个体与家庭属性特征交互后对居住满意度因子解释力会加强，印证了居民其实是多种社会经济属性的复合体，个人与家庭属性特征交互作用对居住满意度具有更好的解释作用。

第十四章

居民居住区位空间偏好

居民居住区位空间选择偏好反映了城市居民住房消费行为在空间上的价值取向，因此，居住区位决策受到住房市场和居民的社会属性的影响。住房市场具有空间特性和非空间特性。空间特性包括了位置、自然环境、生活福利设施、学校质量、交通的通达性和治安状况等要素，非空间特性包括了住房的价格、住房的类型、大小、建筑时间等。考虑到居民居住区位偏好与居民的社会空间分异具有紧密的联系，居民居住区位选择偏好的影响因素与居住环境的构成因素具有一定的对应关系，本章从城市居住区位选择与再选择的行为角度分析个体的居住行为与人居环境的关系。

第一节　北京市住宅分布的空间特征

住宅空间呈圈层式向外扩展。北京市的住宅空间分异与其交通分布格局、地价变化、城市空间的整体发展趋势具有密切的关系。环路建设是北京城市交通发展的一个重要特征。北京市住宅空间发展受环路的制约而大致表现出呈圈层扩展的格局。老住宅区主要集中于二环路之内，该区域地价相对高，加之北京市城市总体规划又限制发展高层建筑和文物保护的需要，该圈层按照市场行为进行大规模开发的商品住宅比较少。二环路两侧到三环路之间主要是以 20 世纪 90 年代前开发的住宅区为主，住宅开发和建设主体以各机关和企事业单位为主，住宅获取方式多属于福利分房或单位公房。由于待开发空间相对较少，商品房分布较少。但在东部，如 CBD、东北部、北部和西南部有大片的商品住宅区。三环路两侧到四环路、五环路是 20 世纪 90 年代以来商品房开发的重点地带，尤其是在由三环和四环路形成的环状地带，是北京普通商品住宅的主要集中地带。

住宅开发南北差异大，城北明显快于城南。北京常年盛行东北风，另外，北京的重要水源，如密云水库位于东北方，东北部被视为“风水宝地”和“龙脉所在”，因此，这一带历来是北京人居家择业的最佳区位选择。沿机场高速公路开发的望京小区的热销就反映这一地区的优势。西北部也属上风位置，特别是西山秀色和玉泉美景营造了山水合一的自然景观，加之北京大学、清华大学等高校和中关村科技园的人文背景烘托，西北部对居住者具有极大的吸引力。正北部由于亚运会及奥运会的成功召开，带动了该区域商业、服务业、娱乐和休闲业等第三产业的发展，亚运村和奥运村商圈已经基本形成，再加上优越和安静的居住环境，极大地刺激了该区域房地产的快速发展。

沿主要交通干线呈放射扇面向郊区发展。目前，相对成熟的住宅扇面有以下几个：①机场高速公路扇面，沿机场高速公路向东北方向延伸的住宅空间，主要包括三元桥、望京、酒仙桥、望京新兴产业区等住宅区。目前，该扇面住宅发展已经相对成熟，各个住宅区规模较大，住宅区内部基础设施配套齐全，对外联系也相对便利，加之住宅环境优美，该扇面内的商品房一般具有品质高和房价高的特点。②京昌高速公路扇面，沿北京到昌平区的高速公路向西北方向延伸的住宅空间。包括北沙滩、清河、小营、西三旗、西二旗、回龙观等住宅区。该扇面住宅开发也相对较早，道路等基础设施配套完善，总的来看，已经形成了一个相对连续的住宅空间。③立汤路扇面，从亚运村北到小汤山向正北方向扩展的住宅空间。包括亚北、北苑、立水桥、天通苑等地区。北苑房地产发展前景良好，天通苑作为北京市政府为改善居民居住环境重点建设的经济实用住宅区，其建设规模和相应的配套设施得到了很大的改观。此外，还有京通快速路扇面和京开高速公路扇面等。

第二节　住宅价格与居住环境区位优势的空间关系

一般而言，居住环境区位优势度较好的区域，商品住宅价格也相对较高。住宅价格数据来自中国科学院重点部署项目“中国区域发展差距：评估与调控”课题组 2012 年采集的由搜房网和安居客网站发布的北京市在售二手房楼盘数据（项目号：KZZD-EW-06），本节将构建北京市商品住宅平均价格的空间分异图，分析价格的空间分异特征与居住环境的关系，并进一步分析两者间的相关程度。

一、住宅价格空间分异特征

住宅价格是对房地产市场各种要素的综合反映，能够反映某一区位居住价格的高低，同时也影响着居住空间结构。2012 年，北京市住宅价格均值为 26 633元，与 2005 年住宅均值 5 982 元相比，提高了 3.45 倍（王芳等，2014）。对 2012 年北京市商品住宅平均价格的空间特征分析可得（图 14-1）：①商品住宅平均价格基本呈同心圆状分布，由中心向周边呈现衰减的趋势，除了房屋自身功能属性外，主要受城市中心区的居住环境区位优势度影响；②北部价格明显高于南部价格，如西北部清华园、中关村和北下关等地区，正北部的亚运村、奥运村、学院路等地区，以及东北部的崔各庄等地区，在西北和正北两个方向

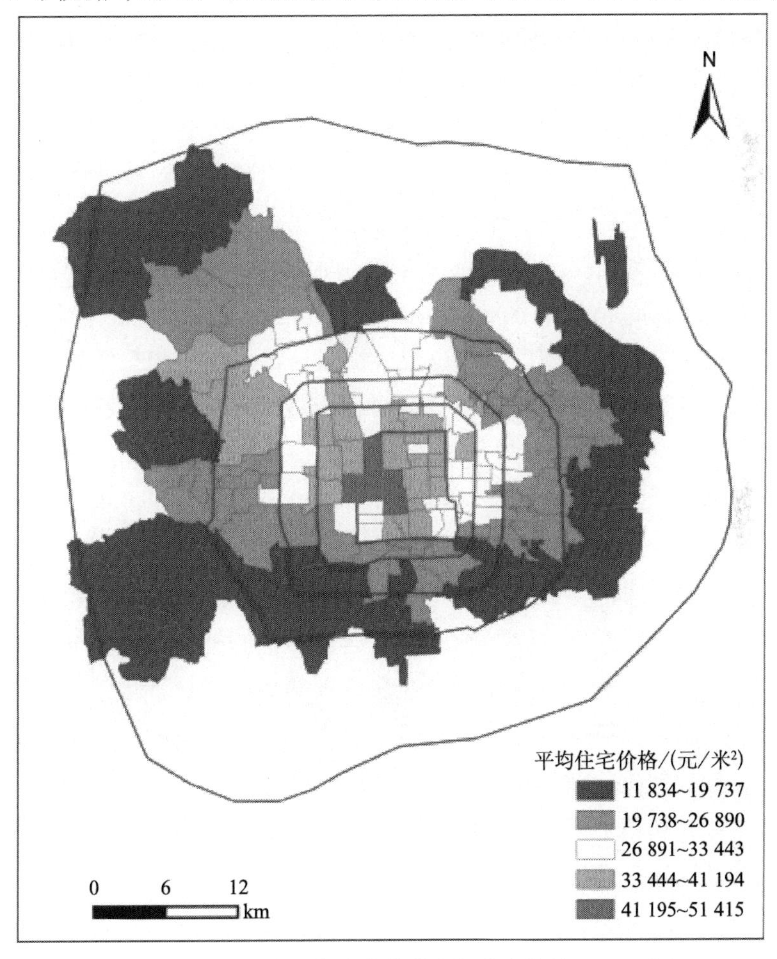

图 14-1　北京市商品住宅价格的空间分布格局（2012 年）

价格的圈层结构表现出不闭合的特征；③东西部价格总体差异相对较小，但东部略高于西部，尤其是均价在 33 444～41 994 元/米^2 的街区明显多于西部；④另外，存在部分住宅价格的空间异质街区，如四季青镇、香山街道、太阳宫地区和三里屯街道等区域住宅价格均值为 33 444～41 994 元/米^2，显著高于临近街道住宅价格均值，主要与所在街区所具备独特的商业休闲、交通区位或环境价值等功能性质有关。

二、居住环境优势度空间分异特征

居住环境优势度是一个复杂的系统概念，由不同维度的居住环境要素所构成。结合北京市实际特征，从城市安全性、生活方便性、自然舒适性、人文舒适性、交通便捷性、环境健康性六大维度选取了 18 项居住环境要素评价指标，分别考察每项居住环境要素的空间可接近或空间特征，在此基础上进一步对北京市街道居住环境区位优势度进行综合评价。

其中，城市安全性主要用城市财产犯罪密度和避难设施接近性 2 项指标来表征；生活方便性主要选取 7 项生活服务设施指标的可接近性来表征，包括小学、中学、卫生服务站、三级医院、超市、商业银行和餐馆等设施；自然舒适性主要指城市公园、河流等水域空间的可接近性；人文舒适性主要指图书馆、博物馆和文化馆等文化设施的可接近性；交通便捷性主要指公交站和地铁站的可接近性；环境健康性主要为城市空气质量指数（AQI）和交通噪声的空间属性特征。

采用因子分析方法计算居住环境优势度的综合得分，并运用自然分裂法对综合得分结果进行空间分类处理（图 14-2）。结果显示，北京市居住环境优势度呈典型的“中心—边缘”结构，且北城居住环境优势度明显高于南城，与孟斌等（2009）利用主观调查数据得到北京市居住环境满意度空间特征具有较好的一致性，进一步验证了城市居住环境客观要素是居民居住环境感知评价的物质载体。其中，居住优势度得分高值区主要集中在二环以内、二环与三环之间部分区域，包括什刹海、前门、月坛、朝外和德胜等街道；而居住环境优势度低值区主要集中在城市五环沿线及外围区域，包括花乡、东小口、来广营、西北旺、金盏和黑庄户等街道。

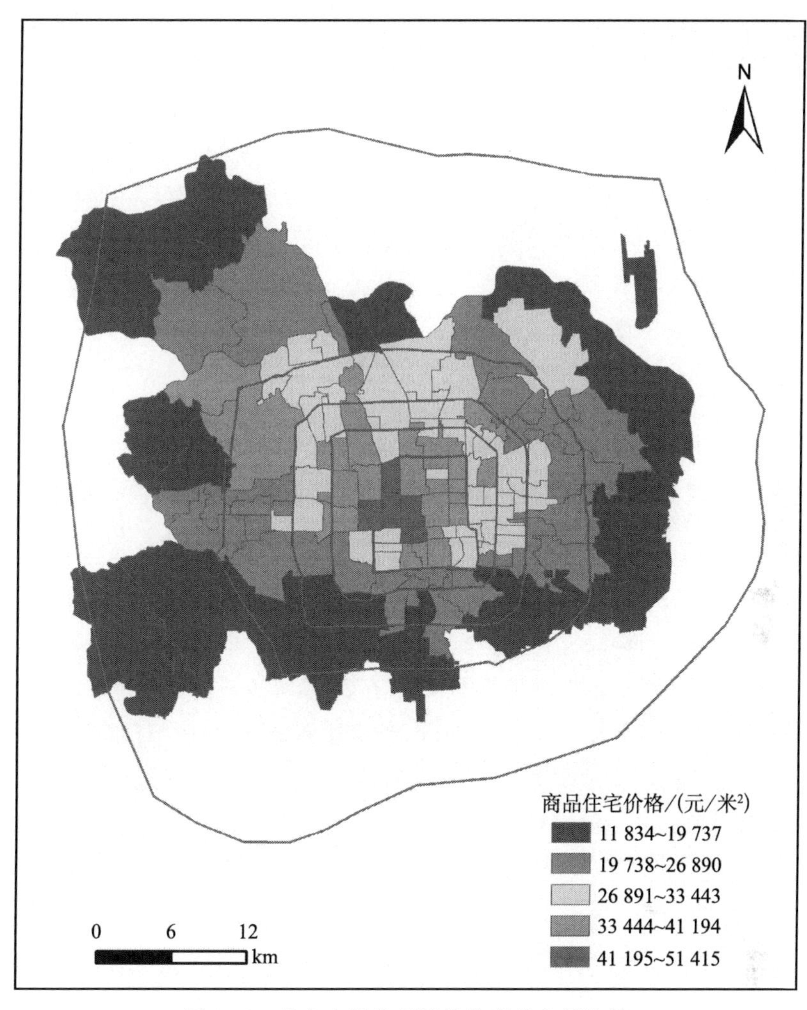

图 14-2　北京市居住环境优势度的空间格局

三、住宅价格空间分异与居住环境优势度的关系

对比分析商品住宅价格空间分布图（图 14-1）和居住环境区位优势分布图（图 14-2），不难发现商品住宅价格空间分异特征与居住环境区位优势度的分布特征具有密切的关系：①商品住宅价格的圈层结构与居住环境区位优势度的圈层结构具有相似性，即由中心区向周边逐渐衰减，而且变化和起伏趋势也具有类似性，这说明商品住宅价格的空间分异受到居住环境的直接影响。②商品住宅价格的南北差异与居住环境区位优势度的南北差异大致相同。以长安街为界，北部的住宅价格和居住环境区位优势度明显高于南部，这说明

城南需要进一步改善居住环境，特别是需要完善综合配套服务设施，如教育设施、购物设施和休闲娱乐设施等。③商品住宅平均价格高的区位其居住环境区位优势度也相对较高，如德外、安定门、天坛、月坛、街道等高价位区位，其居住环境综合优势度也较高，是内城区居住环境优势度明显的高值区域。④有些区域出现住宅价格和居住环境区位综合优势度不相匹配的问题，如清华园、清河和西三旗等街道住宅价格高，但居住环境区位综合优势度却相对较低。其原因与评价指标难于区分出居住环境要素的数量和质量等因素有关，如商业设施、学校、医院使用的是空间可接近性，而缺乏街道所包含的具体设施数量和质量等相关指标。

四、住宅价格与居住环境优势度的空间规律特征

与传统的建模方法相比，非参数计量方法的优点在于不要求预先设定全局函数对数据进行拟合，可以更准确地反映城市内部空间结构的复杂特征（孙斌栋等，2014）。这里采用非参数计量方法来进一步探讨北京市住宅价格与居住环境优势度的空间规律特征，并比较二者空间分布的异同。把街道平均住宅价格、居住环境优势度分别与各街道重心到市中心距离（即与天安门距离）进行非参数计量分析，拟合结果显示（图 14-3）：街道住宅价格与居住环境优势度分布的空间距离衰减特征均非常明显，表现出较强的相似性，计算二者的相关系数达到 0.728，并且达到 0.05 置信水平，说明北京市居住环境优势度高值区域的住宅价格分布也相对较高，主要与居住环境优势度给商品住宅所带来的边际收益有关。有所区别的是，居住环境优势度分布曲线更为集中，呈明显的线性分布，而住宅价格分布曲线却相对离散，暗示着城市住宅价格的多中心结构正在发育之中。

因此，拟采用线性回归方程来进一步揭示北京市居住环境优势度和住宅价格的距离衰减规律。分析结果表明，住宅价格的回归方程模型整体显著，$F=152.293$，$p=0.000$，方程的决定系数 $R^2=0.547$，就单变量分析来说，模型已经达到较好的解释力度。回归方程可表示为 $Y=39\ 931.121-956.631X$，式中，Y 为街道平均住宅价格，X 为街道到市中心距离，表明距离市中心距离每增加 1 公里，街道平均住宅价格会降低 956.631 元。

居住环境优势度的回归方程模型也非常显著，$F=377.063$，对应 $p<0.05$，且模型解释效果较好，决定系数 $R^2=0.75$，方程可表示为 $Y=1.152-0.107X$，式中，Y 为街道居住环境优势度，X 为街道到市中心距离，表明距离市中心距离每增加 1 千米，街道居住环境优势度会降低 0.107 个单位。

为进一步定量地测量商品住宅价格与居住环境优势度之间的关系，以商品住宅价格为因变量，居住环境优势度为自变量，再进行回归建模分析，结果显示：回归方程模型整体显著，$F=141.962$，对应 $p=0.000$，决定系数 $R^2=0.530$，说明居住环境优势度可以解释住房价格空间差异的53%，方程整体解释力度较好。回归方程可以表示为$Y=27\ 697.870+7\ 614.136X$，这表明居住环境优势度每提高1个单位，商品住宅价格平均增加7614元左右。

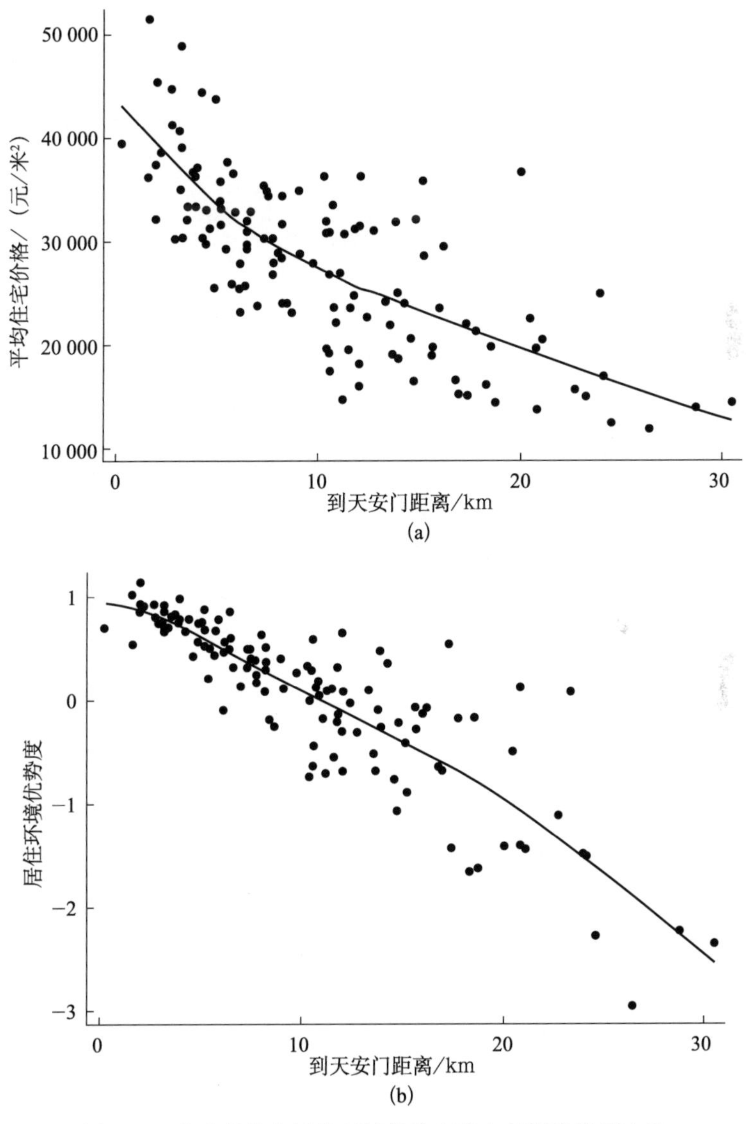

图14-3　住宅价格与居住环境优势度的空间规律特征比较

第三节　居民居住空间偏好特征及影响因素

一、居民居住区位空间偏好特征

前面是个体基于现状住宅区特征的判断，为了进一步研究居民对未来居住空间的偏好，本节采用了基于 GIS 热点分析的空间聚类分析方法，即分析居民所选择的择居意向地点在哪些空间范围内比较集中，由此研究未来居民在居住空间上的集聚空间特征，探讨这种集聚空间与城市居住环境的关系。利用热点分析法对调研问卷进行分析，计算出北京市未来居住空间的两级热点地区，即一级热点地区和二级热点地区（图 14-4）。

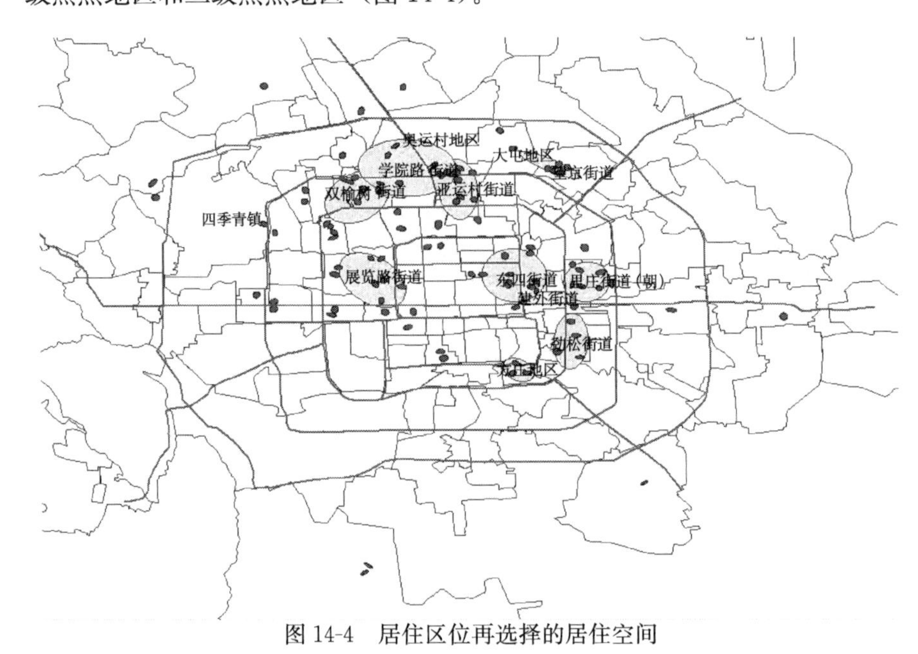

图 14-4　居住区位再选择的居住空间

资料来源：张文忠等（2006）

1. 一级热点地区的空间分布特征与居住区发展趋势判断

一级热点期望居住地区是在二级基础上进一步集聚而形成的，主要包括 9 大片，即中关村地区、亚运村地区、双榆树地区、甘家口—百万庄地区、工体—东四地区、京广桥地区、望京西南地区、劲松—潘家园地区、方庄地区。

从图 14-4 来看，北部的亚运村、中关村和双榆树地区已经连成一片，这一片是居民未来期望居住的最大空间，也是最佳空间之一，居民在具体区位选择上差距不大，三者选一不会影响自己的择居决策行为。事实上，这一片可以说是占据了北京市居住、生活、工作和休闲等诸多有利条件，是未来最佳的宜居地区。从居住的安全性来看，2008 年奥运会的召开，周边的治安将会发生显著的变化。另外，公园、绿地和大型体育场馆的建设也为各种可能发生的灾害提供了避难场所。从环境的健康性来看，这一带属于北京的所谓“上风上水”的地段，环境污染问题相对较轻。就生活方便性而言，这里是北京市教育资源最丰富、质量最高的地区，也是北京市有名的三大商圈之一，可以满足居民不同档次的生活需求。尽管也存在交通拥堵的问题，但出行条件还是相对便利，特别是随着轨道交通网络的建成，出行难的问题预期将得到比较大的改善。另外，从居住环境的舒适度来看，这里具有其他地区难以比拟的优势，在历史古迹、文化传统、自然景观、空间的开敞程度等方面得天独厚。总之，这里作为居民未来期望居住的理想空间是与其高质量的居住环境有关的。

甘家口—百万庄地区接近中心城区，附近有几大城市公园和展览馆等大型公共设施，如玉渊潭公园、月坛公园、动物园、紫竹院公园、北京展览馆、首都体育馆等，在二环路与三环路之间，有如此集中的公园、绿地、公共场所的居住环境在北京市中心难能可贵，因此在整体居住环境方面具有明显的优势；这里交通出行比较便利，轨道交通和快速路相结合，为居民提供了复合型的交通出行方式；医院、学校、商场集中，生活也相当方便，另外，这里还是国家部委和其他机关集中的地区。

工体—东四地区与甘家口—百万庄地区在空间上东西相对，有许多相同的特点，如都属于中心城区环境最佳的地区，公共设施相当完备和集中，因此，对于难以割舍城市生活的居民而言，这两个地区无疑是最理想的居住家园。

望京西南地区、京广桥地区、劲松—潘家园地区和方庄地区大多属于近年来大规模建设的居住区，由于公共基础设施投入力度比较大，各种生活配套设施已经非常完善，居住的自然环境也得到了极大的改善，小区的人文环境和社区的文化建设有了长足的进步，因此，这些地区也成为北京居民情之所系的居住空间。

2. 二级热点地区的空间分布特征与居住区发展趋势判断

二级热点地区是根据本次问卷调查表，将 6021 个可数据化的居民未来期望居住点进行空间聚类处理获得的。二级热点地区的数量相对较多，主要集中在西北、西部和东部地区，主要分布在三环与四环之间。具体包括北京体育大学附近、清华大学附近、奥运村北部地区、清华东路、南沙滩、中华民族园附近、望京西南、安华桥附近、香山东南、巴沟、北京航空航天大学附近、北京医科大学附近、双榆树、魏公村、苏州桥附近、紫竹院附近、四季青、车公庄、四道口、蓟门桥附近、马甸桥附近、安华桥附近、柳荫公园附近、德外、鼓楼西大街、东直门桥附近、景山公园附近、朝阳公园附近、团结湖公园附近、郎家园、红领巾公园附近、双井桥、劲松桥附近、潘家园、左安门、陶然公园、宣武医院附近、公主坟、五棵松、高碑店西北、亦庄等地区。

综合以上分析，居民居住区位再选择与城市居住环境的关系可以描述为以下四个方面：①以中轴线为界，北部地区的二级热点地区绝对多于南部地区，因此，从未来居民的居住空间偏好来看，北部地区仍然是居住的热点地区。根据二级期望居住空间聚类结果来看，北部地区占未来期望居住地的近 90%，而南部地区仅占不足 10%。②二级热点地区具有明显的“团块”或“簇群”集聚的特征，如望京的西南地区、亚运村地区、苏州桥—紫竹院地区、中关村地区等明显呈“团块”状集聚。居民对未来期望居住空间表现出“团块”状的特征，主要是与这些地区基础设施的配套、现居住地的分布、居住区的成熟性、综合环境的舒适程度有密切的关系。③北四环、西三环、东四环路是居民未来期望居住的最佳空间。北部四环路，甚至五环路都是居民未来期望居住的最理想地区。④居住环境优势度高的地区也是居民未来期望居住的空间。总体来看，居民未来期望居住的地区，即是居住环境区位优势度相对较高的地区，表明居住环境区位优势度的高低将直接影响着居民的再择居行为。

二、居民居住空间偏好影响因素与居住环境评价

为了识别空间上不同地区的居民居住空间偏好影响因素，提取北京市 5 个典型的街区，利用 2005 年的宜居城市问卷调研数据，分别研究影响城市街区居民居住空间偏好的因素。研究选取的 5 个典型街区分别为什刹海街道、亚运村街道、回龙观、通州新城和大红门街道，各个街区分别代表位于城市中心区的传统邻里街区、中高档居住集聚的新型街区、城市中心区外围的经济适用房集聚区、政府重点发展的城市新城、典型的外来人口集聚区。5 个典型街区基本情况如表 14-1 所示。

表 14-1　典型街区的基本特征

典型街区	什刹海	亚运村	回龙观	通州新城	大红门
2005 年样本/个	105	83	157	170	30
第五次人口普查人口数/人	115 879	67 334	55 751	136 152	83 807
街区类型	传统邻里街区	大型中高档居住区	经济适用房集聚区	重点发展的城市新城	大型外来人口集聚区
环线位置	二环以内	三环与四环之间	五环以外	五环以外	三环与四环之间
区位	城市中心区	城市中心区外围	城市中心区外围	城市新城区	城市中心区外围
发展阶段	老城中心区发展成熟期	城市功能外溢期	城市功能外溢期	新城区发育期	城市功能外溢期

资料来源：2005 年北京问卷调查

根据调查问卷设计，要求被调查者选择影响其购房和居住选择的主要影响要素，并进行排序。基于此，提取被调查者认为影响其购房和居住选择的最重要影响要素的前3个要素进行分析，由于是对其现居住地的居住选择和未来居住再选择的分析，构建居住区位偏好影响因素评价模型：

$$Z_{ij} = \frac{\sum_{i=1}^{3} k_i \sum_{h=1}^{17} X_{hij}}{K \times N_j} \tag{14-1}$$

其中，Z 表示居民居住偏好的影响要素的重要性；X_{hij} 表示在第 j 街区在第 i 个重要性排序中第居民选择第 h 个影响因素的样本量；k 表示居民认为影响其购房和居住选择的主要影响因素的排序位置的影响系数，本次研究选取影响居民购房和居住选择的影响因素最重要的3个因素进行分析，排在第一位影响因素系数 k_1 赋值为3，排在第二位影响因素系数 k_2 赋值为2，排在第三位影响因素系数 k_3 赋值为1；K 表示 k 赋值后的总值，这里，K 取值为6。i 表示居住选择的影响要素，$i=1$，2，…，j 表示选择的街区，$j=1$，2，…，5。N_j 为在第 j 街区的调查样本数。

根据模型分析，最终提取影响街区居民居住区位偏好的最重要的6个要素。计算结果表明，居住区位偏好中的主要影响因素，与居住环境适宜性评价具有一定的对应关系（表14-2和图14-5）。

表14-2　各街区居住区位偏好主要影响要素与居住环境评价

	要素	什刹海	亚运村	回龙观	大红门	通州新城
居住选择影响要素	价格	42.38%	40.96%	47.13%	46.67%	45.00%
	购物方便性	24.60%	18.07%	21.13%	18.67%	18.04%
	小区生活配套	3.17%	3.92%	4.25%	6.67%	—
	自然环境	—	—	—	6.67%	—
	户型设计	7.14%	10.54%	10.19%	5.67%	8.92%
	居住安全性	14.29%	—	2.44%	5.33%	10.49%
	物业管理	—	5.32%	—	—	—
	小区规划与景观设计	2.06%	3.71%	—	—	5.49%
	休闲娱乐	—	—	2.76%	—	4.41%
居住环境评价	生活方便性	72.76	70.09	59.19	62.64	63.75
	安全性	65.59	67.97	55.86	74.06	65.54
	自然环境舒适度	64.09	68.28	66.23	56.05	67.15
	人文环境舒适度	64.28	67.74	64.82	57.66	63.59
	出行便捷度	68.47	65.19	56.39	69.71	64.73
	居住环境健康性	74.00	64.83	64.19	65.71	60.68
	居住环境总体评价	69.19	68.41	60.31	66.80	65.11

资料来源：本书课题组2005年北京问卷调查

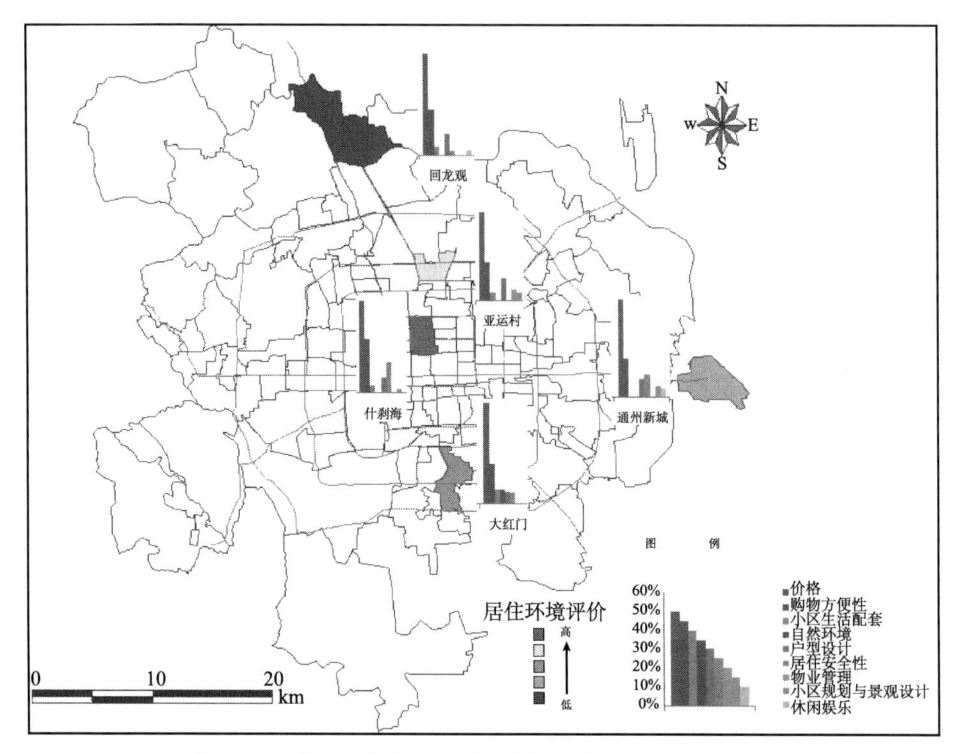

图 14-5 居住区位偏好的影响要素与城市居住环境评价分析

总体上看，影响城市居民居住偏好最大的影响要素是住房价格，购物方便性成为城市居民居住偏好的第二大影响要素，而这个要素的考虑与街区的居住环境评价的生活方便性紧密相关。回龙观的生活方便性评价值只有 59.19，远低于北京市生活方便性的平均水平，回龙观是大型经济适用房居住区，用地结构不合理，以居住为主，但缺少相应的生活配套设施，首当其冲的就是日常购物的不方便，这种局面促使被调查者的居住偏好对购物方便性的重视。此外，什刹海街道的购物方便性的影响比例是 24.6%，而生活方便性评价为 72.76，高于其他典型街区，可见什刹海的居民受益于其居住区域的生活方便性。其他较为重要的影响因素还有居住安全性、户型设计、小区生活配套等。

除去价格因素影响以外，不同类型的街道，其居住区位偏好的影响因素与城市居住环境评价的关系也有差异（图 14-5）。

（1）老城区街区位于城市中心，其居住区位偏好偏向于购物方便性、居住安全性、户型设计和小区生活配套的因素考虑，由于区位优势，该地区的居民普遍享受到城市中心较高的生活方便性和交通便捷性，而且什刹海拥有“三海”，居住环境较好，所以这些因素的城市居住环境评价也处于较高水平。户型设计与居住安全性评价不高，主要是因为城市中心区以四合院为主，居住空间狭窄。居住安全性评价不高，主要是因为什刹海处于北京的旅游区和酒吧街，旅游和休闲活动严重干扰了居民的正常生活，也是治安事件频发区，因此居住安全性的偏好程度达到了14.29%。

（2）城市功能外溢的街区，关注的居住偏好具有一致性，亚运村、大红门、回龙观3个街区都关注购物方便性、户型设计等，但也有差异的地方，如亚运村更关注物业管理、小区规划与景观设计，而回龙观关注小区生活配套、休闲娱乐，大红门则关注自然环境和小区生活配套。这些因素的偏好与其城市居住环境评价都有联系。

（3）城市新区的居住区位偏好更关注于居住的安全性。其安全性评价也较低于其他街区。同时，城市新区的居住偏好影响因素还有休闲娱乐等问题，该生活方便性评价也是低值。可见，城市新区由于许多公共设施的缺位，影响了其居住偏好，同时也影响了对城市居住环境的评价。

本章小结

居民居住区位空间选择与期望行为不仅体现出城市发展的空间方向，也透视着居民对城市内部居住环境的价值判断，本章就北京市住宅分布特征、住宅价格与居住环境区位优势度、居民居住空间偏好等进行分析总结，主要得出以下研究结论。

（1）北京市住宅空间呈圈层式向外扩展，住宅空间发展受环路的明显制约而大致表现出呈圈层扩展的格局；住宅开发南北差异大，城北明显快于城南，主要与北城处于“上风上水”的传统发展理念和深厚的人文环境有关；沿主要交通干线呈放射扇面向郊区发展，主要包括机场高速公路扇面、京昌高速公路扇面和立汤路扇面。

（2）北京市住宅价格与居住环境优势度空间格局具有很强的相似性，均呈现出典型的“中心—边缘”结构，且北城住宅价格与居住环境优势度要明显高于南城地区，回归模型结果表明居住环境优势度每提高1个单位，商品住宅价格平均增加7614元左右。

（3）居民未来期望居住的空间主要分布在居住环境优势度高的地区，北部地区仍然是居民居住偏好的热点地区，北四环、西三环、东四环路是居民未来期望居住的最佳空间，主要包括中关村地区、亚运村地区、双榆树地区、甘家口—百万庄地区、工体—东四地区、京广桥地区、望京西南地区、劲松—潘家园地区、方庄地区九大片区。

(4) 影响城市居民居住偏好最大的影响要素是住房价格，其次为购物方便性。除去价格因素影响以外，不同类型的街道居民居住区位偏好的影响因素与城市居住环境评价的关系也有所差异。

第十五章 居民消费行为空间偏好

居民行为的另外一个重要组成部分是消费行为，根据消费内容的不同可以划分为实物消费和服务消费。消费行为的空间偏好受到多种因素的影响，如个体的社会属性、消费物品的属性特征和空间分布特征、交通因素等，这些要素同时又是构成城市居住环境的重要因素，因此，研究居民的消费行为有利于从侧面剖析城市的居住环境。本章从居民日常生活涉及的两个主要消费行为：购物消费行为和住房消费行为来分析居民消费行为的空间偏好。

第一节 居民购物消费行为的空间偏好及决策行为

21 世纪初，随着我国商业的全面开放和外国跨国公司的大量进入，我国传统的商业区在数量、规模和职能等方面正在发生着巨大的变化，新兴零售业态逐渐成为城市内部商业发展的主流和商业区的主要组成部分。从商业发展趋势来看，影响零售企业空间选址行为的因素已经不仅仅局限于对该城市商业活动空间结构、交通、土地利用、商业政策、城市规划等相关影响因素，以及零售业自身业态、规模等因素，随着用户第一主义的兴起和对消费与生产的重要性认识的加深，消费者的态度及其购买行为等消费者行为也已成为影响零售企业区位决策的重要因素。本节选取北京典型商业区，通过问卷调研的方式获取数据，分析影响居民消费行为空间偏好的因素。

一、研究区域和数据说明

选取北京市西城区和海淀中心地区（主要是指以北京市五环内海淀区的管辖范围为主要研究区域），分析这两大主要商业区的居民消费行为。选择这一区域主要是考虑以下 4 个因素：①在空间上构成“扇形”研究区域，以约 1/4 的城区空间范围囊括中心区、中心向郊区的扩展区、近郊区等城市空间类型；②该区域是北京市经济发展的核心区之一，是人口、产业、交通、居住重要的密集区；③该区域是北京市商业网点集聚、类型多样性强的地区，也是国内外零售企业投资的重点区域；④该区域消费者的职业、收入等个体属性类型多样。因此，该研究区域在北京市中具有一定的代表性，基本能反映出北京居民消费特征和商业区商业环境特征。重点选取该区域的 12 个重要商业区，作为研究城市居民消费区位选择的代表。这 12 大商业区是西单、复兴门、阜成门、新街口、甘家口、公主坟、白石桥、双榆树、大钟寺、中关村、四季青和五道口。这片区域不仅囊括了西城区和海淀区大部分年销售额上亿元的商场，还包括了发展较为成功的商业区域，如西单商业区、公主坟商业区等，也包括了目前急速发展的新商业区域，如四季青商业区、中关村商业区等。

按照中心调查法，课题组于 2004 年 9～10 月，针对西城区和海淀区的 12 个商业区进行了实地调研和问卷调查。共获取问卷调查 1300 份，其中，有效问卷为 1276 份，有效率为 98%。但在样本中有些问卷部分内容没有填写，根据研究内容的不同，分析的有效问卷样本数有所不同。

二、研究方法

采用二元 Logit 回归模型分析影响消费行为的因素。研究重点是分析消费者属性特征以及消费者对商业区环境评价结果对消费区位选择的影响。为此，构建两个计量经济模型，如图 15-1 所示。

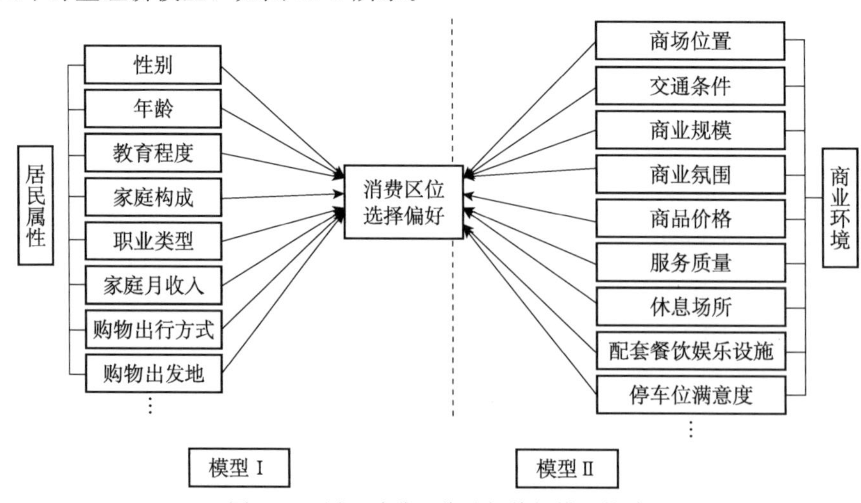

图 15-1　居民消费区位选择偏好模型构建

资料来源：张文忠和李业锦，2006

1. 模型 1：基于居民属性分析的消费区位偏好模型

$$\text{Log}\left(pi / (1-pi)\right) = \text{Location (preference)} = \varepsilon_i + \sum_{k=1}(\beta_1 \text{gender} + \beta_2 \text{age} + \beta_3 \text{education} + \beta_4 \text{family} + \beta_5 \text{career} + \beta_6 \text{income} + \beta_7 \text{vehicle} + \beta_8 \text{start})$$

其中，因变量为 Location（preference），表示居民消费区位偏好，如果居民偏好于选择城市中心区的商业区消费，则 Location（preference）＝1，选择外城（指二环外至五环路以内的区域，城市中心区是指二环以内的区域）消费，则 Location（preference）＝2。自变量选择的是居民属性特征，变量定义包括性别（gender）、年龄（age）、教育程度（education）、家庭构成（family）、职业类型（career）、家庭月收入（income）、购物出行方式（vehicle）、购物出发地（start）。$\beta_1, \beta_2, \cdots, \beta_8$ 为待估系数，ε_i为误差项。

2. 模型 2：基于商业环境评价的消费区位选择模型

$$\text{Log}\left(pi / (1-pi)\right) = \text{Location (decision)} = \varepsilon_i + \sum_{k=1}(\beta_1 \text{location} + \beta_2 \text{transportation} + \beta_3 \text{scale} + \beta_4 \text{atmosphere} + \beta_5 \text{price} + \beta_6 \text{service} + \beta_7 \text{rest} + \beta_8 \text{facility} + \beta_9 \text{parking})$$

其中，因变量为 Location（decision），表示居民商业环境评价导致对其消费区位的决策，如果居民选择城市中心区商业区消费，则 Location（decision）＝1，选择外城消费，则 Location（decision）＝2。自变量选择的是居民对商业区商业环境的评价，变量定义包括居民对商场位置（location）、交通条件（transportation）、商业规模（scale）、商业氛围（atmosphere）、商品价格（price）、服务质量（service）、休息场所（rest）、配套餐饮娱乐设施（facility）、停车位满意度（parking）、根据评价结果从非常不满意到非常满意分别赋以 1～5 的分值。$\beta_1, \beta_2, \cdots, \beta_9$ 为待估系数，ε_i为误差项。

三、居民属性特征与消费区位偏好分析

采取 Forward Stepwise（Wald）回归方法进行二元 Logit 模型回归。从回归结果可以看出，方程中有 6 个变量显著（表 15-1）。对数似然函数值为 1513.908，卡方检验 Chi-square（6df）＝22.517，$p=0.000$，由此可见，卡方检验能够在 99％的置信度下显著成立，说明方程整体拟合较好。

表 15-1 基于居民属性分析的消费区位偏好分析

变量	系数	S. E.	Wald 统计量	显著性
教育程度为高中	−0.266	0.139	3.632	0.057
职业类型为高科技公司	0.617	0.242	6.495	0.011
家庭月收入	−0.270	0.114	5.604	0.018
购物出行方式（步行和自行车为 1，公共交通为 2，私家车和出租车为 3）	−0.282	0.153	3.387	0.066
采用私家车或出租车购物	0.699	0.259	7.297	0.007
购物出发地为工作地	−0.499	0.134	13.914	0.000

消费区位的赋值是由城市中心区向外城增长的赋值过程，所以从方程的变量系数可以判断居民的区位选择偏好，系数为正的变量，反映的是该类型的居民更容易选择距离城市中心较远的商业区购物。

教育程度为高中的系数显著且为负，说明具有高中教育程度的居民更容易选择城市中心区的商业区进行购物，其原因是交通成本和商业区的自身禀赋造成。具有高中教育程度的居民大体可以分为两种：一种是已经工作的居民或从事自由职业的居民，由于教育程度的限制收入水平相对偏低；另一种是尚未工作的学生，其经济来源主要是靠父母，去外城商业区的交通成本比去中心城区的商业区偏高。另外，商业区的自身禀赋，如商品价格、商品种类也是影响这部分居民消费区位偏好的重要因素。像西单商业区和新街口商业区的商品价格多元化，且还有许多是针对时尚青年的商品，这些商品在价格和时尚元素上具有优势，就成为影响这部分居民的区位决策的主要因素。

职业类型为高科技公司的系数显著且为正，表明从事高科技工作的居民更容易选择外城商业区进行购物。例如，中关村是高科技人员主要集聚区，而这类消费者的主要消费空间是中关村和双榆树商业区。

家庭月收入系数显著且为负，表明随着收入增高，人们偏向于选择中心城区的商业区进行消费，也就是说高收入、中等收入水平的居民比低收入水平的居民选择中心区的商业区消费的概率更大。

购物出行方式的系数显著且为负，说明选择公共汽车、地铁和城铁等公共交通工具的居民偏向于到城市中心区的商业区消费。由此可见，公共交通对居民选择城市中心区消费的影响较大，主要是这些居民追求交通成本最低和便利性所致。

采用私家车或出租车购物的系数显著且为正，说明以私家车或出租车购物的居民非常明显地选择外城的商业区消费。系数为正，且在 99%的置信度下显著，说明外城商业区的停车位对吸引驾车消费非常有效。

购物出发地为工作地的系数显著且为负，表明以工作地点为出发购物地点的个体偏向于选择城市中心区消费，上下班顺路购物成为个体的重要空间消费方式，而从居住地出发购物的居民主要以就近购物为主，居住地对居民选择中心城区与外城消费区位的影响并不显著。

四、商业环境评价与消费区位选择分析

本部分选择居民对12大商业区的9个商业环境要素作为解释变量，研究居民对商业环境评价结果如何影响其消费区位决策。采取Forward Stepwide (Wald) 对Logit模型2进行回归。对数似然函数值Log likelihood为1134.395，卡方检验Chi-square (6 df) = 170.108，$p = 0.000$，说明方程整体拟合效果较好。由于因变量区位的赋值是由内向外升高的，所以在方程中系数显著且为正的变量，反映出这类居民更容易选择距离城市中心区较远的商业区进行消费。回归结果表明，区位、商品价格、服务质量、休息场所、配套餐饮娱乐设施和停车位满意度对居民消费区位决策具有显著影响（表15-2）。

表15-2　基于商业环境评价的消费区位选择分析

变量	系数	S. E.	Wald统计量	显著性
商场位置	−0.274	0.083	10.944	0.001
商品价格	0.192	0.100	3.668	0.055
服务质量	0.261	0.100	6.812	0.009
休息场所	−0.169	0.103	2.710	0.100
配套餐饮娱乐设施	−0.158	0.106	2.252	0.133
停车位满意度	0.449	0.084	28.895	0.000

资料来源：张文忠和李业锦，2006

商场位置表示居民对区位的满意程度，其系数显著且为负，表明居民对区位的要求越高，就越容易选择靠近城市中心区进行消费。变量在99%的置信度下显著，说明居民对区位的感知是很敏感的，由此可见商业区的区位在居民心目中的重要性。

商品价格系数显著且为正，表明居民对商品价格变化要求越高，选择外城商业区的概率就越大。从这个角度考虑，外城商业区的商品价格结构应该比城市中心区商业区的商品结构更加多层次化，如果外城商业区的商品价格定位与城市中心区相似或更高，居民对其感知就十分敏感，可能导致居民消费区位决策的变化。

服务质量系数显著且为正，说明居民对服务质量要求越高，倾向选择外城商业区消费的概率越大。从12大商业区服务质量满意度评价来看，12个商业区

的服务质量满意度都不高，可能是未来制约商业区发展的瓶颈，特别是从模型 2 分析看出，商业区服务质量满意度在 99%的置信度下显著，在所有通过检验的变量中其系数绝对值排名第三，表明服务质量满意度是居民做出消费区位决策的主要影响因素。

休息场所系数显著且为负，表明居民对休息场所要求越高，越趋向于选择接近城市中心区的商业区进行消费，从这一点来看，城市中心区的商业区的休息场所的满意度要高于外城商业区的休息场所建设的满意度。同时也反映了外城商业区在重视发展商业规模的同时，并没有重视休息场所等配套设施的建设。

配套餐饮娱乐设施系数显著且为负，表明居民对配套餐饮娱乐设施要求越高，选择城市中心区的商业区购物的概率越大。也就是说居民对商业区配套餐饮娱乐设施感知程度是中心区的服务质量优于外城。

停车位满意度系数显著且为正，表明居民对停车位要求越高，选择外城商业区购物的可能性就越大。该因素在 99%的置信度下显著，说明商业区的停车位在居民对商业环境评价是很敏感的。从其系数来看，绝对值排第一名，由此可见，影响居民消费区位决策变化的第一要素是停车位。

第二节　居民住房消费行为的空间差异及影响因素

20 世纪 80 年代，中国城市开始实施土地与住房市场化改革，受到这场激烈的房地产制度改革与城市空间重构浪潮的冲击，城市居民的住房消费行为发生巨大变化。特别是 1998 年后福利制住宅分配制度的取消以及商品住房市场的建立，为居民提供了自由购买住房和选择住宅区位的可能性，并使得计划经济单位体制下的“职住合一”的空间形态逐步瓦解，职住分离现象开始突显，导致了居民住房成本和通勤成本的明显增加。面对职住分离，在住房区位选择的权衡中，居民有了新的困惑与决策。本节以北京主城区居民住房选址为例，利用 2005 年问卷调研数据，分析转型期影响城市居民住房消费行为的内在机制和因素。

一、北京市居民住房消费行为的市场和制度环境

20 世纪 80 年代之前，单位是中国城市经济活动和空间组织的基本单元，城市职工住房均由所在单位以福利形式分配发放单位房，个体没有选择住址的自由。单位房通常由每个单位就近建设，因而职工的职住空间关系临近。单位体制改革之后，土地市场与住房市场相继建立，住房作为商品可以进行买卖，居

民才有了选择住址的自由。1990 年以来，北京居住郊区化强度与速度增加，房地产市场日益活跃，职住分离趋势逐渐明显，居民在空间选址上享有了更大的自由度。而相比于居住郊区化，就业岗位的空间布局更加复杂。20 世纪 80 年代末至 90 年代初，在城市中心区环境整治的过程中，一些污染性的制造业企业逐步向郊区迁移，形成了工业郊区化的第一波浪潮；90 年代，城市土地有偿使用制度的建立推动了工业郊区化进一步发展，在地价规律的指引下，许多工业企业主动将生产厂区向郊区外迁，通过用地置换获取企业自主发展资金。进入 21 世纪以来，伴随经济全球化加快发展以及经济结构的调整，服务业成为城市的核心职能，信息、金融、办公等服务功能向城市中心区集聚，推动了城市 CBD 的快速崛起。从就业空间结构来看，与西方城市相比，目前北京仍然是一个单中心主导的城市结构。但随着城市空间的扩张，北京正在向多中心的空间结构转变，郊区就业次中心正在形成。

二、住房消费行为的理论基础

经典的住房消费行为理论——交换理论，描述了市场经济条件下，居民在居住区位决策过程中的通勤成本与住房成本的动态因果关系。在中国城市，市场与制度共同作用下的居民住房消费行为表现出何种特征，单中心城市模型下的交换理论是否适用于中国城市，这将是本节回答的主要问题。

个体进行住房消费时考虑的一个重要因素是住房的区位条件，研究住房消费行为首先要探讨居住区位决策理论。单中心城市模型是解释居住区位决策的经典理论。该理论模型的一个核心问题就是以家庭效用最大化为目标的居住选址行为。在市场力量与制度力量的共同作用下，家庭的选址行为会以住宅用地投标租金函数的形式得以体现。

影响家庭选址行为的一个重要因素是收入。收入越高，往往时间成本越高，因此更愿意居住在距离日常活动地点偏近的地方。区位选择的经典理论认为，居民将收入在通勤成本和住房成本之间进行均衡。如果通勤成本升高，居民对住房的支付意愿就会降低。因此，居民通常会对距离工作地点较近的居住区位有较高的支付意愿，反之亦然。基于竞租函数的理论思想，单中心城市模型描述了一个简单的家庭居住区位决策模型：假定就业活动集中在 CBD，家庭会权衡不同区位的通勤成本和地价水平从而进行选址决策。当家庭到市中心的距离 d 减少 1 千米，住房价格 p 就会相应增大，以抵消通勤成本的减少，为保持效用函数一定，住房价格的增大在数量上等于通勤成本的减小。可以用数学方程式表示这种经济均衡关系：

$$-\Delta d\times t=\Delta P(d)\times H(d) \tag{15-3}$$

其中，t 表示与市中心的距离每增加 1 千米，通勤的货币成本和时间成本的增加值；H 表示家庭的住宅消费量。

上述均衡分析可以改写为

$$t=-\frac{\Delta P(d)}{\Delta d}H(d) \tag{15-4}$$

其中，$\Delta P(d)/\Delta d$ 表示到市中心的距离 d 每变化 1 千米时住房价格 P 的变化。

随着距离的增加，住房价格下降，家庭对住宅的消费量也随之增加。因此，住房面积 H 随着距离 d 的增加而增加，我们由此得出

$$\frac{\partial H}{\partial d}>0 \tag{15-5}$$

由此，我们得到家庭住房消费行为的基本模式：距离市中心越远，家庭倾向于选择更大面积的住房，同时节约的房价用于抵消通勤成本的增加。

三、居民住房消费行为的住房需求模型

基于家庭住宅选择的投标租金函数，建立度量城市家庭住房消费行为的基本模型——住房需求模型。首先，住房需求与家庭财富相关，加入反映家庭财富的家庭收入（wage）。考虑到家庭特征会影响到住房需求，在模型中加入反映家庭特征的统计数据，如年龄（age）、家庭构成（hsize）、学历（edu）、工作类型（job）。此外，还加入户口（hukou）和住房产权性质（ownership）两个制度变量，以及反映通勤特征的相关变量，如通勤方式（comtway）和单程通勤时间（comt）。在这里采用的住房需求函数是学者普遍接受的对数线性函数形式，即

$$\begin{aligned}\ln(\text{hprice})=&\beta_0+\beta_1\text{wage}+\beta_2\text{age}+\beta_3\text{hsize}+\beta_4\text{edu}+\beta_5\text{job}+\beta_6\text{hukou}\\&+\beta_7\text{ownership}+\beta_8\text{comtway}+\beta_9\text{comt}+\mu\end{aligned} \tag{15-6}$$

其中，hprice 为住房需求量，用住房总价（消费者购房时的单位房价乘以住房面积）表示。前面提到，住房成本与通勤成本之间存在替代关系，通勤时间（comt）前的系数 β_9 应当为负。由于取半对数的关系，这个系数表示当通勤时间增加 1 分钟，住房总价需要下降百分之多少，才能够有吸引力。

关于住房面积与其他变量的关系研究采用的是与式（15-6）中相同的函数形式，即

$$\begin{aligned}\ln(\text{harea})=&\beta_0+\beta_1\text{wage}+\beta_2\text{age}+\beta_3\text{hsize}+\beta_4\text{edu}+\beta_5\text{job}+\beta_6\text{hukou}\\&+\beta_7\text{ownership}+\beta_8\text{comtway}+\beta_9\text{comt}+\mu\end{aligned} \tag{15-7}$$

由于住房面积随着与城市中心距离的增加而增大，通勤时间（comt）前的

系数 β_9 应当为正，表明当通勤时间增加 1 分钟，居民需要增加百分之多少的住房面积。

四、基于“住房成本-通勤成本”权衡的居民住房消费行为

1. 总体模型回归结果

表 15-3 列出了住房总价和住房面积的模型总体估计结果，模型Ⅰ、模型Ⅱ的解释变量分别是住房总价和住房面积。住房需求模型整体通过显著性检验。job、hukou、ownership 和 comtway 在两个模型中显著，comt 在模型Ⅰ中显著，wage 和 hsize 在模型Ⅱ中显著。在住房总价模型中，通勤时间（comt）前的系数为负(-0.002)，符合理论预期，反映出当通勤时间增加 1 分钟时，住房总价将下降 0.2%。家庭构成（hsize）在住房面积模型中显著，系数为正说明家庭人口越多住房面积越大。制度变量户口（hukou）在模型Ⅰ中的系数为负（—0.256），在模型Ⅱ中的系数为正（0.199），说明与非北京户口的居民相比，北京户口居民的住房总价较低，而住房面积较大。模型Ⅰ和模型Ⅱ中工作类型（job）前的系数都为正，折射出技术密集型人员的住房总价和住房面积相比于非技术密集型人员较高。

表 15-3　住房消费行为的模型估计结果

变量	模型Ⅰ	模型Ⅱ
社会经济属性变量		
WAGE（参照组：低收入）		
中等收入	—0.76	0.144***
高收入	0.073	0.227***
AGE（参照组：低龄组）		
中龄组	0.085*	0.011
高龄组	0.041	0.03
HSIZE	0.001	0.017***
EDU（参照组：初中及以下）		
高中	0.026	0.123
大学大专	0.069	0.133***
研究生及以上	0.192	0.167***
JOB（参照组：非技术密集型）		
技术密集型	0.088**	0.029**
制度变量		
HUKOU（参照组：非北京户口）		
北京户口	—0.256***	0.199***
OWNERSHIP（参照组：公房）		
经济适用房	0.81***	0.132***
商品房	0.993***	0.215***

续表

变量	模型Ⅰ	模型Ⅱ
通勤特征		
COMTWAY（参照组：步行/自行车/电动车）		
公交车/地铁/轻轨	0.158***	0.056***
单位班车/单位配车	0.162*	0.08**
出租车/私家车	0.257***	0.158***
COMT	−0.002**	0.001
调整 R^2	0.239	0.214

***表示 $p<0.01$；**表示 $p<0.05$；*表示 $p<0.1$

2. 不同家庭收入的住房消费行为差异性影响

家庭收入对居民的住房消费行为有不同影响。从不同收入家庭的住房总价回归结果来看，高收入家庭和中等收入家庭的通勤时间（comt）系数显著，且高收入家庭的系数绝对值大于中等收入家庭（表 15-4）。说明为减小 1 单位的通勤时间，高收入家庭愿意支付的住房成本高于中等收入家庭。相比于住房成本，短时间通勤和出行的便利性对高收入家庭更具吸引力。对于中等收入家庭而言，择居时更看重住房成本，受到通勤成本的影响较小。

表 15-4　不同收入家庭的住房总价回归结果

变量	低收入（<3 000 元）	中等收入（<10 000 元）	高收入（≥10 000 元）
AGE（参照组：低龄组）			
中龄组	0.191	0.104*	0.087
高龄组	0.68	0.079	−0.089
HSIZE	−0.108	−0.004	0.056
EDU（参照组：初中及以下）			
高中	−0.262	0.11	0.681
大学大专	0.263	0.13	0.376
研究生及以上	−0.307	0.213	0.557
JOB（参照组：非技术密集型）			
技术密集型	0.205	0.053	0.116*
HUKOU（参照组：非北京户口）			
北京户口	−0.595*	−0.206*	−0.235
OWNERSHIP（参照组：公房）			
经济适用房	1.055***	0.859***	0.424***
商品房	0.783***	0.992***	0.879***
COMTWAY（参照组：步行/自行车/电动车）			
公交车/地铁/轻轨	0.51**	0.167***	−0.138
单位班车/单位配车	0.635*	0.227**	−0.256
出租车/私家车	0.544*	0.26***	0.14
COMT	−0.002	−0.003**	−0.007***
调整 R^2	0.204	0.226	0.239

***表示 $p<0.01$；**表示 $p<0.05$；*表示 $p<0.1$

此外，不同于中低收入家庭，高收入家庭的住房总价受到工作类型（job）的显著影响，技术密集型人员的住房总价显著高于非技术密集型人员。制度变量户口（hukou）对中低收入家庭有显著影响，系数为负说明对于中低收入家庭来说，拥有北京户口的居民住房总价低于非北京户口居民。通勤方式（comtway）仅对中等收入家庭和低收入家庭有显著影响，采用步行/自行车/电动车通勤的居民住房总价低于其他通勤方式。另外一个十分显著的变量是住房产权性质（ownership），经济适用房和商品房的系数为正，反映了与公房相比，经济适用房居民和商品房居民的住房总价较高。

在住房面积回归结果中，通勤时间（comt）对住房面积没有显著影响。高收入家庭的住房面积受到年龄和学历的显著影响（表 15-5）。

表 15-5 不同收入家庭的住房面积回归结果

变量	低收入（<3 000 元）	中等收入（<10 000 元）	高收入（≥10 000 元）
AGE（参照组：低龄组）			
中龄组	−0.028	0.012	0.062**
高龄组	−0.189	0.061	0.11**
HSIZE	−0.028	0.021***	0.039***
EDU（参照组：初中及以下）			
高中	0.149*	0.059	0.33***
大学大专	0.145*	0.08*	0.301***
研究生及以上	0.302	0.085	0.36***
JOB（参照组：非技术密集型）			
技术密集型	0.134**	0.002	0.077***
HUKOU（参照组：非北京户口）			
北京户口	0.28***	0.198***	−0.024
OWNERSHIP（参照组：公房）			
经济适用房	0.09	0.151***	0.06
商品房	0.232***	0.207***	0.202***
COMTWAY（参照组：步行/自行车/电动车）			
公交车/地铁/轻轨	−0.033	0.071***	0.052
单位班车/单位配车	0.056	0.079**	0.076
出租车/私家车	0.055	0.175***	0.144***
COMT	0.001	0.001	0.001
调整 R^2	0.222	0.128	0.199

*** 表示 $p<0.01$；** 表示 $p<0.05$；* 表示 $p<0.1$

五、不同住房产权的居民住房消费行为差异性影响

与已有研究仅关注拥有商品房产权的家庭相比，本研究考虑了商品房、经济适用房、公房等多种产权形态的住房居民的择居偏好，以期更全面地分析制

度转型期中国城市家庭住房消费决策的机制。

模型结果表明，住房产权性质对居民住房消费行为有显著影响。住房总价模型中公房和经济适用房居民的通勤时间（comt）系数大于商品房居民的系数（表 15-6），说明在住房成本和通勤成本的权衡中，拥有经济适用房产权和单位房的家庭为减少通勤时间愿意支付更高的住房成本，而商品房的居民在住房消费时看重住房成本的大小，倾向于选择住房成本较低的住宅。住房面积模型中通勤时间（comt）对经济适用房居民的影响十分显著，反映了在通勤时间和住房面积的权衡中，与公房和商品房居民相比，经济适用房居民对通勤时间的变化比较敏感。

表 15-6　不同住房产权家庭的住房总价回归结果

变量	公房	经济适用房	商品房
WAGE（参照组：低收入）			
中等收入	−0.138	−0.217	−0.083
高收入	0.168	−0.146	0.068
AGE（参照组：低龄组）			
中龄组	0.06	0.077	0.042
高龄组	−0.3	−0.18	0.214**
HSIZE	0.004	−0.124**	−0.011
EDU（参照组：初中及以下）			
高中	0.153	−0.107	−0.12
大学大专	0.234	−0.232	−0.069
研究生及以上	0.259	0.63	−0.192
JOB（参照组：非技术密集型）			
技术密集型	0.033	−0.044	0.114***
HUKOU（参照组：非北京户口）			
北京户口	−0.781**	−0.247	−0.192**
COMTWAY（参照组：步行/自行车/电动车）			
公交车/地铁/轻轨	0.323**	0.032	0.084
单位班车/单位配车	0.58**	−0.149	0.008
出租车/私家车	−0.034	−0.036	0.339***
COMT	−0.005*	−0.005**	−0.002*
调整 R^2	0.041	0.027	0.078

*** 表示 $p<0.01$；** 表示 $p<0.05$；* 表示 $p<0.1$

此外，个体与家庭的社会经济属性也对不同住房产权的居民住房消费决策产生了显著的影响。两个模型中高龄组的系数都为正，说明商品房居民中年龄较大的居民愿意牺牲通勤时间，在住房消费时选择面积较大住房，并愿意为此支付较高的房价。与公房和经济适用房居民相比，商品房居民受到工作类型（job）的显著影响，系数为正反映出在商品房居民中，技术密集型人员愿意支付更高的住房成本。

在选择住房面积时，家庭构成（hsize）对商品房产权的居民有正向的显著影响（表 15-7）。是否拥有北京户口对公房和商品房居民的住房选择影响十分显著，系数为负表明拥有北京户口的居民住房总价要低于非北京户口的居民。

表 15-7　不同住房产权家庭的住房面积回归结果

变量	公房	经济适用房	商品房
WAGE（参照组：低收入）			
中等收入	0.137***	0.154***	0.042
高收入	0.24***	0.176***	0.143***
AGE（参照组：低龄组）			
中龄组	−0.013	0.004	0.026
高龄组	−0.113**	0.115*	0.114***
HSIZE	0.021	0.005	0.039***
EDU（参照组：初中及以下）			
高中	−0.042	0.272***	0.046
大学大专	0.025	0.304***	0.049
研究生及以上	0.041	0.356***	0.101*
JOB（参照组：非技术密集型）			
技术密集型	0.022	0.05*	0.011
HUKOU（参照组：非北京户口）			
北京户口	−0.035	0.15***	0.037
COMTWAY（参照组：步行/自行车/电动车）			
公交车/地铁/轻轨	0.104***	−0.026	0.054**
单位班车/单位配车	0.126**	0.022	0.061*
出租车/私家车	0.098**	0.051	0.181***
COMT	0.001	0.002***	0.001
调整 R^2	0.06	0.156	0.119

*** 表示 $p<0.01$；** 表示 $p<0.05$；* 表示 $p<0.1$

中国推行制度改革以来，从城市空间结构到居民行为都被深刻影响，探索转型期居民消费行为的影响因素及其变动有重要意义。本章主要分析了北京市居民购物消费行为的空间偏好和住房消费行为的影响因素。其中，居民购物消费行为的分析发现，居民的教育程度、收入水平对居民的消费区位的偏好具有明显的影响，随着收入的增加，居民选择城市中心区的商业区消费的概率较大。出行工具的选择和购物出发地点等消费相关行为也显著影响居民的消费区位选择，如驾车购物的居民偏向于到外城的商业区进行消费。此外，商业服务设施自身的品质和特性也对购物行为产生影响，如商场位置、商品价格、服务质量、休息场所、配套餐饮娱乐设施和停车位的配置影响居民购物地点的选择。

基于交换理论的居民住房消费行为的分析发现，居住地选址在通勤时间和住房成本之间存在权衡，即为了缩短通勤时间，居民必须要承担高房价的成本，而且为减少通勤时间，高收入家庭愿意支付的住房成本高于中等收入家庭。此外，商品房的居民在住房消费时更看重住房成本的大小，倾向于选择住房成本较低的住宅，而经济适用房和单位房的家庭更看重通勤时间的缩短，从而愿意支付更高的住房成本。

参考文献

爱德华 格莱. 2012. 城市的胜利. 刘润泉译. 上海：上海社会科学院出版社.

蔡运龙. 2013. 当代科学和社会视角下的地理学. 自然杂志，(1)：30－39.

柴彦威，塔娜. 2013. 中国时空间行为研究进展. 地理科学进展，32 (9)：1362－1373.

柴彦威，张艳，刘志林. 2011. 职住分离的空间差异性及其影响因素研究. 地理学报，66 (2)：157－166.

陈宜瑜，丁永建，佘之祥，等. 2005. 中国气候与环境演变评估（Ⅱ）：气候与环境变化的影响与适应、减缓对策. 气候变化研究进展，(2)：51－57.

谌丽. 2013. 城市内部居住环境的空间差异及形成机制研究. 北京：中科院地理科学与资源研究所博士学位论文.

谌丽，张文忠，李业锦. 2008. 大连居民的城市宜居性评价. 地理学报，63 (10)：1022－1032.

谌丽，张文忠，党云晓. 2012. 北京市低收入人群的居住空间分布、演变与聚居类型研究. 地理研究，31 (4)：721－732.

崔功豪，武进. 1990. 中国城市边缘区空间结构特征及其发展. 地理学报，45 (4)：399－410.

党云晓，张文忠，武文杰. 2011. 北京城市居民住房消费行为的空间差异及其影响因素. 地理科学进展，30 (10)，1203－1209.

董晓峰，杨保军，刘理臣. 2010. 宜居城市评价与规划的理论方法研究. 北京：中国建筑工业出版社.

封志明，唐焰，杨艳昭. 2007. 中国地形起伏度及其与人口分布的相关性. 地理学报，62 (10)：1073－1082.

封志明，唐焰，杨艳昭，等. 2008. 基于GIS的中国人居环境指数模型的建立与应用. 地理学报，63 (12)：1327－1336.

冯健，周一星. 2003. 中国城市内部空间结构研究进展与展望. 地理科学进展，22 (3)：304－315.

顾朝林，克斯特洛德 C. 1997. 北京社会极化与空间分异研究. 地理学报，52 (5)：385－393.

郭荣朝，苗长虹，夏保林，等. 2010，城市群生态空间结构优化组合模式及对策. 地理科学进展，29 (3)：363－369.

何萍，李宏波. 2008. 楚雄市人居气象指数分析. 云南地理环境研究，20 (3)：114－117.

何永，刘欣. 2006. 城市生态规划的探索与实践. 北京规划建设，(5)：59－61.

侯爱敏，居易，袁中金. 2004. 苏州人居环境建设中创业文化氛围的培育. 地域研究与开发，23 (3)：86－89.

胡序威，周一星，顾朝林，等．2000. 中国沿海城镇密集地区空间集聚与扩散研究．北京：科学出版社．
胡最，邓美容，刘沛林．2011. 基于GIS的衡阳人居适宜度评价．热带地理，31（2）：211-215.
黄宁，崔胜辉，刘启明，等．2012. 城市化过程中半城市化地区社区人居环境特征研究．地理科学进展，31（6）：750-760.
焦华富，胡静．2011. 芜湖市就业与居住空间匹配研究．地理科学，31（7）：788-793.
揭艾花．2001. 单位制与城市女性发展．浙江社会科学，（1）：94-99.
晋培育，李雪铭，冯凯．2011. 辽宁城市人居环境竞争力的时空演变与综合评价．经济地理，31（10）：1638-1646.
冷疏影．2013. 国家自然科学基金人文地理学项目研究特征简析．地理学报，68（10）：1307-1315.
冷疏影，宋长青，吕克解，等．2001. 区域环境变化研究的重要科学问题．自然科学进展，（2）：112-114.
李伯华，曹冬．2013. 基于GIS的人居环境适宜性分区及其与人口分布的关系．华中师范大学学报（自然科学版），47（1）：110-116.
李伯华，刘传明，曾菊新．2009. 乡村人居环境的居民满意度评价及其优化策略研究．人文地理，24（1）：28-32.
李伯华，刘沛林，窦银娣．2012. 转型期欠发达地区乡村人居环境演变特征及微观机制．人文地理，27（6）：62-67.
李伯华，谭勇，刘沛林．2011. 长株潭城市群人居环境空间差异性演变研究．云南地理环境研究，23（3）：13-19.
李锋，王如松．2004. 北京市绿色空间生态概念规划研究．城市规划汇刊，（4）：61-64.
李华生，徐瑞祥，高中贵．2005. 南京城市人居环境质量预警研究．经济地理，25（5）：658-662.
李明，李雪铭．2007. 基于遗传算法改进的BP神经网络在我国主要城市人居环境质量评价中的应用．经济地理，27（1）：99-103.
李王鸣，叶信岳，孙于．1999. 城市人居环境评价．经济地理，19（2）：38-43.
李雪铭，李明．2008. 基于体现人自我实现需要的中国主要城市人居环境评价分析．地理科学，28（6）：742-747.
李雪铭，姜斌，杨波．2000. 人居环境：地理学研究面临的一个新课题．地理学与国土研究，（2）：75-78.
李雪铭，姜斌，杨波．2002. 城市人居环境可持续发展评价研究．中国人口·资源与环境，12（6）：129-131.
李雪铭，晋培育．2012. 中国城市人居环境质量特征与时空差异分析．地理科学，32（5）：521-529.
李雪铭，李婉娜．2005. 1990年代以来大连城市人居环境与经济协调发展定量分析．经济地理.25 (3): 383 - 386.

李雪铭，刘敬华.2003. 我国主要城市人居环境适宜居住的气候适因子综合评价.经济地理，23 (5): 656 - 660.

李雪铭，杨俊，李静.2010. 地理学视角的人居环境. 科学出版社.

李雪铭，张春花，张馨.2004. 城市化与城市人居环境关系的定量研究. 中国人口资源与环境，14 (1): 91 - 96.

李业锦，张文忠，田山川.2008. 宜居城市的理论基础和评价研究进展. 地理科学进展，27 (3): 101 - 109.

李业锦，朱红.2013. 北京社会治安公共安全空间结构及其影响机制. 地理研究，32 (5): 870 - 880.

李业锦.2009. 城市宜居性的空间分异机制研究：以北京为例. 北京：中科院地理科学与资源研究所博士论文.

李业锦.2013. 北京社会治安公共安全空间结构及其影响机制. 地理研究，32 (5): 870 - 880.

李益敏.2010. 怒江峡谷人居环境适宜性评价及容量分析. 地域研究与开发，29 (4): 135 - 139.

李作志，李向波，蒋宗文.2013. 居民感知的城市和谐模型研究. 中国人口·资源与环境，23 (4): 153 - 161.

理查德·弗罗里达.2009. 你属哪座城. 侯鲲译. 北京：北京大学出版社.

刘保奎，冯长春.2012. 大城市外来农民工通勤与职住关系研究——基于北京的问卷调查. 城市规划学刊，(4): 59 - 64.

刘定惠，杨永春，朱超洪.2012. 兰州市职住空间组织特征. 干旱区地理，35 (2): 288 - 294.

刘沛林，廖柳文，刘春腊.2013. 城镇人居环境舒适指数及其组合因子研究. 地理科学进展，32 (5): 769 - 776.

刘沛林.1998. 古村落——独特的人居文化空间. 人文地理，13 (1): 35 - 38.

刘沛林.1999. 中国乡村人居环境的气候舒适度研究. 衡阳师专学报（自然科学），20 (3): 51 - 54.

刘钦普，林振山，冯年华.2005. 江苏城市人居环境空间差异定量评价研究. 地域研究与开发，24 (5): 30 - 33.

刘睿文，封志明，杨艳昭.2010. 基于人口集聚度的中国人口集疏格局. 地理科学进展，29 (10): 1171 - 1177.

刘望保，闫小培，谢丽娟.2012. 转型时期广州居民职住流动及其空间结构变化——基于 3 个年份的调查分析. 地理研究，31 (9): 1685 - 1696.

刘志林，王茂军.2011. 北京市职住空间错位对居民通勤行为的影响分析——基于就业可达性与通勤时间的讨论. 地理学报，66 (4): 457 - 467.

龙瀛，张宇，崔承印.2012. 利用公交刷卡数据分析北京职住关系和通勤出行. 地理学报，67 (10): 1339 - 1352.

娄彩荣，游珍，陶菲，等.2012. 基于个体视角的南通市宜居度差异分析. 地域研究与开发，

31 (3): 58 - 63.

娄胜霞 . 2011. 基于 GIS 技术的人居环境自然适宜性评价研究 . 经济地理, 31 (8): 1358 - 1363.

陆大道 . 2006. "冒进式"城镇化后患无穷 . Http: //www.cas.cn/ft/zxft/200612/t20061231_1689637.shtml

陆大道 . 2007. 采取综合措施遏制冒进式城镇化和空间失控趋势 . 科学新闻, (8): 4 - 9.

陆林, 凌善金, 焦华富 . 2004. 徽州古村落的演化过程及其机理 . 地理研究, 23 (5): 686 - 674.

路超君, 秦耀辰, 罗宏, 等 . 2012. 中国低碳城市发展影响因素分析 . 中国人口 · 资源与环境, 22 (6): 57 - 62.

马婧婧, 曾菊新 . 2012. 中国乡村长寿现象与人居环境研究 . 地理研究, 31 (3): 450 - 460.

美国国家科学院研究理事会 . 2011. 理解正在变化的星球: 地理科学的战略方向 . 刘毅, 刘卫东等译 . 北京: 科学出版社 .

孟斌, 尹卫红, 张景秋, 等 . 2009. 北京宜居城市满意度空间特征 . 地理研究, 28 (5): 1318 - 1326.

闵婕, 刘春霞, 李月臣 . 2012. 基于 GIS 技术的万州区人居环境自然适宜性 . 长江流域资源与环境, 21 (8): 1006 - 1012.

聂春霞, 孙慧, 唐飞 . 2012. 中国 30 个主要城市的宜居性及其差异 . 山西财经大学学报, (11): 11 - 20

聂梅生, 夏心龙 . 1995. 人类住区可持续发展 . 中国人口 · 资源与环境, 5 (3): 18 - 22.

宁越敏, 查志强 . 1999. 大都市人居环境评价和优化研究 . 城市规划, 23 (6): 15 - 20.

祁新华, 程煜, 陈烈 . 2008. 大城市边缘区人居环境系统演变的动力机制 . 经济地理, 25 (5): 794 - 798.

祁新华, 毛蒋兴, 程煜, 等 . 2006. 改革开放以来我国人居环境理论研究进展 . 规划师, 22 (8): 14 - 16.

浅见泰司 . 2006. 居住环境: 评价方法与理论 . 高晓路译 . 北京: 清华大学出版社 .

钱璐璐 . 2010. 基于结构方程模型的宜居城市满意度影响因素实证研究 . 重庆大学 .

秦永东, 欧向军, 甄峰 . 2008. 基于熵值法的人居环境质量评价研究 . 城市问题, (10): 19 - 24.

沈兵明, 金艳 . 2006. 基于 GIS 的山地人居环境自然要素综合评价 . 经济地理, 26 (s): 305 - 311.

石天戈, 张小雷, 杜宏茹, 等 . 2013. 乌鲁木齐市居民出行行为的空间特征和碳排放分析 . 地理科学进展, 32 (6): 897 - 905.

宋长青, 冷疏影 . 2005. 21 世纪中国地理学综合研究的主要领域 . 地理学报, 60 (4): 546 - 552.

宋小冬, 钮心毅 . 2000. 再论居民出行可达性的计算机辅助评价 . 城市规划汇刊, (3): 18 - 22.

孙斌栋, 潘鑫, 宁越敏 . 2008. 上海市就业与居住空间均衡对交通出行的影响分析 . 城市规划学刊, (1): 77 - 82.

孙斌栋, 魏旭红 . 2014. 上海都市区就业人口空间结构演化特征 . 地理学报, 69 (6): 747 - 758.

唐焰, 封志明, 杨艳昭 . 2008. 基于栅格尺度的中国人居环境气候适宜性评价 . 资源科学, 30 (5): 648 - 653.

田山川 . 2008. 国外宜居城市研究的理论与方法 . 经济地理，28 (4)：535 - 538.
王恩涌 . 1996. 谈谈人文地理学与区域地理学（连载）. 中学地理教学参考，(Z1)：67.
王芳，高晓路，颜秉秋 . 2014. 基于住宅价格的北京城市空间结构研究 . 地理科学进展，33 (10)：1322 - 1331.
王宏，崔东旭，张志伟 . 2013. 大城市功能外迁中双向通勤现象探析 . 城市发展研究，20 (4)：25 - 28.
王劲峰，廖一兰，刘鑫 . 2010. 空间数据分析教程 . 北京：科学出版社 .
王坤鹏 . 2010. 城市人居环境宜居度评价 . 经济地理，30 (12)：1992 - 1997.
王茂军，张雪霞 . 2002. 大连市城市内部居住环境评价的空间结构——基于面源模型的分析 . 地理研究，21 (6)：753 - 762.
韦亚平，潘聪林 . 2012. 大城市街区土地利用特征与居民通勤方式研究——以杭州城西为例 . 城市规划，(3)：76 - 84，89.
魏伟，石培基，冯海春，等 . 2012. 干旱内陆河流域人居环境适宜性评价 . 自然资源学报，27 (11)：1940 - 1950.
温倩，方凤满 . 2007. 安徽省人居环境空间差异分析 . 云南地理环境研究，19 (2)：84 - 87.
吴良镛 . 2001. 人居环境科学导论 . 北京：中国建筑工业出版社 .
吴良镛 . 2005. 区域规划与人居环境创造 . 城市发展研究，(4)：1 - 6.
吴箐，程金屏，钟式玉 . 2013. 基于不同主体的城镇人居环境要素需求特征 . 地理研究，32 (2)：307 - 316.
吴志强，蔚芳 . 2004. 可持续发展中国人居环境评价体系 . 北京：科学出版社 .
武文杰，刘志林，张文忠 . 2010. 基于结构方程模型的北京居住用地价格影响因素评价 . 地理学报，65 (6)：676 - 684.
武文杰，张文忠，刘志林，等 . 2010. 北京市居住用地出让的时空格局演变 . 地理研究，29 (4)：683 - 692.
武文杰，朱思源，张文忠 . 2010. 北京应急避难场所的区位优化配置分析 . 人文地理，22 (4)：41 - 44，35.
熊鹰，曾光明，董力三 . 2007. 城市人居环境与经济协调发展不确定性定量评价 . 地理学报，62 (4)：397 - 406.
杨锦秀，赵小鸽 . 2010. 农民工对流出地农村人居环境改善的影响 . 中国人口资源与环境，20 (8)：22 - 26.
杨俊，李雪铭，李永化 . 2012. 基于 DPSIRM 模型的社区人居环境安全空间分异 . 地理研究 . 31 (1)：135 - 143.
杨晓冬，武永祥 . 2013. 基于结构方程模型的城市住宅效用价值评价研究 . 中国软科学，(5)：158 - 166.
杨艳昭，封志明 . 2009. 内蒙古人口发展功能分区研究 . 干旱区资源与环境，23 (10)：1 - 7.
杨宇振 . 2005. 人居环境科学中的“区域综合研究”. 重庆建筑大学学报，(3)：5 - 8.

叶长盛，董玉祥．2003. 广州市人居环境可持续发展水平综合评价．热带地理，23（1）：59－61.
尹稚．1999. 论人居环境科学（学科群）建设的方法论思维．城市规划，（6）：9－13.
余建辉，张文忠，董冠鹏．2013. 北京市居住用地特征价格的空间分异特征．地理研究，32（6）：1113－1120.
袁君，林航飞．2013. 动迁居民通勤出行特征研究——以上海市大型居住社区江桥基地为例．城市交通，（4）：58－65.
翟青，甄峰，康国定．2012. 信息技术对南京市职住分离的影响．地理科学进展，31（10）：1282－1288.
湛东升，孟斌．2013. 基于社会属性的北京市居民居住与就业空间集聚特征．地理学报，68（12）：1607－1618.
湛东升，孟斌，张文忠．2014. 北京市居民居住满意度感知与行为意向研究．地理研究，33（2）：336－348.
张东海，任志远，刘焱序．2012. 基于人居自然适宜性的黄土高原地区人口空间分布格局分析．经济地理，32（11）：13－19.
张剑光，冯云飞．1991. 贵州省气候宜人性评价探讨．旅游学刊，6（3）：50－53.
张文新，王蓉．2007. 中国城市人居环境建设水平现状分析．城市发展研究，（2）：115－120.
张文忠．2001. 城市居民住宅区位选择的因子分析．地理科学进展，20（3）：268－275.
张文忠．2007a. 城市内部居住环境评价的指标体系和方法．地理科学，27（1）：17－23.
张文忠．2007b. 宜居城市的内涵及评价指标体系探讨．城市规划学刊，（3）：30－34.
张文忠，谌丽，杨翌朝．2013. 人居环境演变研究进展．地理科学进展，32（5）：710－721.
张文忠，李业锦．2006. 北京城市居民消费区位偏好与决策行为分析：以西城区和海淀中心地区为例．地理学报，61（10），1037－1045.
张文忠，刘旺，李业锦．2003. 北京城市内部居住空间分布与居民居住区位偏好．地理研究，22（6）：751－759.
张文忠，刘旺，孟斌．2005. 北京市区居住环境的区位优势度分析．地理学报，60（1）：115－121.
张文忠，刘旺．2002. 北京市住宅区位空间特征研究．城市规划，26（12）：86－89.
张文忠，尹卫红，张景秋，等．2006. 中国宜居城市研究报告．北京：社会科学文献出版社．
张艳，柴彦威．2009. 基于居住区比较的北京城市通勤研究．地理研究，28（5）：1327－1340.
张燕文．2006. 基于空间聚类的区域经济差异分析方法．经济地理，26：557－560.
赵海江，景元书，刘杰．2010. 基于热环境变化的城市化与人居环境协调发展分析．长江流域资源与环境，19（S2）：203－207.
郑思齐，符育明，刘洪玉．2005. 城市居民对居住区位的偏好及其区位选择的实证研究．经济地理，25（2）：194－198.
郑童，吕斌，张纯．2011. 基于模糊评价法的宜居社区评价研究．城市发展研究，18（9）：118－124.

周江评，陈晓键，黄伟，等.2013. 中国中西部大城市的职住平衡与通勤效率——以西安为例. 地理学报，68（10）：1316－1330.

周侃，蔺雪芹.2011. 新农村建设以来京郊农村人居环境特征与影响因素分析. 人文地理，26（3）：76－82.

周侃，蔺雪芹，申玉铭，等.2011. 京郊新农村建设人居环境质量综合评价. 地理科学进展，30（3）：361－368.

周维，张小斌，李新.2013. 我国人居环境评价方法的研究进展. 安全与环境工程，20（2）：14－18.

周晓芳，周永章，欧阳军.2012. 基于BP神经网络的贵州3个喀斯特农村地区人居环境评价. 华南师范大学学报（自然科学版），44（3）：132－138.

周志田，王海燕，杨多贵.2004. 中国适宜人居城市研究与评价. 中国人口资源与环境，14（1）：27－30.

朱彬，马晓冬.2011. 基于熵值法的江苏省农村人居环境质量评价研究. 云南地理环境研究，23（2）：44－52.

Achillas C，Vlachokostas C，Moussiopoulos N，et al. 2011. Prioritize strategies to confront environmental deterioration in urban areas：multicriteria assessment of public opinion and experts' views. Cities，28（5）：414－423.

Adam O K. 2013. City life：Rankings（Livability）versus perceptions（satisfaction）. Social Indicators Research，110（2）：433－451.

Ahmed K S. 2003. Comfort in urban spaces：defining the boundaries of outdoor thermal comfort for the tropical urban environments. Energy and Buildings，35（1）：103－110.

Ai Sakamoto，Hiromichi Fukui. 2004. Development and application of a livable environment evaluation support system using Web GIS. Journal of Geographical Systems，6（2）：175－195.

Allan B. Jacobs. 2011. The good city：reflections and imaginations. Routledge.

Alonso W. 1964. Location and Land Use. Cambridge，MA：Harvard University Press.

Amanatidis G T，Paliatsos A G，Repapis C C，et al. 1993. Decreasing precipitation trend in the Marathon Area，Greece. International Journal of Climatology，13（2）：191－201.

Andrews C J. 2001. Analyzing quality-of-place. Environment and Planning B：Planning and Design，28（2）：201－217.

Andrews F M. 1980. Comparative Studies of Life Quality：Comments on the Current State of the Art and Some Issues for Future Research. Newbury Park，CA：SAGE.

Anthony GB，Bharat D. 2004. Urban Environment and Infrastructure：Toward Livable Cities. Washington，DC：World Bank Publications.

Arnfield A J. 2003. Two decades of urban climate research：A Review of turbulence，exchanges of energy and water，and the urban heat island. International Journal of Climatology，23：1－26.

Asami Y. 2001. Residential environment: methods and theory for evaluation. Tokyo: University of Tokyo Press.

Asim S, Pradip K, Habibullah S. 2007. Living environment and self assessed morbidity: a questionnaire-based survey. BMC Public Health, 7 (1): 223 - 228.

Banta, R M, Senff C J, White A B, et al. 1998. Daytime buildup and nighttime transport of urban ozone in the boundary layer during a stagnation episode. Journal of Geophysical Research, 103: 22519 - 22544.

Berheide C W, Banner M G. 1981. Making Room for Employed Women at Home and at Work. Housing and Society, 7 (1): 53 - 63.

Bigio A D., Bharat D. 2004. Urban Environment and Infrastructure: Toward Livable Cities.

Bigio A D., Dahiya, Bharat. 2004. Urban Environment and Infrastructure: Toward Livable Cities.

Campbell A, Converse P E, Rodgers W L. 1976. The quality of American life: Perceptions, evaluations, and satisfactions. New York: Russell Sage Foundation.

Carr D B, White D, MacEachren A M. 2005. Conditioned chloropleth maps and hypothesis testing. Annals of the Association of American Geographers, 95 (1): 32 - 53.

Chainey S, Tompson L, Uhlig S. 2008. The utility of Hotspot mapping for predicting spatial patterns of crime. Security Journal, 21 (1): 4 - 28.

Clos J. 2011. Keynote Speech in International Symposium on Sciences of Human Settlements [R]. Beijing.

Cummins R A. 2010. Fluency disorders and life quality: subjective well-being vs health-related quality of life. Journal of Fluency Disorders, 35 (3): 161 - 172.

Das D. 2008. Urban quality of Life: a case study of Guwahati. Social Indicators Research, 88 (2): 297 - 310.

Dianne A, Van Hemert, Fons J R, et al. 2002. The beck depression inventory as a measure of subjective well-being: a cross-national study. Journal of Happiness Studies, 3 (3): 257 - 286.

Douglass M. Special Issue on Globalization and Civic Space in Pacific Asia.

Economist. 2011a. Livable cities challenges and opportunities for policymakers [R]. The Economist Intelligence Unit.

Economist. 2011b. Live an omics urban livability and economic growth [R]. The Economist Intelligence Unit.

Evans P. 2002. Livable Cities? Urban Struggles for Livelihood and Sustainability. California, USA: University of California Press Ltd.

Feng Z, Yang Y. 2010. A gis-based study on sustainable human settlements functional division in China. Journal of Resources and Ecology, 1 (4): 331 -338.

Fidler D, Olson R, Bezold C. 2011. Evaluating a long-term livable communities strategy in the

U. S.. Futures，43（7）：690－696.

Ge Jian，Kazunori H. 2004，Residential environment index system and evaluation model established by subjective and objective methods. Journal of Zhejiang University Science，5（9）：1028－1034.

Gideon E D Omuta. 1998. The quality of urban life and the perception of livability：a case study of neighborhoods in Benin city，Nigeria. Social Indicators Research，20（4）：417－440.

GVRD. 2002. Annual Report：Livable Region Strategic Plan. GVRD Policy and Planning Department.

Hitchcock J. 1981. Neighbourhood Form and Convenience：ACity-suburbancomparison. Toronto：Center for Urban and Community Studies，University of Toronto.

Huang S L，Yeh C T，Budd W W，et al. 2002. A sensitivity model（SM）approach to analyze urban development in Taiwan based on sustainability indicators. Environmental Impact Assessment Review，2009，29（2）：116－125.

International Development Planning Review. 2002. 24：4.

Kamp I V，Leidelmeijer K，Marsman G，et al. 2003. Urban environmental quality and human well-being：Towards a conceptual framework and demarcation of concepts. Landscape and Urban Planning，65（1/2）：5 － 18.

Kwan，M P. 2000. Interactive geovisualization of activity-travel patterns using three-dimensional geographical information systems：a methodological exploration with a large data set. Transportation Research Part C，8（1/6）：185－203.

Lawton M P，Hoover S L. 1981. Community Housing Choices for Older Americans. New York：Springer Publishing Company.

Lee Y J. 2008. Subjective quality of life measurement in Taipei. Building and Environment，43（7）：1205－1215.

Lennard S，Lennard H. 1995. Livable Cities Observed. Southampton：Gondolier Press.

Levrel H，Kerbiriou C，Couvet D，et al. 2009. OECD pressure － state － response indicators for managing biodiversity：a realistic perspective for a French biosphere reserve. Biodiversity and Conservation，18（7）：1719－1732.

Li Y C，Liu C X，Zhang H，et al. 2011. Evaluation on the human settlements environment suitability in the Three Gorges Reservoir Area of Chongqing based on RS and GIS. Journal of Geographic Sciences，21（2）：346－358.

Marans R W，Rodgers W. 1975. Toward an understanding of community satisfaction. Metropolitan America in contemporary perspective，299－352.

Mayor of London. The London Plan：Spatial Development Strategy for London.

McCann E J. 2007. Inequality and politics in the creative city-region：questions of livability and state strategy. International Journal of Urban and Regional Research，31（1）：188－196.

McGranahan G, Balk D, Anderson B. 2007. The rising tide: Assessing the risks of climate change and human settlements in low elevation coastal zones. Environment and urbanization, 19 (1): 17 - 37.

Melicia C W G, Gary B, Sallis J F. 2013. Introduction to the active living research supplement: Disparities in environments and policies that support active living. Annals of Behavioral Medicine, 45 (1): 1 - 5.

Michael R. Hagerty. 1999. Unifying livability and comparison theory: cross-national time-series analysis of life - satisfaction, Social Indicators Research, 47 (3): 343 - 356.

Mills E S. 1967. An aggregative model of resource allocation in a metropolitan area. American Economics Review, (57): 197 - 210.

Muth R F. 1969. Cities and Housing. Chicago: University of Chicago Press.

Myers D. 1988. Building knowledge about quality of life for urban planning. Journal of the American Planning Association, 54 (3): 347 - 358.

National Research Council (NRC) . 2002. Community and Quality of Life: Data Needs for Informed Decision Making [M] . Washington D C: National Academy Press.

Newcomer R J. 1976. An evaluation of neighborhood service convenience for elderly housing project residents. The Behavioral Basis of Design, (1): 301 - 307.

Newman P W G. 1999. Sustainability and cities: Extending the metabolism model. Landscape and Urban Planning, 44 (4): 219 - 226.

OECD. 1994. Environmental Indicators, Core Set-Indicateursrd' Environment. Paris: Organization for Economic Co-operation and Development (OECD) .

Pacione M. 1990. Urban livability: a review. Urban Geography, 11 (2): 1 - 30.

Pacione M. Urban environmental quality and human well-being—a social geographical perspective. 2003. Landscape and Urban Planning, 65 (1): 19 - 30.

Riccardo R, Massimiliano G, Gregorio G. 2013. Comparison of fuzzy-based and AHP methods in sustainability evaluation: a case of traffic pollution-reducing policies. European Transport Research Review, 5 (1): 11 - 26.

Rothblatt D N, Garr D J, Sprague J. 1979. The Suburban Environment and Women. New York: Praeger.

Russonello B, Stewart L. 2011. Community Preference Survey: What Americans are Looking for When Deciding Where to Live. National Association of Realtors.

RuutVeehoven, Joop Ehrhardt. 1995. The cross-national pattern of happiness: the test of predictions implied in three theories of happiness. Social Indicators Research, 34 (1): 33 - 68.

RuutVeehoven. 2000. The four qualities of life: ordering concepts and measures of the good life. Journal of Happiness Studies, 1 (1): 1 - 39.

R. P. Hortulanus. 2000. The development of urban neighborhoods and the benefit of indication systems. Social Indicators Research，50 (2)：209 - 224.

Saitluanga B L. 2013. Spatial pattern of urban livability in Himalayan region：a case of Aizawl city，India. Social Indictors Research，110 (1)：1 - 19.

Sakamoto A，Fukui H. 2004. Development and application of a livable environment evaluation support system using Web GIS. Journal of Geographical Systems，6 (2)：175 - 195.

Sayer A. 1992. Method in Social Science. London：Routledge.

Schmid C F. 1960. Urban crime areas. Sociology Review，25 (4)：527 - 678.

Senlier N，Yildiz R，Akta E. 2009. A perception survey for the evaluation of Urban quality of life in kocaeli and a comparison of the life satisfaction with the European cities. Social Indicators Research，94 (2)：213 - 226.

Shin D C，Rutkowski C P，Park C M. 2003. The quality of life in Korea：comparative and dynamic perspectives. Social Indicators Research，62 (1)：3 -36.

Smith D M. 1974. The geography of social well-being in the United States：an introduction to territorial social indicators. Social Indicators Research，1 (2)：257 - 259.

Song Y. 2011. A Livable City Study in China Using Structural Equation Models. Department of Statistics，Uppsala University.

Spagnolo J，Dear R D. 2003. A field study of thermal comfort in outdoor and semi - outdoor environments in subtropical Sydney Australia. Building and Environment，38 (5)：721 - 738.

Struyk R J，Soldo B J. 1980. Improving the Elderly's Housing. Cambridge，MA：Ballinger.

Sundaram M. 2011. Urban green-cover and the environmental performance of Chennai city. Environment，Development and Sustainability，13 (1)：107 -119.

Torrens P M. 2006. Simulating sprawl. Annals of the Association of American Geographers，96 (2)：248 - 275.

United Nations. 1976. The vancouverdeclaration on human settlements//HABITAT：United Nations Conference on Human Settlements. Vancouver，Canada.

United Nations. 2014. What is " Human Settlement " . http：//www. unescap. org/huset/whatis. htm.

Van K I，Leidelmeijer K，MarsmanG，et al.，2003. Urban environmental quality and human well being - towards a conceptual framework and demarcation of concepts：a literature study. Landscape and Urban Planning，65 (1 - 2)：5 -18.

Van Vliet W. 1985. Communities and built environments supporting women's changing roles. North Central Sociological Association：73 - 78.

VuchicVukan R. Transportation for Livable Cities. 1999. New Brunswick，N. J.：Center for Urban Policy Research.

Walter R C，Merrits D J. 2008. Natural streams and the legacy of water-powered mills. Science，319 (5861)：299 - 304.

Wang D G，Chai Y W. 2009. The jobs-housing relationship and commuting in Beijing，China：the legacy of Danwei. Journal of Transport Geography，17 (1)：30 - 38.

Wang J F，Hu Y. 2012. Environmental health risk detection with Geog Detector. Environmental Modelling &Software，(33)：114 - 115.

Wang J F，Li X H，Christakos G，et al. 2010. Geographical detectors-based health risk assessment and its application in the neural tube defects study of the Heshun Region，China. International Journal of Geographical Information Science，24 (1)：107 - 127.

Werkerle G R. 1985. From refuge to service center：neighborhoods that support women. Sociological Focus，18：79 - 96.

William V A，Alan T. Murray. 2004. Assessing spatial patterns of crime in Lima，Ohio. Cities，21 (5)：423 - 437.

Yang Y. 2008. A tale of two cities：physical form and neighborhood satisfaction in Metropolitan Portland and Charlotte. Journal of the American Planning Association，74 (3)：307 - 23.

Young K，Wolkowitz C，Mccullagh R. 1981. Of Marriage and the Market：Women's Subordination in International Perspective. London：CSE Books.

Zheng S Q，Fu Y M，Liu H Y. 2006. Housing-choice hindrances and urban spatial structure：evidence from matched location and location-preference data in Chinese cities. Journal of Urban Economics，60 (3)：535 - 557.

Zhou L，Dickinson R E，Tian Y，et al. 2004. Evidence for a significant urbanization effect on climate in China. Proceedings of the National Academy of Sciences of the United States of America，101：9540 - 9544.